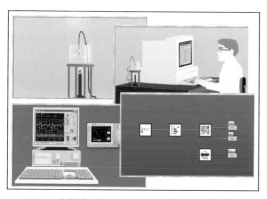

图1　虚拟仪器构成的液体温度测试系统

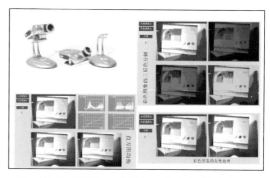

图2　数字式图像传感器与虚拟仪器构成的图像
　　　信号采集与分析系统

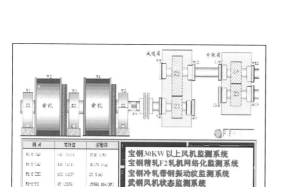

图3　F2主传动系统监测

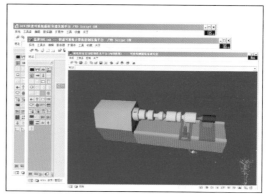

图4　虚拟仪器平台

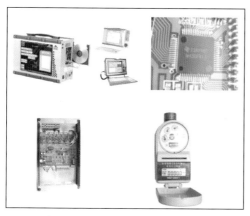

图5　计算机软、硬件技术的发展推动测试
　　　仪器的更新换代

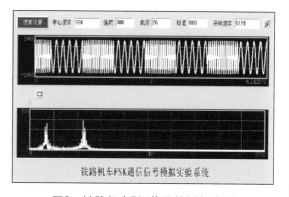

图6　铁路机车FSK信号检测与分析
注：京广线计划提速到200千米/小时，机车状态信号的识
　　别（频率解调）。

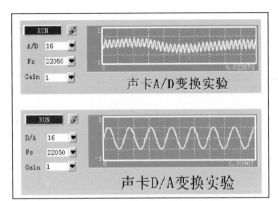

图7 声音信号的A/D，D/A转换

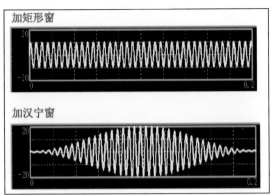

图8 通过加窗控制能量泄漏，减小栅栏效应误差的案例

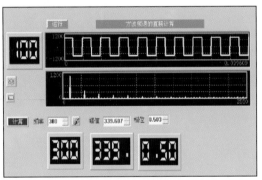

图9 方波信号的频谱分析

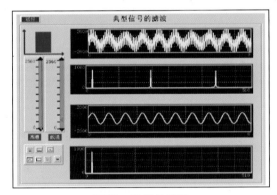

图10 信号的滤波

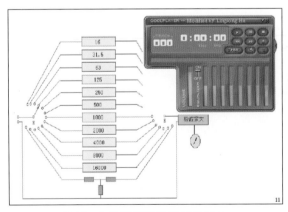

图11 1/3倍频程滤波器的结构

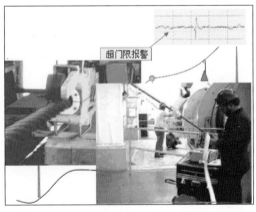

图12 滤波器的应用案例：旅游索道钢缆检测

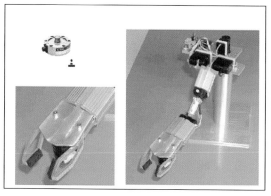

图13　机械手握力的测量（机械手中的传感器）

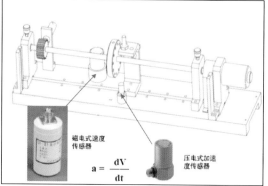

图14　转子实验台底座振动测量实验

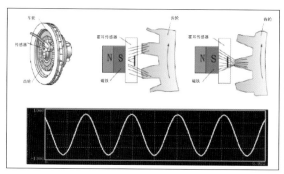

图15　霍尔式汽车转速传感器结构
与信号波形

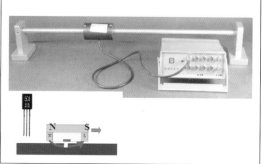

图16　磁敏传感器用于钢管的无损检测实验

图17　声级计

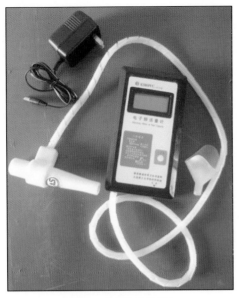

图18 电子肺活量计

图19 电感测微仪

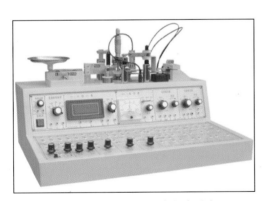

图20 传感器系统综合实验仪

图22 工业过程的流量温度检测试验台

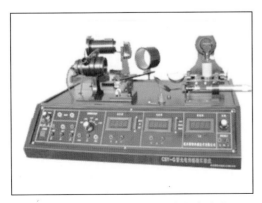

图21 CSY-G光电传感器综合实验台

全国高等院校测控技术与仪器专业创新型人才培养规划教材

测试技术基础
(第2版)

主　编　江征风

副主编　赵　燕　　徐汉斌

参　编　李如强　吴华春

主　审　胡业发

北京大学出版社
PEKING UNIVERSITY PRESS

内 容 简 介

本书主要讲述测试技术基础理论及非电量测量,共9章:绪论,信号的分类及频谱分析,测试系统的基本特性,常用传感器,信号变换及调理,随机信号相关和功率谱分析,记录及显示仪,机械振动测试与分析和现代测试技术。

本书可作为高等院校机械、仪器、测控和自动化等专业学生学习测试技术的教科书,也可作为相关科技和工程技术人员的参考用书。

图书在版编目(CIP)数据

测试技术基础/江征风主编. —2 版. —北京:北京大学出版社,2010.1
(全国高等院校测控技术与仪器专业创新型人才培养规划教材)
ISBN 978-7-301-16530-0

Ⅰ. 测… Ⅱ. 江… Ⅲ. 测试技术—高等学校—教材 Ⅳ. TB4

中国版本图书馆 CIP 数据核字(2009)第 231016 号

书 名:测试技术基础(第 2 版)
著作责任者:江征风 主编
责 任 编 辑:郭穗娟 童君鑫
标 准 书 号:ISBN 978-7-301-16530-0/TH・0175
出 版 发 行:北京大学出版社
地 址:北京市海淀区成府路 205 号 100871
网 址:http://www.pup.cn http://www.pup6.cn
电 话:邮购部 62752015 发行部 62750672 编辑部 62750667 出版部 62754962
电子信箱:pup_6@163.com
印 刷 者:三河市博文印刷有限公司
经 销 者:新华书店
787mm×1092mm 16 开本 17.5 印张 彩插2 405 千字
2007 年 1 月第 1 版 2010 年 1 月第 2 版 2019 年 1 月第12次印刷
定 价:30.00 元

第 2 版前言

本书第 1 版于 2007 年 1 月出版以来，经过多所高校和大量读者的使用，编者获得了许多宝贵的经验和意见。为此，编者对第 1 版部分章节的内容进行了调整和较大修改：按照信号测试过程的流程来组织全书的内容；将原来第 3 章"测试信号的分析与处理"改为第 6 章"随机信号相关和功率谱分析"；在第 2 章中增加了"离散傅里叶变换"的内容；对第 1 版中存在的某些疏漏和印刷错误做了更正。

本书第 2 版配有大量实物图片，使内容表达更加直观易懂。部分有代表性的实物图片制成两页彩色插页，意在增强可读性和趣味性。

各章部分计算题还提供参考答案，可登录以下网址下载：www.pup6.com。

本书第 2 版由武汉理工大学江征风教授主编并统稿，赵燕、徐汉斌担任副主编，李如强、吴华春参加编写。具体分工：第 1 章由江征风编写；第 2 章、第 5 章、第 6 章由李如强编写；第 3 章由徐汉斌编写；第 4 章由赵燕编写；第 7～9 章由吴华春编写。

书中编写的部分内容参考了相关企业的最新产品资料和兄弟院校同行作者的有关文献，在此对书中所列参考文献、引用的相关教材与资料的作、译者和出版单位一并表示感谢！

由于编者水平有限，书中难免存在不足及欠妥之处，恳请同行及广大读者批评指正。

编　者
2009 年 10 月于武汉

第1版前言

在科学研究与社会生产活动的过程中，需要对研究对象、生产过程及产品研发中的各种物理现象和物理量进行观察与定量的数据分析。伴随着科学研究与生产技术的发展进步，对各种物理量和物理现象进行测量与试验的要求越来越广泛，这种状况极大地推动了测试技术的发展。而每一次新的测量理论、测试方法、测试设备的出现，也促进了其他学科与工程技术的发展。测试技术已经成为从事科学研究与工农业生产的技术人员必须掌握的专业技术基础知识。

测试技术基础是机械类专业本科生必修的一门专业基础课。武汉理工大学从1982年开始开设测试技术基础课程，是全国最早开设此课程的高校之一。1988年由武汉理工大学机械系测试教研组编写了《测试技术基础》一书，1996年正式出版了《测试技术基础》教材；2005年，测试技术基础课被评为湖北省省级精品课。武汉理工大学教师经过20多年的教学和科研实践，在教学内容、教材和实验室建设等方面积累了很多宝贵经验和科研案例素材，并力图将这些经验体会、案例素材融入本书的内容中。因此，本书在选材上特别注意了从应用角度出发，遵循由浅入深、循序渐进的认识规律，以案例讲解为引导，以通俗易懂的语言和大量的例题做铺垫，逐步深入，便于读者更快更好地学习、理解和掌握测试技术的基本理论及测试方法和测试仪器；同时也着重介绍了现代测试技术发展的新领域(如书中第9章)，以便读者能更全面、更深入地了解测试技术的全貌。

本书共9章，第1~4章主要介绍了测试技术的理论基础。其中第1章为绪论，介绍测量与试验的概念及相互关系，测量方法的分类与非电量测试系统的构成，测试技术的发展、意义及涵盖的内容；第2章介绍信号的理论、信号的分类、信号的时域描述与频域描述方法，以及信号的频谱；第3章介绍测试信号的分析与处理；第4章介绍测试系统特性描述的方法、理论与工程应用。第5~7章分别介绍了测试信号的传感、调理和记录与显示方面的理论及应用。第8章介绍了常见物理量——机械振动(力、位移、速度、加速度)的测量和机械阻抗的测试原理及测试仪器的特性。第9章专门介绍了现代测试系统的构成及虚拟测试技术的概况。教学内容上的这些安排，便于读者在完成第一部分(前4章)基础理论内容学习的基础上，进一步掌握综合应用测试技能进行不同物理量测试的知识。其他专业教师选用本书时，适当取舍内容后可适应不同层次及不同专业的教学要求。

本书由武汉理工大学江征风教授主编并统稿，赵燕、徐汉斌任副主编，李如强、张萍、吴华春参加编写。

武汉理工大学机电学院胡业发教授担任本书的主审，他仔细审阅了全部书稿，提出了许多建设性意见和宝贵建议，在此向他表示诚挚的谢意！

书中编写的部分内容参考了相关企业的最新产品资料和兄弟院校同行作者的有关文

献，在此对书中所列参考文献、引用的相关教材与资料的作者、译者和单位一并表示感谢！

由于编者水平有限，书中难免存在不足及欠妥之处，恳请同行及广大读者批评指正。

编　者

2006 年 9 月于武汉

目　　录

第1章

绪　论

 教学提示

　　引导初学者正确理解机械工程测试的基本概念。测试的含义，测量和测试的联系及区别，非电量电测法的基本概念，系统的基本构成。

 教学要求

　　正确理解测量与测试的含义，掌握非电量电测法基本系统的构成，了解本课程应用领域。

1.1　测试的含义

测试是人们认识客观事物的一种常用方法。测试技术泛指测量和试验两个方面的技术。

对生产、生活和科学研究活动中的各种物理量的确定构成了测量的全部内涵。测量的过程或行为就是进行一个被测量与一个预定标准之间的定量的比较,从而获得被测对象的数值结果。被测量表示被观察和被量化的特定物理参数,这个物理参数称为测量过程的输入量。

如图 1.1 所示,为了确定某人的身高(一个被测量),通常采用标准长度的米尺(一个预定标准)对其进行测量,通过被测量与预定标准之间的定量比较,从而得到此人实际的身高(被测对象的数值结果)。

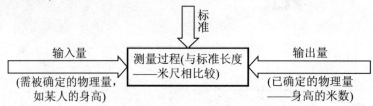

图 1.1　测量过程与输入量和输出量的关系

比较的标准必须与被测量具有相同的特征,这些标准通常是被法定的或被承认的机构或组织规定和确认,如国际标准化组织(ISO)或中国国家标准化管理委员会(SAC)。"米"(m)便是一个明确规定的长度计量标准。

机械测量的范畴中除了长度、质量、时间等基本量之外,还包括温度、应力、应变、流体、声学以及与力(力矩、压力)和运动(如位移、速度、加速度)有关的参数等。

试验是对被研究的对象或系统进行实验性研究的过程。通常是将被研究对象或系统置于某种特定的或人为构建的环境条件下,通过实验数据来探讨被研究对象的性能的过程。图 1.2 所示为汽车乘坐舒适性的台架试验。坐椅处的加速度是衡量乘坐舒适性的指标之一。坐椅的加速度由置于坐椅处的加速度计测量,而液压振动台则提供汽车在颠簸道路上行驶的状态模拟,测量得到的加速度的实验数据反映了汽车乘坐舒适性的一个指标。

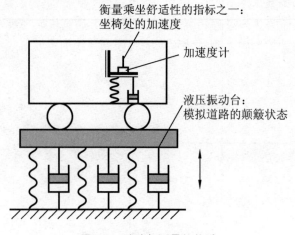

图 1.2　试验与测量的关系

综上所述，通过实验得到的实验数据成为研究对象的重要依据(如通过坐椅处加速度值来评价该车的乘坐舒适性，如果超标，则表示应改进该车的设计)，而测量的重要性在于它提供了系统所要求的和实际所取得的结果之间的一种比较。测试是具有试验性质的测量，是测量和试验的综合。测试过程是借助专门设备，通过合适的实验和必要的数据处理，从研究对象中获得有关信息的认识过程。所以，测试科学属于信息科学范畴，又称信息探测工程学。

对于信息，一般可理解为消息、情报或知识，例如古代烽火是外敌入侵的信息。从物理学观点出发来考虑，信息不是物质，也不具备能量，但它却是物质所固有的，是其客观存在或运动状态的特征。因此，可以说，信息是事物运动的状态和方式。

信息本身不是物质，不具有能量，但信息的传输却依靠物质和能量。我们把传输信息的载体称为信号。信息蕴涵于信号之中。例如古代烽火，人们观察到的是光信号，而它所蕴涵的信息则是"外敌入侵"。

信号是物理性的，是物质，具有能量。人类获取信息需要借助信号的传播，信号的变化则反映了所携带信息的变化。

测试工作的目的就是获取研究对象中有用的信息，而信息蕴涵于信号之中。因此，测试工作就是信号的获取、加工、处理、显示记录及分析的过程。

1.2 测试技术在机械工程中的作用

人类从事的社会生产、经济交往和科学研究活动总是与测试技术息息相关。首先，测试是人类认识客观世界的手段之一，是科学研究的基本方法。科学的基本目的在于客观地描述自然界。科学定律是定量的定律，科学探索离不开测试技术，用定量关系和数学语言来表达科学规律和理论也需要测试技术，验证科学理论和规律的正确性同样需要测试技术。事实上，科学技术领域内，许多新的科学发现与技术发明往往是以测试技术的发展为基础的，可以认为，测试技术能达到的水平，在很大程度上决定了科学技术发展水平。

同时，测试也是工程技术领域中的一项重要技术。工程研究、产品开发、生产监督、质量控制和性能试验等都离不开测试技术。在自动化生产过程中常常需要用多种测试手段来获取多种信息，来监督生产过程和机器的工作状态并达到优化控制的目的。

在广泛应用的自动控制中，测试装置已成为控制系统的重要组成部分。在各种现代装备系统的设计制造与运行工作中，测试工作内容已嵌入系统的各部分，并占据关键地位。测试技术已经成为现代装备系统日常监护、故障诊断和有效安全运行的不可缺少的重要手段。

1.3 测试方法分类与电测法测试系统

测试是为了获取研究对象中的有用信息。也就是说，被研究对象的信息量总是非常丰富的，而测试工作是根据一定的目的和要求，获取有限的、观测者感兴趣的某些特定信息，而不是企图获取该研究对象的全部信息。有关信息的基本知识在第 2 章讲述。

从研究对象获取的信号所携带的信息往往很丰富，既有研究者所需要的信息，也含有大量不感兴趣的其他信息，后者被称为干扰。相应地，对于信号也有"有用信号"和"干扰信号"的提法，但这是相对的。在一种场合被认为是"干扰"的信号，在另一种场合则可能是"有用"的信号。例如，齿轮噪声对工作环境是一种"干扰"，但对于评价齿轮副的运行状态和进行故障诊断时，又成为"有用"的了。测试工作的一个重要任务就是从复杂的信号中排除干扰信号，提取出有用信号，此过程称为信号的处理和分析。有关信号的分析和处理知识在第6章讲述。

由于被测信号和测试系统的多样性和复杂性，产生了各种类型的测试方法，以及多种类型的测试系统。

1.3.1　测量的基本方法

1. 直接比较法

直接比较法就是通过直接将被测物理量与标准比较来进行测量的方法。如测量桌子的长度，可采用钢卷尺作为测量标准。将桌子的长度与这个标准做比较，就可得到桌子的长度是多少米，这就是通过直接的比较确定长度的测量方法。而所使用的标准——钢卷尺则称作二次标准，而原始长度标准则与光速有关。

2. 间接比较法

间接比较法必须使用某种形式的测量系统。如图 1.2 所示，为了检测汽车坐椅的加速度，可以用加速度传感器并后接放大和变换电路，将加速度转换为一个模拟电量输出，该模拟量的输出可通过记录设备最终表示成记录纸上的位移形式，该记录纸上的"位移"的变化规律与汽车坐椅的加速度变化规律一致。此方法表明，通过记录纸上的"位移"的间接测量得到了汽车坐椅加速度值。间接法是应用最广泛的测量方法。

又如图 1.3 所示的中国杆秤，是通过杠杆来完成质量(旧称重量)的间接测量。

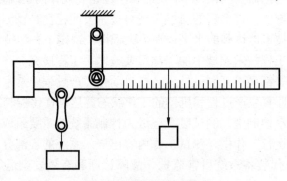

图 1.3　间接比较测量法

1.3.2　静态测试与动态测试

如果测试时信号不随时间变化，或随时间变化非常缓慢以至于可以忽略随时间的变化，则称这种测试是静态测试。如果所测试的信号变化较快，称这种测试为动态测试。在动态测试中，测试系统的各个环节(如传感器、放大器等)本身有自己的动态特性，而测试的研究对象也具有特定的动态特性，所以测试信号是上述动态特性的综合反映。因此，通过测试信号确定研究对象的动态特性比较复杂。第4章将讲述测试系统的特性。

1.3.3 非电量电测法

在机械工程测试中，要测试的信号往往是机械量。从狭义的范围讲，机械量包括与运动、力和温度有关的物理量，如位移、速度、加速度、外力、质量、力矩、功率、压力、流量、温度等。为了测试工作的方便，往往需要把被测试的机械量信号转换成其他形式的信号来处理。根据被测信号的转换方式，又可以把测试分成机械测量法、光测量法、气测量法、液测量法和电测量法等。

如图 1.4 所示，钢板的厚度通过齿轮齿条机构转变成机械指针的角位移，指针的位移仍为机械量，因此属于机械测量法。又如百分表测位移、天平砝码称重(质量)等都属于机械测量法。

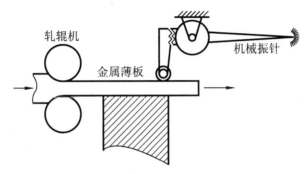

图 1.4 钢板厚度的机械测量法

光栅技术、激光测量技术和红外测量技术等都属于光测法。图 1.5 所示的表面粗糙度测量，是将光源的光通过光学系统聚焦到摆动的反光镜上，反光镜随着测量探针的移动而上下移动，使得反光镜上的光点随之移动并被反射到移动的感光纸上，形成记录曲线。该测量法中的传感器——摆动的反光镜将光信号转变为了光信号，故属于光测法。光测法的特点是精度高、稳定性好，但对环境条件要求高。一般来说，光测法宜于在实验室条件下进行，或作为对其他仪器标定使用。

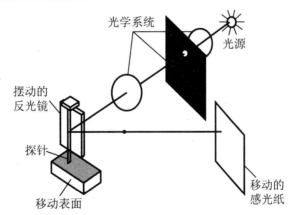

图 1.5 表面粗糙度的光测量法

图 1.6 所示是气动比较仪的工作原理图。中间压力 P_i 取决于气源压力 P_S 以及喷孔 O_1 和 O_2 之间的压降。喷孔 O_2 的有效尺寸随距离 d 而变化。当 d 变化时，压力 P_i 也会发生变化，这一变化可以用于尺寸 d 的测量。这种测量法称为气压测量法。

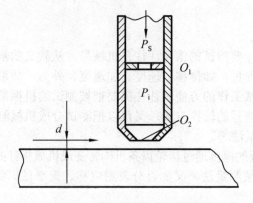

图 1.6　尺寸 d 的气压测量法

　　气压测量法、液压测量法对环境条件要求不高，但由于其可压缩性和响应较迟缓，只适宜做静态测试。

　　目前，机械工程中最普遍使用的测量方法是非电量电测法。这种测量方法精度高、灵敏度高，特别适于动态测试。电测法可以将不同的被测机械量信号转换成电信号，便于用统一的后继仪器进行处理和计算机分析。同时，利用电测法还便于进行远距离测量和控制，甚至可以进行无线遥控测量。图 1.2 所示的例子就是典型的非电量电测法，即加速度传感器将加速度信号变换为电量输出。图 1.7 所示的例子则是表面粗糙度的电测法。因为图 1.5 中的传感器——摆动的反光镜变成了压电晶体传感器，该传感器将探针的上下移动转变成了电信号送入放大器。可以说，电测法是现代测试技术发展的特点之一。本书重点讲述动态测试中的非电量电测法。

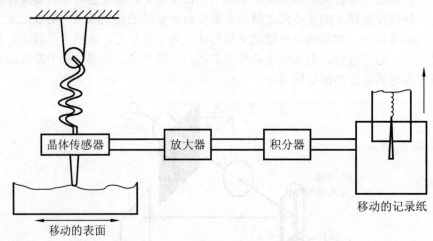

图 1.7　表面粗糙度的电测法

1.3.4　非电量电测系统的构成

　　图 1.2 所示的坐椅舒适性试验中，为了将加速度计中输出的加速度信号传输到观察者，整个过程就必须力求既不失真，也不受干扰。或者说，要在有严重外界干扰的情况下提取和辨识出信号中所包含的有用信息，就必须在测试工作中对信号做必要的变换、放大等调理。有时还需要选用适当的方式来激励研究对象(信源)，使它处于人为控制的运动状态(如

汽车的振动状态),从而产生表征特征(舒适性信息)的信号(振动加速度),图1.2 中的液压振动台就是用于激励研究对象——汽车的装置,称为激振装置。

据此,非电量电测法的测试系统往往是由许多功能不同的仪器或装置所组成。加速度测试系统框图如图1.8 所示,由此也可得到一般的非电量测试系统框图,如图1.9 所示,它由测量装置、标定装置和激励装置组成。

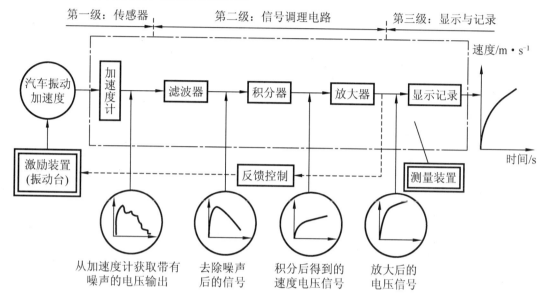

图 1.8 加速度测试系统框图

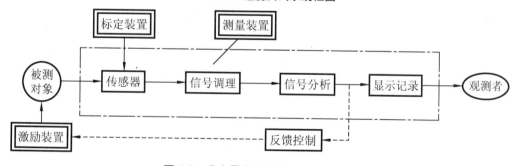

图 1.9 非电量电测法的测试系统框图

1. 测量装置

测量装置是各种测量仪器和辅助装置的总称。测量装置在第 4、5、7 章讲述。测量装置包括传感器,信号调理与信号分析仪器,显示、记录仪器三部分,这三部分又称三级,即:

第一级 检测-传感器级或敏感元件-传感器级;

第二级 中间级称为信号调理级;

第三级 终端级或显示-记录级。

传感器感受和拾取被测的非电量信号,并把非电量信号转换成电信号,以便送入后续的仪器进行处理。第 4 章专题讨论传感器。

信号调理仪器也称为中间转换电路,其目的是转换传感器送来的信号。该级对信号执行一种或多种的基本操作，如实现再转换、放大或衰减、调制与解调、阻抗变换、滤波等处理，最终使信号变成适合于显示、记录或与计算机外部设备适配的信号。

信号分析仪器目前多指计算机系统或专用数字信号分析仪器，也可以是模拟信号分析仪器。它主要是对信号进行滤波、运算等，以求得信号中有用的特征值，第 5 章专题讨论信号调理仪与信号分析仪。

显示仪、记录仪器的作用是提供人的知觉能够理解的信息，第 7 章专题讨论显示、记录仪器。

2. 标定装置

标定装置用以找到测量装置的输入与输出之间的数量关系。图 1.2 例子中，通过间接测量得到了加速度最终的输出——记录纸上的"位移"。记录纸上的"位移"的变化规律与汽车坐椅的加速度变化规律一致，这表明可以通过记录纸上的"位移"定性地确定加速度的变化规律。但要定量地确定"位移"与加速度的关系(多少毫米"位移"代表多大的加速度，类似于在温度计上做刻度)，就必须对测量系统进行标定，标定所使用的装置称为标定装置。

3. 激励装置

激励装置是根据测试内容的需要，使被测对象处于人为的工作状态，产生表征其特征(信息)的信号。

1.4　课程的性质和任务

测试工作是一件非常复杂的工作，需要多种科学知识的综合运用。从广义的角度来讲，测试工作涉及包含试验设计、模型理论、传感器、信号的加工与处理(传输、调理和分析、处理)、误差理论、控制工程、系统辨识和参数估计等内容。从狭义来讲，测试工作则是指在选定激励的方式下检测信号，进行信号的调理和分析，以便显示、记录或以电量输出信号、数据的工作。本课程在有限的学时之内，从狭义范围来研究机械工程动态测试中常用的传感器、新型调理电路及记录仪器等工作原理、测试系统基本特性的评价方法、测试信号的分析和处理以及常见物理量的测试方法。

对高等学校机械工程各有关专业来说，本课程是一门技术基础课。通过本课程的学习，使学生能掌握合理选用测试仪器、配置测试系统和进行动态测试所需要的基本知识和技能，为进一步学习、研究和处理机械工程技术问题打下基础。

从进行动态测试工作所必备的基本条件出发，学生在学完本课程后应具有下列几方面的知识：

(1) 掌握信号的时域和频域的描述方法，形成明确的信号频谱结构的概念；掌握谱分析和相关分析的基本原理和方法；掌握数字信号分析中一些最基本的概念和方法。

(2) 掌握测试系统基本特性的评价方法和不失真测试条件，并能正确地进行测试系统的分析和选择。掌握一、二阶系统的动态特性及其测定方法。

(3) 了解常用传感器、常用信号调理电路和记录仪器的工作原理和性能，并能进行较合理地选用。

(4) 对动态测试工作的基本问题有一个比较完整的概念，能初步进行机械工程中某些参数的测试。

本课程具有很强的实践性，只有在学习过程中密切联系实际，注意物理概念，加强实验，才能真正掌握有关理论，具备一定的实验能力，获得关于动态测试工作的完整概念，初步具有处理实际测试工作的能力。

1.5　测试技术的发展动向

现代科技的发展不断向测试技术提出新的要求，推动测试技术的发展。与此同时，各学科领域的新成就也常常反映在测试方法和仪器设备的改进中，测试技术总是从其他相关的学科中吸取营养而得到发展。

近年来，新技术、新材料的兴起更加快了测试技术的蓬勃发展。主要表现在传感器技术和测量方式的多样化两个方面。

1.5.1　传感器技术的发展

传感器是信息之源头，传感技术是测试技术的关键内容之一，当今传感器开发中有以下两方面的发展趋势：

(1) 物理型传感器的开发。物理型传感器是依据机敏材料本身的物性随被测量的变化来实现信号的转换。这类传感器的开发实质上是新材料的开发。目前，应用于传感器开发的机敏材料主要有声发材料、电感材料、光纤及磁致伸缩材料、压电材料、形状记忆材料、电阻应变材料和 X 射线感光材料等。这些材料的开发，不仅使可测量大量增多，也使传感器集成化、微型化，以及高性能传感器的出现成为可能。总之，传感器正经历着从机构型为主向以物理型为主的转变过程。

(2) 集成化，智能化传感器的开发。随着微电子学、微细加工技术的发展，出现了多种形式集成化的传感器。这类传感器具有智能化功能。将测量电路、微处理器与传感器集成一体的传感器，就是同一功能的多个敏感元件排列成线型、面型的传感器，即多种不同功能的敏感元件集成一体，成为可同时进行多种参数测量的传感器。

1.5.2　测量方式多样化

1. 多传感器融合技术在工程中的应用

多传感器融合是解决测量过程中信息获取的方法。由于多传感器是以不同的方法、从不同的角度获取信息的，因此可以通过它们之间的信息融合去伪存真，提高测量信息的准确性。

2. 积木式、组合式测量方法

此类测量方法能有效增加测试系统的柔性，降低测量工作的成本，达到不同层次、不同目标的测试目的。

3. 虚拟仪器

一般来说，将数据采集卡插入计算机空槽中，利用软件在屏幕上生成某种仪器的虚拟面板，在软件引导下进行采集、运算、分析和处理，实现仪器功能并完成测试的全过程，这就是虚拟仪器。由数据采集卡与计算机组成仪器通用硬件平台,在此平台基础上调用测试软件完成某种功能的测试任务,即构成该种功能的测试仪器,成为具有虚拟面板的虚拟仪器。在同一平台上,调用不同的测试软件就可构成不同的虚拟仪器,故可方便地将多种测试功能集于一体,实现多功能仪器。例如,若对采集的数据利用软件进行快速傅里叶变换(FFT),则构成一台频谱分析仪。虚拟仪器是把测试技术与计算机进行深层次结合而开发出的一种全新仪器结构概念的新一代仪器,是虚拟现实技术在精密测试领域中的典型应用。

小　结

测试是人类认识客观世界的手段之一,是科学研究的基本方法。测试工作是一件非常复杂的工作,需要多种科学知识的综合运用。本课程是一门技术基础课。通过本课程的学习,培养学生能合理地选用测试仪器、配置测试系统并初步掌握进行动态测试所需要的基本知识和技能,为进一步学习、研究和处理机械工程技术问题打下基础。本章主要内容:

(1) 测试的含义。测试是具有试验性质的测量,是测量和试验的综合。

(2) 测试方法分类。测量的基本方法分为: 直接比较法和间接比较法;静态和动态测试。根据信号被传感器变换后的形式不同,又可将测试方法分为电测法和其他非电测法。

(3) 非电量电测法测试系统由测量装置、标定装置和激励装置组成。

(4) 本课程性质和任务。

习　题

1-1 图 1.10 所示是一种拉力式称重弹簧秤,也是一种常用的质量(重量)测量系统。详细讨论该质量测量系统的三级构成。

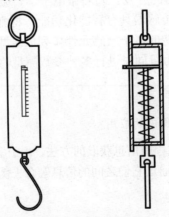

图 1.10　称重用弹簧秤

1-2 汞玻璃体温计是一种常用的温度测量系统,详细讨论该温度测量系统的各级构成。

1-3 写一篇关于位移、速度、温度、力或应变测量系统的构成和测量过程的简短报告。

第2章

信号的分类及频谱分析

根据信号的不同特征，信号有不同的分类方法。采用信号不同"域"的描述，突出信号的不同特征以满足不同问题的需要。信号的时域描述强调幅值随时间变化的特征；信号的频域描述强调幅值和相位随频率变化的特征。信号的时域描述和频域描述的转化通过傅里叶级数或傅里叶变换来实现。通过数/模转换把模拟信号变为数字信号。离散信号的离散傅里叶变换和信号的傅里叶变换既有联系又有区别。

了解信号的不同分类方法及其特点，明确信号的时域和频域描述的含义。重点理解信号频谱的概念，包括周期信号的离散频谱和瞬态信号的连续频谱，掌握傅里叶变换的主要性质、几种典型信号的频谱并能灵活地运用。掌握数字信号的基本知识，理解离散傅里叶变换的图解过程和混叠现象，正确理解和应用采样定理，理解截断、泄漏和窗函数，熟悉常用的窗函数。

对于信息，一般可理解为消息、情报或知识。例如，语言文字是社会信息；商品报道是经济信息；在古代烽火是外敌入侵的信息等。从物理学观点出发来考虑，信息不是物质，也不具备能量，但它却是物质所固有的，是其客观存在或运动状态的特征。信息可以理解为事物的运动状态和方式。信息和物质、能量一样，是人类不可缺少的一种资源。

信息本身不是物质，不具有能量，但信息的传输却依靠物质和能量。一般来说，传输信息的载体称为信号，信息蕴涵于信号之中。下面是几个信息和信号关系的例子。

(1) 古代烽火和现代防空警笛：

对古代烽火，人们观察到的是光信号，而它所蕴涵的信息则是"外敌入侵"。

对防空警笛，人们感受到的是声信号，其携带的信息则是"敌机空袭"或"敌机溃逃"。

(2) 老师讲课和学生自学：

老师讲课时口里发出的是声音信号，是以声波的形式发出的；而声音信号中所包含的信息就是老师正讲授的内容。而学生自学时，通过书上的文字或图像信号获取要学习的内容，这些内容就是这些文字或图像信号承载的信息。

信号具有能量，是某种具体的物理量。信号的变化则反映了所携带信息的变化。

测试工作的目的是获取研究对象中有用的信息，而信息又蕴涵于信号之中。可见，测试工作始终都需要与信号打交道，包括信号的获取、信号的调理和信号的分析等。信号的分析包括频谱分析、幅值域分析、相关分析和功率谱分析等，本章主要介绍信号的分类及其频谱分析，信号的幅值域分析、相关分析和功率谱分析将在第 6 章讲述。

2.1 信号的分类与描述

2.1.1 信号的分类

为了深入了解信号的物理性质，讨论信号的分类是非常必要的。下面讨论几种常见的信号分类方法。

1. 按信号随时间的变化规律分类

1) 确定性信号与非确定性信号

根据信号随时间的变化规律，可把信号分为确定性信号和非确定性信号。

能明确地用数学关系式描述其随时间变化关系的信号称为确定性信号。例如，一个单自由度无阻尼质量-弹簧振动系统(见图 2.1)的位移信号 $x(t)$ 可表示为

$$x(t) = X_0 \cos\left(\sqrt{\frac{k}{m}}t + \varphi_0\right) \tag{2-1}$$

式中：X_0 为初始振幅；k 为弹簧刚度系数；m 为质量；t 为时间；φ_0 为初相位。

该信号用图形表达如图 2.2 所示，其中，横坐标为独立变量 t，纵坐标为因变量 $x(t)$，这种图形称为信号的"波形"。

无法用明确的数学关系式表达的信号称为非确定性信号，又称为随机信号。随机信号只能用概率统计方法由过去估计未来或找出某些统计特征量，根据统计特性参数的特点，随机信号又可分为平稳随机信号和非平稳随机信号两类，其中，平稳随机信号又可进一步分为各态历经随机信号和非各态历经随机信号。

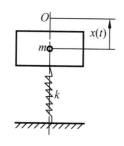

图 2.1　阻尼质量-弹簧振动系统

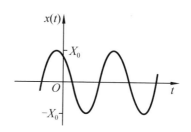

图 2.2　正弦信号的波形

2) 周期信号与非周期信号

确定性信号又可分为周期信号和非周期信号。按一定时间间隔周而复始出现的信号称为周期信号，否则称为非周期信号。

周期信号的数学表达式为

$$x(t) = x(t + nT) \tag{2-2}$$

式中：T 为信号的周期；$n = \pm 1, \pm 2, \cdots$；$T = 2\pi/\omega = 1/f$；$\omega = 2\pi f$，为角频率；f 为频率。周期为 T_0 的三角波和方波信号，如图 2.3 所示。

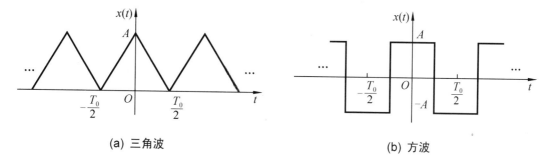

(a) 三角波　　　　　　　　　　　(b) 方波

图 2.3　周期信号

显然，式(2-1)表示的信号为周期信号，其角频率为 $\omega = \sqrt{k/m}$，周期为 $T = 2\pi/\omega$。这种单一频率的正弦或余弦信号称为谐波信号。

由多个乃至无穷多个频率成分叠加而成，叠加后仍存在公共周期的信号称为一般周期信号，如

$$
\begin{aligned}
x(t) &= x_1(t) + x_2(t) = A_1 \cos(2\pi f_1 t + \theta_1) + A_2 \cos(2\pi f_2 t + \theta_2) \\
&= 10\cos(2\pi \cdot 3 \cdot t + \pi/6) + 5\cos(2\pi \cdot 2 \cdot t + \pi/3)
\end{aligned} \tag{2-3}
$$

$x(t)$ 由两个周期信号 $x_1(t)$、$x_2(t)$ 叠加而成，周期分别为 $T_1 = 1/3$、$T_2 = 1/2$，叠加后信号的周期为 T_1、T_2 的最小公约数 1，即最小公共周期为 1，如图 2.4 所示。

在非周期信号中，由多个频率成分叠加，但叠加后不存在公共周期的信号称为准周期信号，如

$$x(t) = x_1(t) + x_2(t) = A_1 \cos(\sqrt{2}t + \theta_1) + A_2 \cos(3t + \theta_2) \tag{2-4}$$

$x(t)$ 由两个信号 $x_1(t)$、$x_2(t)$ 叠加而成，两信号的频率比为无理数，即两频率没有公约数，则叠加后信号无公共周期，如图 2.5 所示。

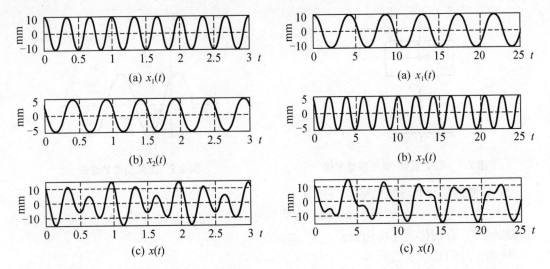

图 2.4　两个余弦信号的叠加(有公共周期)　　　图 2.5　两个余弦信号的叠加(无公共周期)

　　在有限时间段内存在，或随着时间的增加而幅值衰减至零的信号，称为一般非周期信号，又称瞬变非周期信号或瞬态信号。图 2.6 给出了几个常见非周期信号的例子，其中图 2.6(a)为指数衰减振动信号，表示为

$$x(t) = X_0 \cdot \mathrm{e}^{-at} \cdot \sin(\omega t + \varphi_0) \tag{2-5}$$

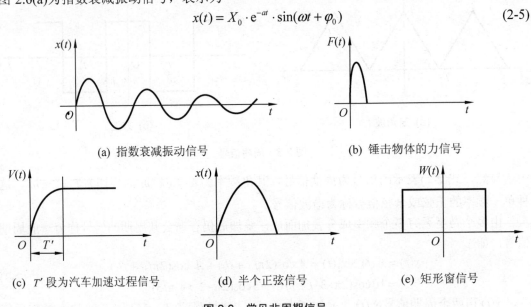

(a)　指数衰减振动信号　　　　　　　(b)　锤击物体的力信号

(c)　T' 段为汽车加速过程信号　　　(d)　半个正弦信号　　　(e)　矩形窗信号

图 2.6　常见非周期信号

　　2. 按信号幅值随时间变化的连续性分类

　　根据信号幅值随时间变化的连续性，可把信号分为连续信号和离散信号。

　　若信号的独立变量取值连续，则是连续信号，如图 2.7(a)、(b)所示；若信号的独立变量取值离散，则是离散信号，如图 2.7(c)、(d)、(e)、(f)所示，其中图(e)是对图(b)的独立变量 t 每相隔 5min 读取温度值所获得的离散信号。仅仅独立变量连续的信号称为一般连续信号；仅仅独立变量离散的信号称为一般离散信号；信号幅值也可分为连续和离散两种，若信号的幅值和独立变量均连续，则称为模拟信号，如图 2.7(a)、(b)所示；若信号幅值和独立变量均离散，并能用二进制数来表示，则称为数字信号，如图 2.7(f)所示，其幅值进行了离散化。数字计算机使用的信号都是数字信号。

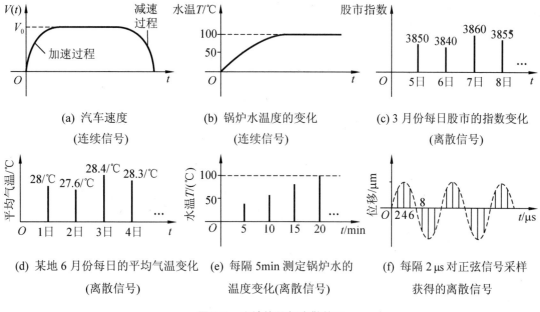

(a) 汽车速度	(b) 锅炉水温度的变化	(c) 3 月份每日股市的指数变化
(连续信号)	(连续信号)	(离散信号)
(d) 某地 6 月份每日的平均气温变化	(e) 每隔 5min 测定锅炉水的	(f) 每隔 2 μs 对正弦信号采样
(离散信号)	温度变化(离散信号)	获得的离散信号

图 2.7 连续信号与离散信号

3. 按信号的能量特征分类

根据信号用能量或功率表示，可把信号分为能量信号和功率信号。

当信号 $x(t)$ 在$(-\infty，\infty)$内满足

$$\int_{-\infty}^{\infty} x^2(t)\mathrm{d}t < \infty \tag{2-6}$$

时，则该信号的能量是有限的，称为能量有限信号，简称能量信号。例如，图 2.6 所示的信号都是能量信号。

若信号 $x(t)$ 在$(-\infty，\infty)$内满足

$$\int_{-\infty}^{\infty} x^2(t)\mathrm{d}t \rightarrow \infty \tag{2-7}$$

而在有限区间 (t_1, t_2) 内的平均功率是有限的，即

$$\frac{1}{t_2 - t_1}\int_{t_1}^{t_2} x^2(t)\mathrm{d}t < \infty \tag{2-8}$$

则该信号为功率信号。例如，图 2.2 中的正弦信号就是功率信号。

综上所述，从不同角度对信号进行分类，常用分类法归纳如下：

(1) 按信号随时间的变化规律分类：

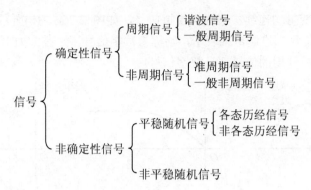

(2) 按信号幅值随时间变化的连续性分类：

$$信号\begin{cases}连续信号\begin{cases}模拟信号(信号的幅值与独立变量均连续)\\一般连续信号(独立变量连续)\end{cases}\\离散信号\begin{cases}一般离散信号(独立变量离散)\\数字信号(信号的幅值和独立变量均离散)\end{cases}\end{cases}$$

(3) 按信号的能量特征分类：

$$信号\begin{cases}能量(有限)信号\\功率(有限)信号\end{cases}$$

2.1.2 信号的时域描述和频域描述

直接观测或记录的信号一般为随时间变化的物理量。这种以时间为独立变量，用信号的幅值随时间变化的函数或图形来描述信号的方法称为时域描述。如式(2-1)为单自由度无阻尼质量-弹簧振动系统的位移信号的函数表示，也可用时域波形来表示，如图 2.2 所示。信号的时域波形是时域描述的一种重要形式。

时域描述简单直观，只能反映信号的幅值随时间变化的特性，而不能明确揭示信号的频率成分。因此，为了研究信号的频率构成和各频率成分的幅值大小、相位关系，则需要把时域信号转换成频域信号，即把时域信号通过数学处理变成以频率 f(或角频率 ω)为独立变量，相应的幅值或相位为因变量的函数表达式或图形来描述，这种描述信号的方法称为信号的频域描述。例如，若式(2-1)所描述的单自由度无阻尼质量-弹簧振动系统的位移信号为

$$x(t) = A_0 \cos(\omega_0 t + \theta_0) = A_0 \cos(2\pi f t + \theta_0) = 10\cos(2\pi \cdot 10 \cdot t + \pi/3)$$

其时域信号的波形如图 2.8(a)所示。其频域描述一般用频谱图来表示，如图 2.8(b)、(c)所示。

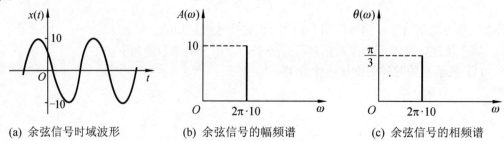

(a) 余弦信号时域波形　　　(b) 余弦信号的幅频谱　　　(c) 余弦信号的相频谱

图 2.8　单自由度无阻尼质量-弹簧振动系统的波形和频谱图

信号"域"的不同,是指信号的独立变量不同,或描述信号的横坐标物理量不同。信号在不同域中的描述,使信号的所需特征更为突出,以便满足解决不同问题的需要。信号的时域描述以时间为独立变量,只能反映信号的幅值随时间变化,强调信号的幅值随时间变化的特征;信号的频域描述以角频率或频率为独立变量,反映信号的幅值和初相位随频率变化,强调信号的幅值和相位随频率变化的特征,因此,信号的时域描述直观反映信号随时间变化的情况,频域描述则反映信号的频率组成成分。信号的时域描述和频域描述是信号表示的不同形式,同一信号无论采用哪种描述方法,其含有的信息内容是相同的,即信号的时域描述转换为频域描述时不增加新的信息。信号的"域"还包括幅值域和时延域,将在第6章讲述。

2.2　周期信号与离散频谱

最简单又最常用的周期信号是谐波信号。一般周期信号可以利用傅里叶级数展开成多个乃至无穷多个不同频率的谐波信号。也就是说,一般周期信号是由多个乃至无穷多个不同频率的谐波信号线性叠加而成的。

2.2.1　周期信号的傅里叶级数的三角函数展开

在有限区间上,任何周期信号 $x(t)$ 只要满足狄利克雷(dirichlet)[①]条件,都可以展开成傅里叶级数。傅里叶级数的三角函数表达式为

$$x(t) = a_0 + \sum_{n=1}^{\infty}\left(a_n \cos n\omega_0 t + b_n \sin n\omega_0 t\right) \tag{2-9}$$

式中: a_0 为信号的常值分量; a_n 为信号的余弦分量幅值; b_n 为信号的正弦分量幅值。

a_0、a_n 和 b_n 分别表示:

$$\begin{cases} a_0 = \dfrac{1}{T_0}\displaystyle\int_{-T_0/2}^{T_0/2} x(t)\mathrm{d}t \\[2mm] a_n = \dfrac{2}{T_0}\displaystyle\int_{-T_0/2}^{T_0/2} x(t)\cos n\omega_0 t\mathrm{d}t \\[2mm] b_n = \dfrac{2}{T_0}\displaystyle\int_{-T_0/2}^{T_0/2} x(t)\sin n\omega_0 t\mathrm{d}t \end{cases} \tag{2-10}$$

式中: T_0 为信号的周期; ω_0 为信号的基频,即角频率, $\omega_0 = 2\pi/T_0$, $n = 1,2,3,\cdots$ 。

合并式(2-9)中的同频项,则式(2-9)表示为

$$x(t) = a_0 + \sum_{n=1}^{\infty} A_n \cos(n\omega_0 t + \theta_n) \tag{2-11}$$

式中:信号的幅值 A_n 和初相位角 θ_n 分别为

$$A_n = \sqrt{a_n^2 + b_n^2} \tag{2-12a}$$

$$\theta_n = \arctan(-b_n/a_n) \tag{2-12b}$$

---

① 狄利克雷(dirichlet)条件: (1)信号 $x(t)$ 在一个周期内只有有限个第一类间断点(当 t 从左或右趋向于这个间断点时,函数有左极限值和右极限值); (2)信号 $x(t)$ 在一周期内只有有限个极大值或极小值; (3)信号在一个周期内是绝对可积分的,即 $\int_{-T_0/2}^{T_0/2} x(t)\mathrm{d}t$ 应为有限值。

由式(2-11)可以看出，周期信号是由一个或几个乃至无穷多个不同频率的谐波信号叠加而成。或者说，一般周期信号可以分解为一个常值分量 a_0 和多个成谐波关系的正弦分量之和。因此，一般周期信号的傅里叶级数三角函数展开是以正(余)弦函数为基本函数簇进行相加获得的。

周期信号的幅值 A_n 随 ω(或 f)的变化关系称为信号的幅频谱，用 $A_n-\omega$(或 A_n-f)表示；周期信号的相位 θ_n 随 ω(或 f)的变化关系称为信号的相频谱，用 $\theta_n-\omega$(或 θ_n-f)表示；$A_n-\omega$ 或 A_n-f 和 $\theta_n-\omega$(或 θ_n-f)通称为周期信号的"三角频谱"。$A_n-\omega$(或 A_n-f)和 $\theta_n-\omega$(或 θ_n-f)统称为信号的频谱。因此，信号的频谱就是构成信号的各频率分量的集合，它表征信号的幅值或相位随频率的变化关系，即信号的结构。对信号进行数学变换，获得频谱的过程称为信号的频谱分析。在周期信号的三角频谱中，由于 n 为整数，则相邻频率的间隔 $\Delta\omega=\omega_0=2\pi/T_0$ 或 $\Delta f=f_0=1/T$，即各频率成分都是 ω_0 或 f_0 的整数倍。通常把 ω_0 或 f_0 称为基频，其对应的信号称为基波，而把 $n\omega_0$($n=2,3,\cdots$)或 nf_0($n=2,3,\cdots$)的倍频成分 $A_n\cos(n\omega_0 t+\varphi_n)$ 或 $A_n\cos(2\pi nf_0 t+\theta_n)$ 称为 n 次谐波。

以角频率 ω(或频率 f)为横坐标，幅值 A_n 和 θ_n 为纵坐标所作的图形分别称为周期信号的幅频图和相频图，即 $A_n-\omega$(或 A_n-f)图和 $\theta_n-\omega$(或 θ_n-f)图，它们统称为信号的三角频谱图。基波($n=1$)或 n 次谐波在频谱图中对应一根谱线。在周期信号的频谱图中，谱线是离散的。三角频谱中的角频率 ω 或频率 f 从 $0\sim+\infty$，谱线总是在横坐标的一边，因而三角频谱也称作"单边谱"，其频谱图也称为单边频谱图。

【例2.1】 画出式(2-3)所示信号 $x(t)$ 的三角频谱图。

图2.4所示，$x(t)$ 由 $x_1(t)$、$x_2(t)$ 叠加而成，其中，$\omega_1=2\pi f_1=2\pi\cdot 3$，$\omega_2=2\pi f_2=2\pi\cdot 2$，它们的公共最小周期为 $T=1$，频率间隔为 $\Delta\omega=\omega_0=2\pi/T=2\pi$，信号 $x_1(t)$、$x_2(t)$ 和 $x(t)$ 的三角频谱图如图2.9所示。

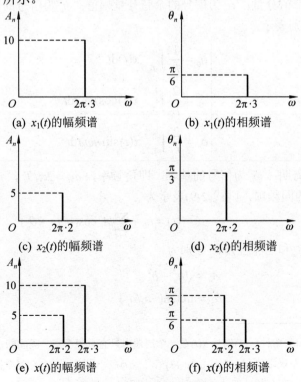

图2.9　信号的三角频谱图

2.2.2 周期函数的奇偶特性

利用函数的奇偶性，可使周期函数(信号)的傅里叶三角函数展开式有较大的简化。

(1) 如果周期函数 $x(t)$ 是奇函数，即 $x(t) = -x(-t)$，这样傅里叶系数的常值分量 $a_0 = 0$，余弦分量幅值 $a_n = 0$，则傅里叶级数 $x(t) = \sum_{n=1}^{\infty} b_n \sin n\omega_0 t$。

(2) 如果周期函数 $x(t)$ 是偶函数，即 $x(t) = x(-t)$，这样傅里叶系数的正弦分量幅值 $b_n = 0$，则傅里叶级数 $x(t) = a_0 + \sum_{n=1}^{\infty} a_n \cos n\omega_0 t$。

【例 2.2】 求图 2.3(a)所示周期性三角波 $x(t)$ 的傅里叶级数的三角函数展开式及其三角频谱，其中周期为 T_0，幅值为 A。

解：在 $x(t)$ 的一个周期中，$x(t)$ 可表示为

$$x(t) = \begin{cases} A + \dfrac{A}{T_0/2}t & \left(-\dfrac{T_0}{2} \leqslant t \leqslant 0\right) \\[3mm] A - \dfrac{A}{T_0/2}t & \left(0 \leqslant t \leqslant \dfrac{T_0}{2}\right) \end{cases} \tag{2-13}$$

由于 $x(t)$ 为偶函数，故正弦分量幅值 $b_n = 0$。而常值分量和余弦分量幅值分别为

$$a_0 = \frac{1}{T_0}\int_{-T_0/2}^{T_0/2} x(t)\mathrm{d}t = \frac{1}{T_0}\int_0^{T_0/2} 2\left(A - \frac{2At}{T_0}\right)\mathrm{d}t = \frac{A}{2}$$

$$a_n = \frac{2}{T_0}\int_{-T_0/2}^{T_0/2} x(t)\cos n\omega_0 t\,\mathrm{d}t = \frac{2}{T_0}\int_0^{T_0/2} 2\left(A - \frac{2A}{T_0}t\right)\cos n\omega_0 t\,\mathrm{d}t$$

$$= -\frac{2A}{n^2\pi^2}(\cos n\pi - 1) = \frac{4A}{n^2\pi^2}\sin^2\frac{n\pi}{2} = \begin{cases} \dfrac{4A}{n^2\pi^2} & n = 1,3,5,\cdots \\[3mm] 0 & n = 2,4,6,\cdots \end{cases}$$

则

$$A_n = \sqrt{a_n^2 + b_n^2} = |a_n| = \begin{cases} \dfrac{4A}{n^2\pi^2} & n = 1,3,5,\cdots \\[3mm] 0 & n = 2,4,6,\cdots \end{cases}$$

$$\theta_n = \arctan(-b_n/a_n) = \arctan\left(\frac{0}{\dfrac{4A}{n^2\pi^2}}\right) = 0 \quad n = 1,2,3,\cdots$$

当 $n = 1$ 时，$A_1 = \dfrac{4A}{\pi^2}$，$\theta_1 = 0$；当 $n = 2$ 时，$A_2 = 0$，$\theta_2 = 0$；当 $n = 3$ 时，$A_3 = \dfrac{4A}{3^2\pi^2}$，$\theta_3 = 0$；当 $n = 4$ 时，$A_4 = 0$，$\theta_4 = 0$；当 $n = 5$ 时，$A_5 = \dfrac{4A}{5^2\pi^2}$，$\theta_5 = 0$；…根据式(2-9)，周期性三角波的傅里叶级数的三角函数展开式为

$$x(t) = a_0 + \sum_{n=1}^{\infty} A_n \cos(n\omega_0 t + \theta_n)$$

$$= \frac{A}{2} + \frac{4A}{\pi^2}\left(\cos\omega_0 t + \frac{1}{3^2}\cos3\omega_0 t + \frac{1}{5^2}\cos5\omega_0 t + \cdots\right) \tag{2-14}$$

其三角频谱图如图 2.10 所示。

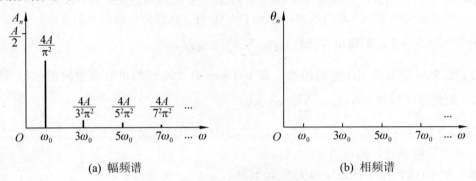

(a) 幅频谱　　　　　　　　　　　　　　　(b) 相频谱

图 2.10　周期性三角波的三角频谱图

【**例 2.3**】　求图 2.3(b)所示周期性方波 $x(t)$ 的傅里叶级数的三角函数展开式及其三角频谱，其中周期为 T_0，幅值为 A。

解：在 $x(t)$ 的一个周期中，$x(t)$ 可表示为

$$x(t) = \begin{cases} -A & -\dfrac{T_0}{2} \leqslant t \leqslant -\dfrac{T_0}{4} \\[2mm] A & -\dfrac{T_0}{4} \leqslant t \leqslant \dfrac{T_0}{4} \\[2mm] -A & \dfrac{T_0}{4} \leqslant t \leqslant \dfrac{T_0}{2} \end{cases} \tag{2-15}$$

由于 $x(t)$ 为偶函数，故正弦分量幅值 $b_n = 0$。同时信号的波形关于时间轴对称，故直流分量 $a_0 = 0$；余弦分量幅值为

$$a_n = \frac{2}{T_0}\int_{-T_0/2}^{T_0/2} x(t)\cos n\omega_0 t\,\mathrm{d}t = \frac{4}{T_0}\int_0^{T_0/2} x(t)\cos n\omega_0 t\,\mathrm{d}t$$

$$= \frac{4}{T_0}\cdot\frac{A}{n\omega_0}\left[\sin n\omega_0 t\Big|_0^{T_0/4} - \sin n\omega_0 t\Big|_{T_0/4}^{T_0/2}\right]$$

$$= \frac{4}{T_0}\cdot\frac{A}{n\cdot 2\pi/T_0}\cdot\left[2\sin\left(n\cdot\frac{2\pi}{T_0}\cdot\frac{T_0}{4}\right) - 2\sin\left(n\cdot\frac{2\pi}{T_0}\cdot\frac{T_0}{2}\right)\right]$$

$$= \begin{cases} \dfrac{4A}{n\pi}(-1)^{\frac{n-1}{2}} & n = 1,3,5,\cdots \\[2mm] 0 & n = 2,4,6,\cdots \end{cases}$$

则

$$A_n = \sqrt{a_n^2 + b_n^2} = |a_n| = \begin{cases} \dfrac{4A}{n\pi}(-1)^{\frac{n-1}{2}} & n = 1,3,5,\cdots \\[2mm] 0 & n = 2,4,6,\cdots \end{cases}$$

$$\theta_n = \arctan\left(\frac{-b_n}{a_n}\right) = \arctan\left(\frac{0}{\dfrac{4A}{n\pi}(-1)^{\frac{n-1}{2}}}\right) = \begin{cases} 0 & n = 1,5,9,\cdots \\ \pi & n = 3,7,11,\cdots \\ 0 & n = 2,4,6,\cdots \end{cases}$$

根据式(2-11)，周期方波的傅里叶级数展开式为

$$x(t) = a_0 + \sum_{n=1}^{\infty} A_n \cos(n\omega_0 t + \theta_n)$$

$$= \frac{4A}{\pi}\left(\cos\omega_0 t - \frac{1}{3}\cos 3\omega_0 t + \frac{1}{5}\cos 5\omega_0 t - \frac{1}{7}\cos 7\omega_0 t + \cdots\right)$$

(2-16)

其三角频谱图如图 2.11 所示。

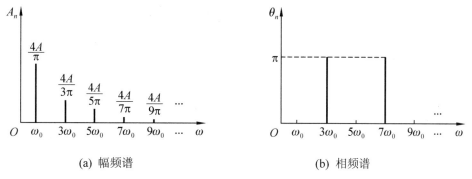

(a) 幅频谱   (b) 相频谱

图 2.11 周期性方波的三角频谱图

通过以上的讨论，常见周期信号的频谱具有以下特点：

(1) 离散性，在三角频谱中，每根谱线代表一个谐波成分，谱线的高度代表该谐波成分的幅值或相位的大小；

(2) 谐波性，每条谱线只有在其基频的整数倍 $n\omega_0$ 或 nf_0 的离散点频率处才有值；

(3) 收敛性，谐波幅值总体随谐波次数的增高而减小，按各自不同的规律收敛。如在例 2.2 和 2.3 中，谐波幅值分别按 $\frac{1}{n^2}$ 和 $\frac{1}{n}$ 的级数收敛。

一般在信号的频谱分析中没有必要取那些次数过高的谐波分量。

2.2.3 周期信号的傅里叶级数的复指数函数展开

为了便于数学运算，往往将傅里叶级数写成复指数函数形式。根据欧拉公式

$$e^{\pm j\omega t} = \cos\omega t \pm j\sin\omega t \quad (j = \sqrt{-1})$$

(2-17)

则

$$\cos\omega t = \frac{1}{2}(e^{-j\omega t} + e^{j\omega t})$$

(2-18a)

$$\sin\omega t = \frac{1}{2}j(e^{-j\omega t} - e^{j\omega t})$$

(2-18b)

因此式(2-9)可改写为

$$x(t) = a_0 + \sum_{n=1}^{\infty}\left[\frac{a_n - jb_n}{2}e^{jn\omega_0 t} + \frac{a_n + jb_n}{2}e^{-jn\omega_0 t}\right]$$

令

$$C_0 = a_0$$

(2-19a)

$$C_n = \frac{1}{2}(a_n - jb_n)$$

(2-19b)

$$C_{-n} = \frac{1}{2}(a_n + jb_n)$$

(2-19c)

则

$$x(t) = C_0 + \sum_{n=1}^{\infty} C_n \mathrm{e}^{\mathrm{j}n\omega_0 t} + \sum_{n=1}^{\infty} C_{-n} \mathrm{e}^{-\mathrm{j}n\omega_0 t}$$

$$= \sum_{n=0}^{\infty} C_n \mathrm{e}^{\mathrm{j}n\omega_0 t} + \sum_{n=1}^{\infty} C_n \mathrm{e}^{\mathrm{j}n\omega_0 t} + \sum_{n=-1}^{-\infty} C_n \mathrm{e}^{\mathrm{j}n\omega_0 t}$$

或

$$x(t) = \sum_{n=-\infty}^{\infty} C_n \mathrm{e}^{\mathrm{j}n\omega_0 t} \qquad n = 0, \pm 1, \pm 2, \cdots \tag{2-20}$$

这就是周期信号的傅里叶级数的复指数形式的表达式。将式(2-10)代入式(2-19b)，则

$$C_n = \frac{1}{T_0} \int_{-T_0/2}^{T_0/2} x(t) \mathrm{e}^{-\mathrm{j}n\omega_0 t} \mathrm{d}t \tag{2-21}$$

在一般情况下，C_n 是复数，可以写成

$$C_n = C_{nR} + \mathrm{j}C_{nI} = |C_n| \mathrm{e}^{\mathrm{j}\varphi_n} \tag{2-22}$$

式中，

$$|C_n| = \sqrt{C_{nR}^2 + C_{nI}^2} \tag{2-23a}$$

$$\varphi_n = \arctan \frac{C_{nI}}{C_{nR}} \tag{2-23b}$$

式中：C_{nR} 为复数 C_n 在实轴 Re 上的投影，称为复数 C_n 的实部；C_{nI} 为复数 C_n 在虚轴 Im 上的投影，称为复数 C_n 的虚部。C_n 与 C_{-n} 共轭，即 $C_n = C_{-n}^*$，且 $\varphi_n = -\varphi_n$。

周期信号 C_n 的实部 C_{nR} 和虚部 C_{nI} 的随 ω (或 f)的变化关系分别称为信号的实频谱和虚频谱，并分别用 $C_{nR} - \omega$ (或 $C_{nR} - f$) 和 $C_{nI} - \omega$ (或 $C_{nI} - f$)表示；$|C_n|$ 和 φ_n 随 ω (或 f)的变化关系分别称为信号的幅频谱和相频谱，用 $|C_n| - \omega$ (或 $|C_n| - f$)和 $\varphi_n - \omega$ (或 $\varphi_n - f$)表示；周期信号的实频谱、虚频谱、幅频谱和相频谱统称为周期信号的频谱。

以角频率 ω (或频率 f)为横坐标，实部 C_{nR} 和虚部 C_{nI} 为纵坐标所作的图形分别称为周期信号的实频谱图和虚频谱图，即 $C_{nR} - \omega$ (或 $C_{nR} - f$) 图和 $C_{nI} - \omega$ (或 $C_{nI} - f$) 图；而以角频率 ω (或频率 f)为横坐标，$|C_n|$ 和 φ_n 为纵坐标所作的图形分别称为周期信号的双边幅频谱图和双边相频谱图，即 $|C_n| - \omega$ (或 $|C_n| - f$)图和 $\varphi_n - \omega$ (或 $\varphi_n - f$)图。周期信号的实频谱图、虚频谱图、双边幅频谱图和双边相频谱图统称为周期信号的频谱图。

由式(2-20)可知，$n = -\infty \sim +\infty$、则 $\omega = -\infty \sim +\infty$、$f = -\infty \sim +\infty$，因此信号频谱的频率范围为 $-\infty \sim +\infty$，即频率是双边的，而不是单边的，故周期信号的傅里叶级数复指数展开的频谱都是"双边谱"，其对应的频谱图称为双边频谱图。

由式(2-22)、式(2-19b)和式(2-19c)可表示为

$$C_n = \frac{1}{2}(a_n - \mathrm{j}b_n) = |C_n| \cdot \mathrm{e}^{\mathrm{j}\varphi_n} \tag{2-24a}$$

$$C_{-n} = \frac{1}{2}(a_n + \mathrm{j}b_n) = |C_n| \cdot \mathrm{e}^{-\mathrm{j}\varphi_n} \tag{2-24b}$$

则式(2-20)变为

$$x(t) = C_0 + \sum_{n=1}^{\infty} C_n \mathrm{e}^{\mathrm{j}n\omega_0 t} + \sum_{n=1}^{\infty} C_{-n} \mathrm{e}^{-\mathrm{j}n\omega_0 t}$$

$$= C_0 + \sum_{n=1}^{\infty} \left[|C_n| \mathrm{e}^{\mathrm{j}(n\omega_0 t + \varphi_n)} + |C_n| \mathrm{e}^{\mathrm{j}(-n\omega_0 t - \varphi_n)} \right] \tag{2-25}$$

因此，可把 C_n ($n = 0, \pm 1, \pm 2, \cdots$) 看做复平面内的模 $|C_n|$ 为 $A_n / 2$ [见式(2-27)]、角频率为 ω_0 的一对共轭反向旋转矢量(即向量)。初相角为 φ_n，表示矢量 C_n 对于实轴在 $t = 0$ 时刻的位置。矢量旋转的方向可正、可负，因此出现了正、负频率。当 $n\omega_0$ 为正时，φ_n 为正值；当 $n\omega_0$ 为负时，φ_n 为负值，如图 2.12 所示。

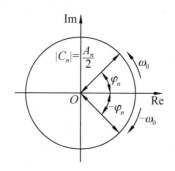

图 2.12　负频率的说明

由此可见，周期信号用复指数形式展开，相当于在复平面内用一系列旋转矢量 $|C_n| e^{j(n\omega_0 t \pm \varphi_n)}$ 来描述，且具有负频率的矢量总是与具有正频率的矢量成对出现。在双边幅频谱中，每对正、负频率上谱线的高度 $|C_n|$ 相等，因此幅频谱呈偶对称分布，而双边相频谱总是呈奇对称分布的。

需要注意的是，负频率的出现，仅仅是数学推导的结果，并无实际的物理意义。

2.2.4　傅里叶级数的复指数与三角函数展开的关系

由式(2-19b)和式(2-22)可知：

$$C_{nR} = a_n / 2 \tag{2-26a}$$
$$C_{nI} = -b_n / 2 \tag{2-26b}$$

结合式(2-12a)，式(2-23a)表示为

$$|C_n| = \sqrt{C_{nR}^2 + C_{nI}^2} = \sqrt{(a_n / 2)^2 + (-b_n / 2)^2} = A_n / 2 \tag{2-27}$$

即双边频谱的幅值 $|C_n|$ 是单边频谱幅值 A_n 的一半。

由式(2-23b)及式(2-26)可知

$$\varphi_n = \arctan(-b_n / a_n) \tag{2-28}$$

对比式(2-11)、式(2-12)与式(2-19a)、式(2-26)～式(2-28)可得信号的傅里叶级数的三角函数与复指数函数展开的关系，如表 2-1 所示。

表 2-1　傅里叶级数的复指数与三角函数展开的关系

三角函数展开	表　达　式	复指数展开	表　达　式
常值分量	$a_0 = C_0$	复指数常量	$C_0 = a_0$
余弦分量幅值	$a_n = 2C_{nR}$	复数 C_n 的实部	$C_{nR} = a_n / 2$
正弦分量幅值	$b_n = -2C_{nI}$	复数 C_n 的虚部	$C_{nI} = -b_n / 2$
振幅	$A_n = 2|C_n|$	复数 C_n 的模	$|C_n| = A_n / 2$
相位	$\theta_n = \arctan(-b_n / a_n)$	相位	$\varphi_n = \arctan(-b_n / a_n)$

【例 2.4】 画出正弦信号的频谱图。

解： 由欧拉公式得 $\sin\omega_0 t = \dfrac{j}{2}(e^{-j\omega_0 t}-e^{j\omega_0 t})$。由式(2-18)，得

$$\sin\omega_0 t = \sum_{n=-\infty}^{\infty} C_n e^{jn\omega_0 t} = j\frac{1}{2}e^{j\cdot(-1)\cdot\omega_0\cdot t} + j\frac{-1}{2}e^{j\cdot 1\cdot\omega_0\cdot t}$$

结合式(2-20)、式(2-23)，则

在 $-\omega_0$ 处：$C_n = \dfrac{j}{2}$，$C_{nR}=0$，$C_{nI}=\dfrac{1}{2}$，$|C_n|=\dfrac{1}{2}$，$\varphi_n=\dfrac{\pi}{2}$；

在 ω_0 处：$C_n = -\dfrac{j}{2}$，$C_{nR}=0$，$C_{nI}=-\dfrac{1}{2}$，$|C_n|=\dfrac{1}{2}$，$\varphi_n=-\dfrac{\pi}{2}$。

由式(2-27)得 $A_n = 2\cdot|C_n|=1$。这样，就可以画出正弦信号的频谱图，如图 2.13 所示。

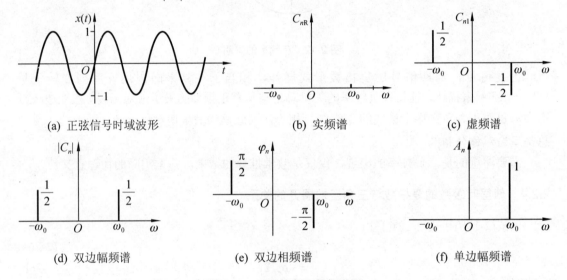

(a) 正弦信号时域波形　　　　(b) 实频谱　　　　(c) 虚频谱

(d) 双边幅频谱　　　　(e) 双边相频谱　　　　(f) 单边幅频谱

图 2.13　正弦信号及其频谱图

正弦函数的实频谱为零，虚频谱关于纵轴奇对称。在利用欧拉公式作转换时，单项的正(余)弦信号用复指数表示就成了两项，而引入了一个($-n\omega_0$)。作频谱图时，表达三角函数展开的频谱 $\sin(n\omega_0 t)$ 或 $\cos(n\omega_0 t)$ 仅在 $n\omega_0$ 处有一根谱线，如图 2.13(f)所示；但在表达复指数形式展开的频谱时，由于 $A\sin n\omega_0 t = j\dfrac{A}{2}(e^{-jn\omega_0 t}-e^{jn\omega_0 t})$ 或 $A\cos n\omega_0 t = \dfrac{A}{2}(e^{-jn\omega_0 t}+e^{jn\omega_0 t})$，所以在 $n\omega_0$ 和 $-n\omega_0$ 两处各有一根谱线，其幅值为原 $\sin(n\omega_0 t)$ 或 $\cos(n\omega_0 t)$ 幅值的一半，如图 2.13(d)所示。故称用三角函数展开式的频谱为单边频谱；用复指数形式展开后所得的频谱为双边频谱。

【例 2.5】 画出信号 $x(t)=\sqrt{2}\sin(2\pi f_0 t+\pi/4)$ 的三角频谱和双边频谱图。

解： $x(t)=\sqrt{2}\sin(2\pi f_0 t+\pi/4)=\sqrt{2}\cos(2\pi f_0 t-\pi/4)$，故 $A_n=\sqrt{2}$，$\theta_n=-\pi/4$，因此在频率 f_0 处信号的傅里叶级数的三角函数展开的幅值为 $\sqrt{2}$，相角为 $-\pi/4$。其三角函数展开的幅频谱和相频谱如图 2.14 所示。

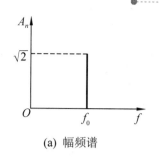

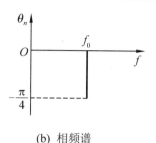

(a) 幅频谱　　　　　　　　　　　　　(b) 相频谱

图 2.14　信号 $x(t)$ 的三角频谱图

对信号 $x(t)$ 进行三角函数展开并利用欧拉公式得

$$x(t) = \sin 2\pi f_0 t + \cos 2\pi f_0 t$$
$$= \mathrm{j}\frac{1}{2}(\mathrm{e}^{-\mathrm{j}2\pi f_0 t} - \mathrm{e}^{\mathrm{j}2\pi f_0 t}) + \frac{1}{2}(\mathrm{e}^{-\mathrm{j}2\pi f_0 t} + \mathrm{e}^{\mathrm{j}2\pi f_0 t})$$
$$= \mathrm{j}\frac{1}{2}(\mathrm{e}^{\mathrm{j}2\pi(-f_0)t} - \mathrm{e}^{\mathrm{j}2\pi f_0 t}) + \frac{1}{2}(\mathrm{e}^{\mathrm{j}2\pi(-f_0)t} + \mathrm{e}^{2\pi f_0 t})$$
$$= (\frac{1}{2} + \mathrm{j}\frac{1}{2})\mathrm{e}^{\mathrm{j}2\pi(-f_0)t} + (\frac{1}{2} - \mathrm{j}\frac{1}{2})\mathrm{e}^{\mathrm{j}2\pi f_0 t}$$

在 $-f_0$ 处：$C_n = \frac{1}{2} + \mathrm{j}\frac{1}{2}$，$C_{nR} = 1/2$，$C_{nI} = 1/2$，$|C_n| = \sqrt{2}/2$，$\varphi_n = \pi/4$；

在 f_0 处：$C_n = \frac{1}{2} - \mathrm{j}\frac{1}{2}$，$C_{nR} = 1/2$，$C_{nI} = -1/2$，$|C_n| = \sqrt{2}/2$，$\varphi_n = -\pi/4$。

这样，就可以画出信号 $x(t)$ 进行傅里叶级数的复指数函数展开的频谱，如图 2.15 所示。

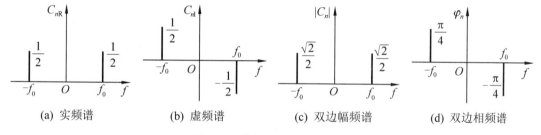

(a) 实频谱　　　　(b) 虚频谱　　　　(c) 双边幅频谱　　　　(d) 双边相频谱

图 2.15　信号 $x(t)$ 的双边频谱图

【例 2.6】求图 2.3(b)所示周期性方波 $x(t)$ 的傅里叶级数的复指数展开式及其双边频谱，其中周期为 T_0，幅值为 A。

解：在 $x(t)$ 的一个周期中，$x(t)$ 可由式(2-15)表达，由式(2-21)可得：

$$C_n = \frac{1}{T_0} \int_{-T_0/2}^{T_0/2} x(t)\mathrm{e}^{-\mathrm{j}n\omega_0 t}\mathrm{d}t$$

$$= \frac{1}{T_0}\left[\int_{-T_0/2}^{-T_0/4}(-A)\mathrm{e}^{-\mathrm{j}n\omega_0 t}\mathrm{d}t + \int_{-T_0/4}^{T_0/4} A\mathrm{e}^{-\mathrm{j}n\omega_0 t}\mathrm{d}t + \int_{T_0/4}^{T_0/2}(-A)\mathrm{e}^{-\mathrm{j}n\omega_0 t}\mathrm{d}t\right]$$

$$= \frac{1}{T_0}\left[\frac{(-A)\mathrm{e}^{-\mathrm{j}n\omega_0 t}\big|_{-T_0/2}^{-T_0/4}}{-\mathrm{j}n\omega_0} + \frac{A\mathrm{e}^{-\mathrm{j}n\omega_0 t}\big|_{-T_0/4}^{T_0/4}}{-\mathrm{j}n\omega_0} + \frac{(-A)\mathrm{e}^{-\mathrm{j}n\omega_0 t}\big|_{T_0/4}^{T_0/2}}{-\mathrm{j}n\omega_0}\right]$$

$$= \frac{1}{T_0} \cdot \frac{A}{-\mathrm{j}n\omega_0}\left(-\mathrm{e}^{-\mathrm{j}n\omega_0 t}\big|_{-T_0/2}^{-T_0/4} + \mathrm{e}^{-\mathrm{j}n\omega_0 t}\big|_{-T_0/4}^{T_0/4} - \mathrm{e}^{-\mathrm{j}n\omega_0 t}\big|_{T_0/4}^{T_0/2}\right)$$

由于

$$\left. e^{-jn\omega_0 t} \right|_{-T_0/2}^{-T_0/4} = e^{-jn\omega_0\left(-\frac{T_0}{4}\right)} - e^{-jn\omega_0\left(-\frac{T_0}{2}\right)} = e^{jn\frac{\pi}{2}} - e^{jn\pi}$$

$$\left. e^{-jn\omega_0 t} \right|_{-T_0/4}^{T_0/4} = e^{-jn\omega_0\frac{T_0}{4}} - e^{-jn\omega_0\left(-\frac{T_0}{4}\right)} = e^{-jn\frac{\pi}{2}} - e^{jn\frac{\pi}{2}}$$

$$\left. e^{-jn\omega_0 t} \right|_{T_0/4}^{T_0/2} = e^{-jn\omega_0\frac{T_0}{2}} - e^{-jn\omega_0\frac{T_0}{4}} = e^{-jn\pi} - e^{-jn\frac{\pi}{2}}$$

则

$$C_n = \frac{1}{T_0} \cdot \frac{A}{-jn \cdot 2\pi/T_0} \cdot \left(-e^{jn\frac{\pi}{2}} + e^{jn\pi} + e^{-jn\frac{\pi}{2}} - e^{jn\frac{\pi}{2}} - e^{-jn\pi} + e^{-jn\frac{\pi}{2}} \right)$$

$$= \frac{jA}{2n\pi}\left(-2e^{jn\frac{\pi}{2}} + e^{jn\pi} - e^{-jn\pi} + 2e^{-jn\frac{\pi}{2}} \right) = \frac{jA}{2n\pi}\left(-2j\sin\frac{n\pi}{2} + 2j\sin n\pi - 2j\sin\frac{n\pi}{2} \right)$$

$$= \frac{jA}{2n\pi}\left(-4j\sin\frac{n\pi}{2} \right) = \frac{2A}{n\pi}\sin\frac{n\pi}{2}$$

$$\begin{cases} \dfrac{2A}{|n\pi|} & n = \pm 1, \pm 5, \pm 9, \cdots \\[2mm] -\dfrac{2A}{|n\pi|} & n = \pm 3, \pm 7, \pm 11, \cdots \\[2mm] 0 & n = 0, \pm 2, \pm 4, \pm 6, \cdots \end{cases}$$

所以

$$x(t) = \frac{2A}{\pi}\sum_{n=-\infty}^{\infty}\frac{1}{n}\sin\frac{n\pi}{2}e^{jn\omega_0 t} \quad n = \pm 1, \pm 3, \pm 5, \cdots$$

而

$$C_n = \begin{cases} \dfrac{2A}{|n\pi|} & n = \pm 1, \pm 5, \pm 9, \cdots \\[2mm] -\dfrac{2A}{|n\pi|} & n = \pm 3, \pm 7, \pm 11, \cdots \\[2mm] 0 & n = 0, \pm 2, \pm 4, \pm 6, \cdots \end{cases} \qquad C_{nR} = \begin{cases} \dfrac{2A}{|n\pi|} & n = \pm 1, \pm 5, \pm 9, \cdots \\[2mm] -\dfrac{2A}{|n\pi|} & n = \pm 3, \pm 7, \pm 11, \cdots \\[2mm] 0 & n = 0, \pm 2, \pm 4, \pm 6, \cdots \end{cases}$$

$$C_{nI} = 0 \quad n = 0, +1, +2, +3\cdots \qquad \varphi_n = \arctan\frac{C_{nI}}{C_{nR}} = 0$$

周期性方波 $x(t)$ 的双边频谱图如图 2.16 所示。

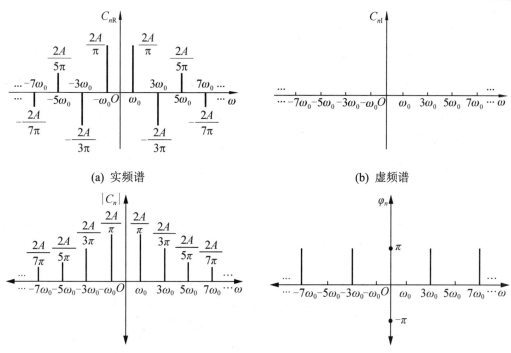

(a) 实频谱   (b) 虚频谱

(c) 双边幅频谱   (d) 双边相频谱

图 2.16　周期性方波的双边频谱图

2.2.5　周期信号的强度表述

周期信号的强度通常是以峰值 x_F、绝对值 $\mu_{|x|}$、有效值 x_{rms} 和平均功率 P_{av} 来表述。

1. 峰值 x_F 与峰-峰值 x_{F-F}

峰值 x_F 用于描述信号 $x(t)$ 在时域中出现的最大瞬时幅值,是指波形上与零线的最大偏离值(见图 2.17),即

$$x_F = |x(t)|_{max} \tag{2-29}$$

峰-峰值 x_{F-F} 是信号在一个周期内最大幅值与最小幅值之差。

峰值在实际应用中有它的价值。对信号的峰值应该有足够的估计,以便确定测试系统的动态范围,不至于产生削波的现象,从而能真实地反映被测信号的最大值。

2. 均值 μ_x 与绝对均值 $\mu_{|x|}$

周期信号中的均值 μ_x 是指信号在一个周期内幅值对时间的平均,也就是用傅里叶级数展开后的常值分量 a_0,即

$$\mu_x = \frac{1}{T}\int_0^T x(t)\mathrm{d}t \tag{2-30}$$

周期信号全波整流后的均值称为信号的绝对均值 $\mu_{|x|}$,即

$$\mu_{|x|} = \frac{1}{T}\int_0^T |x(t)|\,\mathrm{d}t \tag{2-31}$$

3. 有效值 x_{rms}

有效值是信号的方均根值 x_{rms} ，即

$$x_{\text{rms}} = \sqrt{\frac{1}{T} \int_0^T x^2(t)\mathrm{d}t} \tag{2-32}$$

它记录了信号经历的时间历程，反映了信号的功率大小。

4. 平均功率 P_{av}

有效值的平方为信号的方均值，也就是信号的平均功率 P_{av} ，即

$$P_{\text{av}} = \frac{1}{T} \int_0^T x^2(t)\mathrm{d}t \tag{2-33}$$

例如，某正弦信号为 $x(t) = A\sin(\omega t + \varphi)$ ，则 $x_{\text{F}} = A$ ， $x_{\text{F-F}} = 2A$ ， $\mu_x = 0$ ， $\mu_{|x|} = 2A/\pi$ ， $x_{\text{rms}} = A/\sqrt{2}$ ， $P_{\text{av}} = A^2/2$ 。其各强度参数的关系如图 2.17 所示。

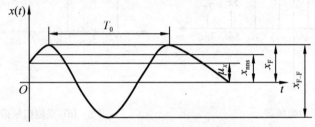

图 2.17 周期信号的强度表述

表 2-2 列举了几种典型周期信号的峰值 x_{F} 、均值 μ_x 、绝对值 $\mu_{|x|}$ 和有效值 x_{rms} 之间的数量关系。

表 2-2 几种典型信号的强度

名称	波 形	x_{F}	μ_x	$\mu_{|x|}$	x_{rms}
正弦波		A	0	$\dfrac{2A}{\pi}$	$\dfrac{A}{\sqrt{2}}$
方波		A	0	A	A
三角波		A	0	$\dfrac{A}{2}$	$\dfrac{A}{\sqrt{3}}$
锯齿波		A	$\dfrac{A}{2}$	$\dfrac{A}{2}$	$\dfrac{A}{\sqrt{3}}$

信号的峰值 x_F、绝对值 $\mu_{|x|}$ 和有效值 x_{rms} 的检测，可以用三值电压表和普通的电工仪表来测量；各单项值也可以根据需要用不同的仪表来测量，如示波器、直流电压表等。

2.3　瞬态信号与连续频谱

除准周期信号之外的非周期信号称为一般非周期信号，也就是瞬态信号。瞬态信号具有瞬变性，例如锤子敲击力的变化、承载缆绳断裂时的应力变化、热电偶插入加热的液体中温度的变化过程等信号均属于瞬态信号，如图 2.18 所示。

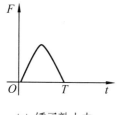 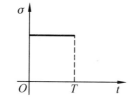 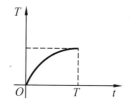

(a) 锤子敲击力　　(b) 缆绳断裂时的应力变化　　(c) 加热的液体中温度的变化

图 2.18　瞬态信号实例

瞬态信号是非周期信号，可以看作一个周期的周期信号，即周期 $T \to \infty$。因此，可以把瞬态信号看作周期趋于无穷大的周期信号。

基于以上观点，可以从周期信号的角度来理解非周期信号并推导其频谱。周期为 T_0 的信号 $x(t)$ 的频谱是离散频谱，相邻谐波之间的频率间隔为 $\Delta\omega = \omega_0 = 2\pi/T_0$。对于瞬态信号，$T_0 \to \infty$ 时，$\omega_0 = \Delta\omega \to 0$，这意味着当周期无限扩大时，周期信号频谱谱线间隔在无限缩小，相邻谐波分量无限接近，离散变量 $n\omega_0$ 就变换成连续变量 ω，离散频谱变成了连续频谱，式(2-11)和式(2-20)中的求和运算可用积分运算来取代，所以瞬态信号的频谱是连续的。这时，瞬态信号的频域描述已不能用傅里叶级数展开，而要用傅里叶变换来描述。

2.3.1　傅里叶变换

设有一周期信号 $x(t)$，根据式(2-20)，则其在 $[-T_0/2, T_0/2]$ 区间内的傅里叶级数的复指数形式表达为

$$x(t) = \sum_{n=-\infty}^{\infty} C_n e^{jn\omega_0 t} \tag{2-34}$$

式中

$$C_n = \frac{1}{T_0} \int_{-T_0/2}^{T_0/2} x(t) e^{-jn\omega_0 t} dt \tag{2-35}$$

当 $T_0 \to \infty$ 时，积分区间 $[-T_0/2, T_0/2] \to (-\infty, \infty)$；谱线间隔 $\Delta\omega = \omega_0 = 2\pi/T_0 \to d\omega$，离散频率 $n\omega_0 \to$ 连续变量 ω，所以式(2-35)变为

$$\lim_{T_0 \to \infty} C_n \cdot T_0 = \int_{-\infty}^{\infty} x(t) e^{-j\omega t} dt \tag{2-36}$$

该式积分后将是 ω 的函数，且一般为复数，用 $X(j\omega)$ 或 $X(\omega)$ 表示为

$$X(j\omega) = \int_{-\infty}^{\infty} x(t) e^{-j\omega t} dt \tag{2-37}$$

式中：$X(\mathrm{j}\omega)$ 称为信号 $x(t)$ 的傅里叶积分变换或简称傅里叶变换(Fourier Transform, FT)，是把非周期信号看成周期趋于无穷大的周期信号来处理的，显然

$$X(\mathrm{j}\omega) = \lim_{T_0 \to \infty} C_n \cdot T_0 = \lim_{f \to 0} \frac{C_n}{f} \tag{2-38}$$

即 $X(\mathrm{j}\omega)$ 为单位频宽上的谐波幅值，具有"密度"的含义，故把 $X(\mathrm{j}\omega)$ 称为瞬态信号的"频谱密度函数"，或简称"频谱函数"。

由式(2-38)得

$$C_n = \lim_{T_0 \to \infty} \frac{X(\mathrm{j}\omega)}{T_0} = \lim_{\omega_0 \to \infty} X(\mathrm{j}\omega) \cdot \frac{\omega_0}{2\pi} \tag{2-39}$$

代入式(2-34)得

$$x(t) = \sum_{n=-\infty}^{\infty} \lim_{\omega_0 \to \infty} X(\mathrm{j}\omega) \cdot \frac{\omega_0}{2\pi} \cdot \mathrm{e}^{\mathrm{j}n\omega_0 t} \tag{2-40}$$

当 $T_0 \to \infty$ 时，$\omega_0 = 2\pi/T_0 = \mathrm{d}\omega$，离散频率 $n\omega_0 \to$ 连续变量 ω，求和 $\sum \to$ 积分。则

$$x(t) = \frac{1}{2\pi} \int_{-\infty}^{\infty} X(\mathrm{j}\omega) \cdot \mathrm{e}^{\mathrm{j}\omega t} \mathrm{d}\omega \tag{2-41}$$

$x(t)$ 称为 $X(\mathrm{j}\omega)$ 的傅里叶逆变换或反变换(Inverse Fourier Transform, IFT)。式(2-37)和式(2-41)构成了傅里叶变换对

$$x(t) \overset{\mathrm{FT}}{\underset{\mathrm{IFT}}{\Longleftrightarrow}} X(\mathrm{j}\omega)$$

一般地，使用 $\overset{\mathrm{FT}}{\underset{\mathrm{IFT}}{\Longleftrightarrow}}$ 或 $\Longleftrightarrow$ 表示信号之间的傅里叶变换及其逆变换之间的关系。由于 $\omega = 2\pi f$，所以式(2-37)和式(2-41)可变为

$$X(\mathrm{j}f) = \int_{-\infty}^{\infty} x(t)\mathrm{e}^{-\mathrm{j}2\pi ft} \mathrm{d}t \tag{2-42}$$

$$x(t) = \int_{-\infty}^{\infty} X(\mathrm{j}f) \cdot \mathrm{e}^{\mathrm{j}2\pi ft} \mathrm{d}f \tag{2-43}$$

这就避免了在傅里叶变换中出现 $1/2\pi$ 的常数因子，使公式形式简化。

由式(2-42)可知，非周期信号能够用傅里叶变换来表示。而周期信号可由傅里叶级数式(2-20)来表示。式(2-42)一般是复数形式，可表示为

$$X(\mathrm{j}f) = \mathrm{Re}\,X(\mathrm{j}f) + \mathrm{jIm}X(\mathrm{j}f) = |X(\mathrm{j}f)| \cdot \mathrm{e}^{\mathrm{j}\varphi(f)} \tag{2-44}$$

式中：$\mathrm{Re}\,X(\mathrm{j}f)$ 为 $|X(\mathrm{j}f)|$ 的实部；$\mathrm{Im}\,X(\mathrm{j}f)$ 为 $X(\mathrm{j}f)$ 的虚部；$|X(\mathrm{j}f)|$ 为信号 $x(t)$ 的连续幅频谱；$\varphi(\mathrm{j}f)$ 为信号 $x(t)$ 的连续相频谱。

$$|X(\mathrm{j}f)| = \sqrt{[\mathrm{Re}\,X(\mathrm{j}f)]^2 + [\mathrm{Im}\,X(\mathrm{j}f)]^2}$$

$$\varphi(\mathrm{j}f) = \arctan[\mathrm{Im}\,X(\mathrm{j}f)/\mathrm{Re}\,X(\mathrm{j}f)]$$

比较周期信号和非周期信号的频谱可知：首先，非周期信号幅值 $|X(\mathrm{j}f)|$ 随 f 变化是连续的，即为连续频谱，而周期信号的幅值 $|C_n|$ 随 f 变化是离散的，即为离散频谱。其次，$|C_n|$ 的量纲和信号幅值的量纲一致，而 $|X(\mathrm{j}f)|$ 的量纲相当于 $|C_n|/f$，为单位频宽上的幅值，即"频谱密度函数"。

【例 2.7】 求矩形窗函数 $W_R(t)$ 的频谱。矩形窗函数为

$$W_R(t) = \begin{cases} 0 & (t < -T/2) \\ 1 & (-T/2 < t < T/2) \\ 0 & (t > T/2) \end{cases} \tag{2-45}$$

其波形如图 2.19 所示。

解： 利用式(2-42)，窗函数的频谱为

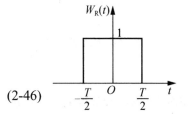

图 2.19 窗函数

$$W_R(jf) = \int_{-\infty}^{\infty} W_R(t) e^{-j2\pi ft} dt$$

$$= \int_{-\frac{T}{2}}^{\frac{T}{2}} 1 \cdot e^{-j2\pi ft} dt = \frac{1}{-j2\pi f} e^{-j2\pi ft} \Big|_{-\frac{T}{2}}^{\frac{T}{2}} \tag{2-46}$$

$$= \frac{1}{-j2\pi f}(e^{-j\pi fT} - e^{j\pi fT}) = T\frac{\sin(\pi fT)}{\pi fT}$$

$$= T \sin C(\pi fT)$$

式中：通常定义 $\sin Cx \overset{\Delta}{=} \dfrac{\sin x}{x}$，该函数称为取样函数，也称滤波函数或内插函数。该函数在信号分析中经常使用。$\sin Cx$ 函数的曲线如图 2.20 所示，其函数值有专门的数学表可查，它以 2π 为周期并随 x 的增加而作衰减振荡，$\sin Cx$ 函数为偶函数，在 $n\pi$（$n = 0, \pm1, \pm2, \cdots$）处其值为零。

矩形窗函数的频谱密度函数为扩大了 T 倍的采样函数，只有实部，没有虚部。其幅频谱为

$$|W_R(jf)| = T|\sin C(\pi fT)| \tag{2-47a}$$

其相频谱为

$$\varphi(f) = \begin{cases} \pi & \dfrac{2n-2}{T} < f < \dfrac{2n-1}{T} & n = 0, -1, -2, \ldots \\[2mm] 0 & \dfrac{2n-1}{T} < f < \dfrac{2n}{T} & n = 0, -1, -2, \ldots \\[2mm] 0 & \dfrac{2n}{T} < f < \dfrac{2n+1}{T} & n = 0, 1, 2, \ldots \\[2mm] -\pi & \dfrac{2n+1}{T} < f < \dfrac{2n+2}{T} & n = 0, 1, 2, \ldots \end{cases} \tag{2-47b}$$

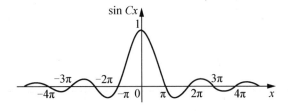

图 2.20 $\sin Cx$ 的图像

窗函数的双边谱图如图 2.21 所示。

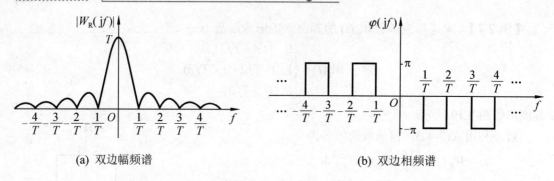

(a) 双边幅频谱　　　　　　　　　　　(b) 双边相频谱

图 2.21　窗函数的双边谱图

2.3.2　傅里叶变换的主要性质

如 2.1.2 所述，一个信号可以进行时域描述和频域描述。两种描述依靠傅里叶变换来确立彼此一一对应的关系，因此，熟悉傅里叶变换的一些主要性质十分必要。傅里叶变换的主要性质列于表 2-3 中，下面就几项主要性质作一些必要的推导和说明。

表 2-3　傅里叶变换的主要性质

性　　质	时　　域	频　　域
函数的奇偶虚实性	实偶函数	实偶函数
	实奇函数	虚奇函数
	虚偶函数	虚偶函数
	虚奇函数	实奇函数
线性叠加	$ax(t)+by(t)$	$aX(\mathrm{j}f)+bY(\mathrm{j}f)$
对称	$X(\mathrm{j}t)$	$x(-f)$
续尺度改变	$x(kt)$	$\dfrac{1}{\mid k\mid}\cdot X(\mathrm{j}\dfrac{f}{k})$
时移	$x(t-t_0)$	$X(f)\mathrm{e}^{-\mathrm{j}2\pi ft_0}$
频移	$X(f\pm f_0)$	$x(t)\mathrm{e}^{\mp\mathrm{j}2\pi f_0 t}$
时域卷积	$x_1(t)*x_2(t)$	$X_1(\mathrm{j}f)X_2(\mathrm{j}f)$
频域卷积	$x_1(t)x_2(t)$	$X_1(\mathrm{j}f)*X_2(\mathrm{j}f)$
时域微分	$\dfrac{\mathrm{d}^n x(t)}{\mathrm{d}t^n}$	$(\mathrm{j}2\pi f)^n X(\mathrm{j}f)$
频域微分	$(-\mathrm{j}2\pi f)^n x(t)$	$\dfrac{\mathrm{d}^n X(\mathrm{j}f)}{\mathrm{d}f^n}$
积分	$\displaystyle\int_{-\infty}^{t}x(t)\mathrm{d}t$	$\dfrac{1}{\mathrm{j}2\pi f}x(\mathrm{j}f)$

1. 奇偶虚实性

一般 $X(\mathrm{j}f)$ 是实变量 f 的复变函数。它可以表达为

$$X(\mathrm{j}f)=\int_{-\infty}^{\infty}x(t)\mathrm{e}^{-\mathrm{j}2\pi ft}\mathrm{d}t=\mathrm{Re}\,X(\mathrm{j}f)-\mathrm{j}\mathrm{Im}\,X(\mathrm{j}f) \tag{2-48}$$

式中：

$$\text{Re}\, X(\mathrm{j}f) = \int_{-\infty}^{\infty} x(t)\cos 2\pi ft\,\mathrm{d}t \tag{2-49}$$

$$\text{Im}\, X(\mathrm{j}f) = \int_{-\infty}^{\infty} x(t)\sin 2\pi ft\,\mathrm{d}t \tag{2-50}$$

余弦函数是偶函数，正弦函数是奇函数。由式(2-50)可知，如果 $x(t)$ 是实函数，则 $X(\mathrm{j}f)$ 一般为具有实部和虚部的复函数，实部为偶函数，即 $\text{Re}\, X(\mathrm{j}f) = \text{Re}\, X(-\mathrm{j}f)$，虚部为奇函数，即 $X(\mathrm{j}f) = -\text{Im}(\mathrm{j}f)$。

如果 $x(t)$ 为实偶函数，则 $\text{Im}\, X(\mathrm{j}f) = 0$，而 $X(\mathrm{j}f)$ 是实偶函数，即 $X(\mathrm{j}f) = \text{Re}(\mathrm{j}f)$；

如果 $x(t)$ 为实奇函数，则 $\text{Re}\, X(\mathrm{j}f) = 0$，而 $X(\mathrm{j}f)$ 是虚奇函数，即 $X(\mathrm{j}f) = -\mathrm{j}\text{Im}\, X(\mathrm{j}f)$；

如果 $x(t)$ 为虚偶函数，同理可知 $X(\mathrm{j}f)$ 为虚偶函数；

如果 $x(t)$ 为虚奇函数，则 $X(\mathrm{j}f)$ 为实奇函数。

了解了这个性质，有助于估计傅里叶变换对的相应图形性质，减少不必要的变换计算。

2. 线性叠加性

若信号 $x(t)$ 和 $y(t)$ 的傅里叶变换分别为 $X(\mathrm{j}f)$ 和 $Y(\mathrm{j}f)$，则 $ax(t)+by(t)$ 的傅里叶变换为

$$ax(t)+by(t) \Leftrightarrow aX(\mathrm{j}f)+bY(\mathrm{j}f) \tag{2-51}$$

3. 对称性

若 $x(t) \Leftrightarrow X(\mathrm{j}f)$，则

$$X(\mathrm{j}t) \Leftrightarrow x(-f) \tag{2-52}$$

证明：$x(t) = \int_{-\infty}^{\infty} X(\mathrm{j}f)\cdot \mathrm{e}^{\mathrm{j}2\pi ft}\,\mathrm{d}f$，以 $-t$ 代替 t，则 $x(-t) = \int_{-\infty}^{\infty} X(\mathrm{j}f)\cdot \mathrm{e}^{-\mathrm{j}2\pi ft}\,\mathrm{d}f$，再把 t 与 f 互换，则

$$x(-f) = \int_{-\infty}^{\infty} X(\mathrm{j}t)\cdot \mathrm{e}^{-\mathrm{j}2\pi ft}\,\mathrm{d}t$$

即 $X(\mathrm{j}t) \Leftrightarrow x(-f)$。

对称性的具体应用如图 2.22 所示。

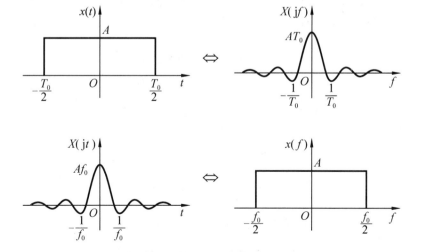

图 2.22　傅里叶变换的对称性

4. 时间尺度改变特性

在时域信号 $x(t)$ 幅值不变的情况下，若 $x(t) \Leftrightarrow X(\mathrm{j}f)$，则

$$x(kt) \Leftrightarrow \frac{1}{|k|} \cdot X(\mathrm{j}\frac{f}{k}) \tag{2-53}$$

式中：k 为实常数。

证明：当 $k>0$ 时

$$x(kt) \Leftrightarrow \int_{-\infty}^{\infty} x(kt)\mathrm{e}^{-\mathrm{j}2\pi ft}\mathrm{d}t = \frac{1}{k}\int_{-\infty}^{\infty} x(kt)\mathrm{e}^{-\mathrm{j}2\pi\frac{f}{k}kt}\mathrm{d}(kt) = \frac{1}{k}X(\mathrm{j}\frac{f}{k})$$

当 $k<0$ 时

$$x(kt) \Leftrightarrow \int_{\infty}^{-\infty} x(kt)\mathrm{e}^{-\mathrm{j}2\pi ft}\mathrm{d}t = -\frac{1}{k}\int_{-\infty}^{\infty} x(kt)\mathrm{e}^{-\mathrm{j}2\pi\frac{f}{k}kt}\mathrm{d}(kt) = -\frac{1}{k}X(\mathrm{j}\frac{f}{k})$$

综合上述两种情况，k 为实常数时，式(2-53)成立。

式(2-53)表达了信号的时域表示与其频谱之间在时间尺度展缩方面的内在关系，即时域波形的压缩将对应着频谱图形的扩展，且信号的持续时间与其占有的频带成反比。信号持续时间压缩 k 倍（$k>1$），则其频宽扩展 k 倍，幅值为原来的 $1/k$，如图 2.23(b)所示，反之亦然，如图 2.23(a)所示。

傅里叶变换的尺度特性对于测试系统的分析是很有帮助的。例如，把记录磁带慢录快放，即为时间尺度的压缩，这样可提高处理信号的效率，但所得到的播放信号频带就会加宽。若后处理设备，如放大器、滤波器等的通频带不够，就会导致失真。反之，快录慢放，则播放信号的带宽变窄，对后续处理设备的通频带要求降低，但信号处理效率也随之降低。

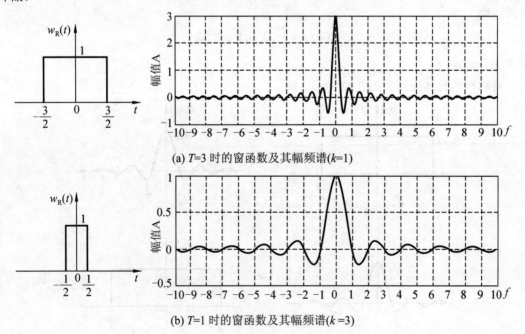

(a) $T=3$ 时的窗函数及其幅频谱($k=1$)

(b) $T=1$ 时的窗函数及其幅频谱($k=3$)

图 2.23　傅里叶变换的尺度特性

5. 时移、频移特性

若
$$x(t) \Leftrightarrow X(jf)$$

在时域中信号沿时间轴平移一常值 t_0，则(时移)
对应
$$x(t - t_0) \Leftrightarrow X(jf)e^{-j2\pi f t_0} \tag{2-54}$$

在频域中信号沿频率轴平移一常值 f_0，则(频移)
$$X[j(f \pm f_0)] \Leftrightarrow x(t)e^{\mp j2\pi f_0 t} \tag{2-55}$$

证明：时移特性为

$$x(t - t_0) \Leftrightarrow \int_{-\infty}^{\infty} x(t - t_0)e^{-j2\pi f t}d(t)$$

$$= \int_{-\infty}^{\infty} x(t - t_0)e^{-j2\pi f(t - t_0 + t_0)}d(t - t_0)$$

$$令 t - t_0 = m \int_{-\infty}^{\infty} x(m)e^{-j2\pi f(m + t_0)}d(m)$$

$$= e^{-j2\pi f t_0}\int_{-\infty}^{\infty} x(m)e^{-j2\pi f m}d(m)$$

$$= e^{-j2\pi f t_0} X(jf)$$

频移特性为

$$x(t)e^{\mp j2\pi f_0 t} \Leftrightarrow \int_{-\infty}^{\infty} x(t)e^{\mp j2\pi f_0 t}e^{-j2\pi f t}dt$$

$$= \int_{-\infty}^{\infty} x(t)e^{-j2\pi f(f \pm f_0)}dt$$

$$= X[j(f \pm f_0)]$$

时移特性表明：如果信号在时域中延迟了时间 t_0，则其幅频谱不会改变，而相频谱中各次谐波的相移 $-2\pi f t_0$，与频率成正比。

频域特性表明：如果频谱函数在频率坐标上平移了 f_0，则其代表的信号波形将与频率为 f_0 的正、余弦信号相乘，即进行了调制(有关信号调制的内容将在本书的第 5 章中介绍)。

6. 卷积特性

对于任意两个函数 $x_1(t)$ 和 $x_2(t)$，它们的卷积定义为
$$x_1(t) * x_2(t) = \int_{-\infty}^{\infty} x_1(\tau)x_2(t - \tau)d\tau \tag{2-56}$$

记作 $x_1(t) * x_2(t)$。

若
$$x_1(t) \Leftrightarrow X_1(jf)$$
$$x_2(t) \Leftrightarrow X_2(jf)$$

则
$$x_1(t) * x_2(t) \Leftrightarrow X_1(jf)X_2(jf) \tag{2-57}$$
$$x_1(t)x_2(t) \Leftrightarrow X_1(jf) * X_2(jf) \tag{2-58}$$

证明：

$$F[x_1(t) * x_2(t)] = \int_{-\infty}^{\infty} [\int_{-\infty}^{\infty} x_1(\tau)x_2(t - \tau)d\tau]e^{-j2\pi f t}dt$$

$$= \int_{-\infty}^{\infty} x_1(\tau)[\int_{-\infty}^{\infty} x_2(t - \tau)e^{-j2\pi f t}dt]d\tau \quad (交换积分顺序)$$

$$= \int_{-\infty}^{\infty} x_1(\tau)X_2(jf)e^{-j2\pi f \tau}d\tau \qquad (根据时移特性)$$

$$= X_1(jf)X_2(jf)$$

同理可证明式(2-58)。式(2-57)和式(2-58)表明，两个时域函数卷积的傅里叶变换等于两者傅里叶变换的乘积；而两个时域函数乘积的傅里叶变换等于两者傅里叶变换的卷积。它们分别称为信号时域和频域卷积特性。

7. 微分和积分特性

若 $x(t) \Leftrightarrow X(\mathrm{j}f)$，则将傅里叶逆变换表达式(2-43)对时间微分可得

$$\frac{\mathrm{d}^n x(t)}{\mathrm{d}t^n} \Leftrightarrow (\mathrm{j}2\pi f)^n X(\mathrm{j}f) \tag{2-59}$$

将傅里叶变换表达式(2-42)对时间微分可得

$$(-\mathrm{j}2\pi f)^n x(t) \Leftrightarrow \frac{\mathrm{d}^n X(\mathrm{j}f)}{\mathrm{d}f^n} \tag{2-60}$$

同理可证明

$$\int_{-\infty}^{t} x(t)\mathrm{d}t \Leftrightarrow \frac{1}{\mathrm{j}2\pi f} x(\mathrm{j}f) \tag{2-61}$$

在振动测试中，如果测得振动系统的位移、速度或加速度中的任一参数，应用微分、积分特性就可以获得其他参数的频谱。

2.3.3 几种典型信号的频谱

1. 矩形窗函数的频谱

在 2.3.1 中讨论过矩形窗函数的频谱，即在有限时间区间内的幅值为常数的一个窗信号，其频谱延伸至无限频率。矩形窗函数在信号处理中有着重要的应用，在时域中若截取某信号的一段记录长度，则相当于原信号和矩形窗函数的乘积，因而所得频谱将是原信号频域函数和 sin cx 函数的卷积，由于 sin cx 函数的频谱是连续的、频率无限的，因此信号截取后频谱将是连续的、频率无限延伸的。

2. 单位脉冲函数(δ 函数)及其频谱

1) δ 函数的定义

在 ε 时间内激发矩形脉冲 $S_\varepsilon(t)$ (或三角脉冲、双边指数脉冲，钟形脉冲，如图 2.24 所示)所包含的面积为 1，当 $\varepsilon \to 0$ 时，$S_\varepsilon(t)$ 的极限称为单位脉冲函数，记作 $\delta(t)$，即

$$\lim_{\varepsilon \to 0} S_\varepsilon(t) = \delta(t) \tag{2-62}$$

图 2.25 显示了矩形脉冲到 δ 函数的转化关系。

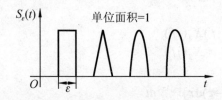

图 2.24　各种单位面积为 1 的脉冲

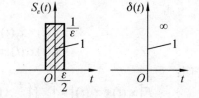

图 2.25　矩形脉冲与 δ 函数

从函数极限的角度看

$$\delta(t) = \begin{cases} \infty & t = 0 \\ 0 & t \neq 0 \end{cases} \tag{2-63}$$

从面积角度看

$$\int_{-\infty}^{\infty} \delta(t)\mathrm{d}t = \lim_{\varepsilon \to 0} \int_{-\infty}^{\infty} S_{\varepsilon}(t)\mathrm{d}t = 1 \tag{2-64}$$

由式(2-64)可知，当 $\varepsilon \to 0$ 时，面积为 1 的脉冲函数 $S_{\varepsilon}(t)$ 即为 $\delta(t)$。由于现实中的信号的持续时间不可能为零，因此，δ 函数是一个理想函数，也是一种广义函数，是一种物理不可实现的信号。当 $\varepsilon \to 0$ 时 δ 函数在原点的幅值为无穷大，但其包含的面积为 1，表示信号的能量是有限的。

2) δ 函数的性质

(1) 筛选特性。如果 δ 函数与某一连续信号 $x(t)$ 相乘，则其乘积仅在 $t = 0$ 处有值 $x(0)\delta(0)$，其余各点($t \neq 0$)的乘积均为零，即

$$\int_{-\infty}^{\infty} x(t) \cdot \delta(t)\mathrm{d}t = \int_{-\infty}^{\infty} x(0) \cdot \delta(t)\mathrm{d}t = x(0) \int_{-\infty}^{\infty} \delta(t)\mathrm{d}t = x(0) \tag{2-65}$$

同样，对于时延 t_0 的 δ 函数 $\delta(t - t_0)$，只有在 $t = t_0$ 处其乘积不等于零，即

$$\int_{-\infty}^{\infty} x(t) \cdot \delta(t - t_0)\mathrm{d}t = x(t_0) \tag{2-66}$$

式(2-65)和式(2-66)所示 δ 函数的筛选特性的图形表达如图 2.26 和图 2.27 所示。时延 t_0 的 δ 函数 $\delta(t - t_0)$ 就是一个采样器，它在 δ 脉冲出现 $t = t_0$ 的时刻把与之相乘的信号 $x(t)$ 在该时刻的值取出来。这一性质对连续信号的离散采样是十分重要的。

(2) 卷积特性。在两个函数的卷积运算过程中，若有一个函数为单位脉冲函数 $\delta(t)$，则卷积运算是一种最简单的卷积积分。即 $x(t) * \delta(t) = \int_{-\infty}^{\infty} x(\tau)\delta(t - \tau)\mathrm{d}\tau = x(t)$

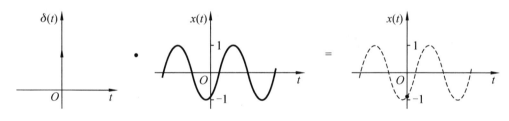

图 2.26　δ 函数的筛选特性(t_0=0)

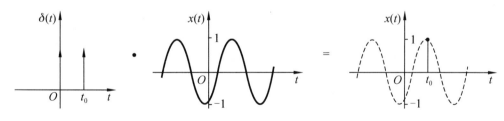

图 2.27　δ 函数的筛选特性($t_0 \neq 0$)

证明：

$$x(t) * \delta(t) = \int_{-\infty}^{\infty} x(\tau)\delta(t - \tau)\mathrm{d}\tau = x(t) \int_{-\infty}^{\infty} \delta(\tau - t)\mathrm{d}\tau = x(t) \tag{2-67}$$

因此，$x(t)$ 与 $\delta(t)$ 的卷积等于 $x(t)$，其图形表示如图 2.28 所示。

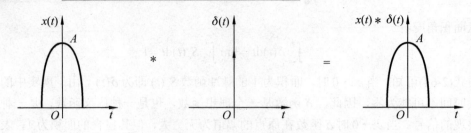

图 2.28 δ 函数的卷积特性($t_0=0$)

同理，脉冲函数 $\delta(t \pm t_0)$ 与函数 $x(t)$ 卷积时

$$x(t) * \delta(t \pm t_0) = \int_{-\infty}^{\infty} x(\tau)\delta(t \pm t_0 - \tau)\mathrm{d}\tau = x(t \pm t_0) \tag{2-68}$$

因此，$x(t)$ 与 $\delta(t \pm t_0)$ 的卷积等于 $x(t \pm t_0)$。可见，函数 $x(t)$ 与 δ 函数的卷积，结果就是在 δ 函数出现脉冲的位置上重新绘制 $x(t)$ 的图形，如图 2.29 所示。

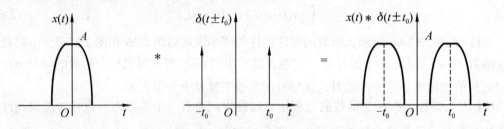

图 2.29 δ 函数的卷积特性($t_0 \neq 0$)

3) δ 函数的频谱

将 $\delta(t)$ 进行傅里叶变换，考虑 δ 函数的筛选特性，则

$$\Delta(\mathrm{j}f) = \int_{-\infty}^{\infty} \delta(t)\mathrm{e}^{-\mathrm{j}2\pi ft}\mathrm{d}t = \mathrm{e}^0 = 1 \tag{2-69}$$

其逆变换为

$$\delta(t) = \int_{-\infty}^{\infty} 1 \cdot \mathrm{e}^{\mathrm{j}2\pi ft}\mathrm{d}f \tag{2-70}$$

因此，时域的单位脉冲函数具有无限宽广的频谱，且在所有的频段上都是等强度的，如图 2.30 所示。这种信号是理想的白噪声。

根据傅里叶变换的对称性、时移和频移特性，可以得到如下信号的傅里叶变换对：

时域		频域	
$\delta(t)$	$\Leftrightarrow$	1	(2-71a)
1	$\Leftrightarrow$	$\delta(f)$	(2-71b)
$\delta(t-t_0)$	$\Leftrightarrow$	$\mathrm{e}^{-\mathrm{j}2\pi ft_0}$	(2-71c)
$\mathrm{e}^{\mathrm{j}2\pi f_0 t}$	$\Leftrightarrow$	$\delta(f-f_0)$	(2-71d)

式(2-71b)表明，直流信号的傅里叶变换就是单位脉冲函数 $\delta(\mathrm{j}f)$，这说明时域中的直流信号在频域中只含 $f=0$ 的直流分量，而不包含任何谐波成分，如图 2.31 所示。

式(2-71d)左侧时域信号 $x(t) = \mathrm{e}^{\mathrm{j}2\pi f_0 t}$ 为一复指数信号，表示一个单位长度的矢量，以固定的角频率 $2\pi f_0$ 逆时针旋转。复指数信号经傅里叶变换后，其频谱为集中于 f_0 处、强度为

1 的脉冲，如图 2.32 所示。

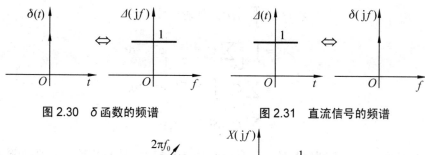

图 2.30 δ 函数的频谱   图 2.31 直流信号的频谱

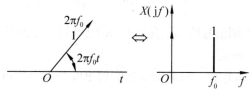

图 2.32 复指数信号及其频谱

3. 正、余弦信号的频谱

傅里叶变换要满足狄利克雷(dirichlet)和函数在无限区间上绝对可积的条件，而正、余弦信号不满足后者，因此，在进行傅里叶变换时，必须引入 $\delta(t)$ 函数。

由式(2-18d)可知：

$$\sin 2\pi f_0 t = \frac{j}{2}(e^{-j2\pi f_0 t} - e^{j2\pi f_0 t})$$

$$\cos 2\pi f_0 t = \frac{1}{2}(e^{-j2\pi f_0 t} + e^{j2\pi f_0 t})$$

根据式(2-71d)，上述两式的傅里叶变换为

$$x(t) = \sin 2\pi f_0 t \Leftrightarrow \frac{j}{2}[\delta(f + f_0) - \delta(f - f_0)] \tag{2-72}$$

$$y(t) = \cos 2\pi f_0 t \Leftrightarrow \frac{1}{2}[\delta(f + f_0) - \delta(f - f_0)] \tag{2-73}$$

其双边幅频图如图 2.33 所示，比较图 2.33(a)和图 2.13(d)可知，它们的结果是一样的，即利用傅里叶级数的复指数展开的方法和利用傅里叶变换的方法获得的双边幅频图是相同的。

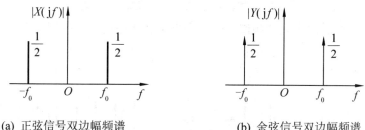

(a) 正弦信号双边幅频谱   (b) 余弦信号双边幅频谱

图 2.33 正、余弦信号的双边幅频图

4. 一般周期信号的频谱

一个周期为 T_0 的信号 $x(t)$ 可用傅里叶级数的复指数形式(2-20)式来表示。利用傅里叶变

换同样可以获得信号 $x(t)$ 的频谱。

$$
\begin{aligned}
X(\mathrm{j}f) &= \int_{-\infty}^{\infty} x(t)\mathrm{e}^{-\mathrm{j}2\pi ft}\mathrm{d}t \\
&= \int_{-\infty}^{\infty}\left[\sum_{n=-\infty}^{\infty} C_n \mathrm{e}^{\mathrm{j}n2\pi f_0 t}\right]\mathrm{e}^{-\mathrm{j}2\pi ft}\mathrm{d}t \\
&= \sum_{n=-\infty}^{\infty} C_n \cdot \int_{-\infty}^{\infty} \mathrm{e}^{\mathrm{j}2\pi f_0 t}\cdot \mathrm{e}^{-\mathrm{j}2\pi ft}\mathrm{d}t \\
&= \sum_{n=-\infty}^{\infty} C_n \cdot \delta(f-nf_0)
\end{aligned}
\tag{2-74}
$$

式(2-74)表明，一般周期信号的频谱是一个以 f_0(周期信号的基频)为间隔的脉冲序列，每个脉冲的强度由系数 C_n 确定。

根据上述对正、余弦信号和一般周期信号的傅里叶变换分析可知，傅里叶变换不仅适用于非周期信号，同时也适用于周期信号。

5. 周期单位脉冲序列的频谱

等间隔的周期单位脉冲序列也称为梳状函数或采样函数，如图 2.34(a)所示，表示为

$$
g(t) = \sum_{n=-\infty}^{\infty} \delta(t-nT_s)
\tag{2-75}
$$

式中：T_s 为周期；n 为整数，$n = 0, \pm1, \pm2, \pm3, \cdots$；$g(t)$ 为周期函数，根据式(2-74)有

$$
g(t) \Leftrightarrow \sum_{n=-\infty}^{\infty} C_n \delta(f-nf_s)
\tag{2-76}
$$

式中：$f_s = 1/T_s$，而系数 C_n 由式(2-21)确定，即

$$
C_n = \frac{1}{T_s}\int_{\frac{T_s}{2}}^{\frac{T_s}{2}} g(t)\mathrm{e}^{-\mathrm{j}2\pi nf_s t}\mathrm{d}t
$$

在区间 $(-\frac{T_s}{2}, \frac{T_s}{2})$ 内，$g(t) = \delta(t)$，同时根据 δ 函数的筛选特性可得

$$
C_n = \frac{1}{T_s}\int_{\frac{T_s}{2}}^{\frac{T_s}{2}} \delta(t)\mathrm{e}^{-\mathrm{j}2\pi nf_s t}\mathrm{d}t = \frac{1}{T_s} = f_s
\tag{2-77}
$$

因此，周期单位脉冲序列 $g(t)$ 的频谱 $G(\mathrm{j}f)$ 为

$$
G(\mathrm{j}f) = f_s \sum_{n=-\infty}^{\infty} \delta(f-nf_s) = \frac{1}{T_s}\sum_{n=-\infty}^{\infty} \delta\left(f-\frac{n}{T_s}\right)
\tag{2-78}
$$

可见，周期单位脉冲序列的频谱也是一个周期脉冲序列，其强度和频率间隔均为 f_s，如图 2.34(b)所示。

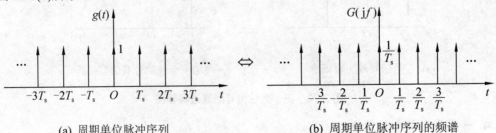

(a) 周期单位脉冲序列　　　　　　　　(b) 周期单位脉冲序列的频谱

图 2.34　周期单位脉冲序列及其频谱

为了便于查阅，现将常见信号的波形、时域表达、频谱函数及其频谱图列成表，见表 2-4。

表2-4 常见信号及其频谱

$x(t)$		$X(\mathrm{j}f)$
   	单位脉冲 $\delta(t)$	1
  	单位直流 1	$\delta(f)$
  	单位阶跃 $u(t)$	$\dfrac{1}{2}\delta(f)+\dfrac{1}{\mathrm{j}2\pi f}$
  	单位符号函数 $\mathrm{sign}(t)$	$\dfrac{2}{\mathrm{j}2\pi f}$
  	非周期方波 $\begin{cases}1 & |t|\leqslant\dfrac{T}{2}\\[2mm]0 & |t|>\dfrac{T}{2}\end{cases}$	$T\cdot\mathrm{sin}\,c(\pi fT)$
  	单边指数 $\mathrm{e}^{-\alpha t}\cdot u(t)\ (a>0)$	$\dfrac{1}{\alpha+\mathrm{j}\cdot2\pi f}$
  	周期正弦 $\sin 2\pi f_0 t$	$\mathrm{j}\cdot\dfrac{1}{2}[\delta(f+f_0)-\delta(f-f_0)]$

$x(t)$		$X(\mathrm{j}f)$	
	周期余弦 $\cos 2\pi f_0 t$	$\dfrac{1}{2}\left[\delta(f+f_0)+\delta(f-f_0)\right]$	
	复杂周期信号 $\displaystyle\sum_{n=-\infty}^{\infty} C_n \mathrm{e}^{jn2\pi f_0 t}$	$\displaystyle\sum_{n=-\infty}^{\infty} C_n \delta(f-nf_0)$	
	周期单位脉冲序列 $\displaystyle\sum_{n=-\infty}^{\infty}\delta(t-nT_s)$	$\dfrac{1}{T_s}\displaystyle\sum_{n=-\infty}^{\infty}\delta\left(f-\dfrac{n}{T_s}\right)$	
	单位斜坡 $t\cdot u(t)$	$\dfrac{\mathrm{j}}{2}\delta^*(f)-\dfrac{1}{(2\pi f)^2}$	
	单边正弦 $\sin 2\pi f_0 t\cdot u(t)$	$\dfrac{\mathrm{j}}{4}\left[\delta(f+f_0)-\delta(f-f_0)\right]+\dfrac{f_0}{2\pi(f_0^2-f^2)}$	
	衰减正弦 $\mathrm{e}^{-\alpha t}\sin 2\pi f_0 t\cdot u(t)$	$\dfrac{2\pi f_0}{(\alpha+\mathrm{j}2\pi f)^2+(2\pi f_0)^2}$	
	取样函数 $\dfrac{\sin\Omega t}{\Omega t}$	$\begin{cases}\dfrac{\pi}{\Omega} & \|f\|<\Omega \\ 0 & \|f\|>\Omega\end{cases}$	

【例 2.8】 如图 2.35(c)所示，求被截取后的余弦信号的频谱函数，该信号时域的表达式为

$$x(t)=\begin{cases}\cos\omega_0 t & |t|<T_0 \\ 0 & |t|>T_0\end{cases} \tag{2-79}$$

示意画出该截取信号 $x_T(t)$ 的幅频谱图，试分析当 T_0 增大或减小时，幅频谱图有何变化。

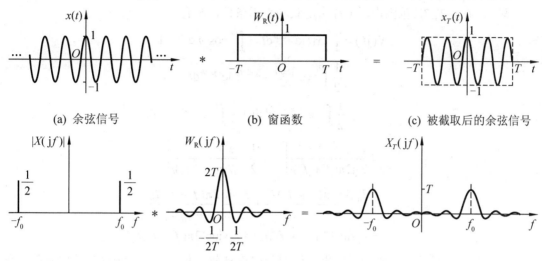

(a) 余弦信号　　　　　　(b) 窗函数　　　　　　(c) 被截取后的余弦信号

(d) 余弦信号的幅频谱　　(e) 窗函数的幅频谱　　(f) 被截取的余弦信号的幅频谱

图 2.35　余弦函数被窗函数截取的信号及其频谱

分析：截断就是将无限长的信号乘以有限宽的窗函数，即 $x(t) = w_R(t) \cdot \cos\omega_0 t$，因为 $w_R(t)$ 和 $\cos\omega_0 t$ 为特殊函数，其傅里叶变换 $W_R(\mathrm{j}f)$ 和 $X_1(\mathrm{j}f)$ 都为已知，所以由傅里叶变换的卷积性质和 δ 函数与其他函数的卷积性质，就可方便地求出 $x(t)$ 的频谱 $X(\mathrm{j}f)$。

解 1：令

$$w_R(t) = \begin{cases} 1 & |t| < T_0 \\ 0 & |t| > T_0 \end{cases}$$

$$x_1(t) = \cos\omega_0 t$$

则

$$x(t) = w_R(t) \cdot x_1(t)$$

而

$$w_R(t) \Leftrightarrow W_R(\mathrm{j}f) = 2T_0 \operatorname{sinc}(2\pi f T_0)$$

$$x_1(t) \Leftrightarrow X_1(\mathrm{j}f) = \frac{1}{2}\left[\delta(f - f_0) + \delta(f + f_0)\right]$$

由傅里叶变换的卷积性质、δ 函数与其他函数的卷积特性可得

$$w_R(t) \cdot x_1(t) \Leftrightarrow W_R(\mathrm{j}f) * X_1(\mathrm{j}f)$$

所以

$$\begin{aligned} X(\mathrm{j}f) &= W_R(\mathrm{j}f) * X_1(\mathrm{j}f) \\ &= 2T_0 \operatorname{sinc}(2\pi f T_0) * \frac{1}{2}\left[\delta(f - f_0) + \delta(f + f_0)\right] \\ &= T_0 \operatorname{sinc}[2\pi(f - f_0)T_0] + T_0 \operatorname{sinc}[2\pi(f + f_0)T_0] \end{aligned}$$

$w_R(t)$、$x_1(t)$ 和 $x(t)$ 的频谱示意图如图 2.35 所示。

又由傅里叶变换的时间尺度改变特性可知，当 T_0 增加时，其频谱将变窄，即频带宽度以 $f = f_0$ 为中心变窄，而幅值 $|X(\mathrm{j}f)|$ 将增高；若 T_0 减小时，则与上述情况相反。

讨论：本题也可按频谱定义求上述信号的频谱函数。

解2：在 $(-T_0, T_0)$ 范围内，$x(t)$ 满足狄利克雷条件，则有

$$X(\mathrm{j}f) = \int_{-\infty}^{\infty} x(t)\mathrm{e}^{-\mathrm{j}2\pi ft}\mathrm{d}t = \int_{-T_0}^{T_0} \cos\omega_0 \mathrm{e}^{-\mathrm{j}2\pi ft}\mathrm{d}t$$

$$= \frac{1}{2}\int_{-T_0}^{T_0}(\mathrm{e}^{-\mathrm{j}2\pi f_0 t} + \mathrm{e}^{\mathrm{j}2\pi f_0 t})\mathrm{e}^{-\mathrm{j}2\pi ft}\mathrm{d}t$$

$$= \frac{1}{2}\int_{-T_0}^{T_0} \mathrm{e}^{-\mathrm{j}2\pi(f+f_0)t}\mathrm{d}t + \frac{1}{2}\int_{-T_0}^{T_0} \mathrm{e}^{-\mathrm{j}2\pi(f-f_0)t}\mathrm{d}t$$

$$= \frac{1}{2}\frac{\mathrm{e}^{-\mathrm{j}2\pi(f+f_0)t}}{\mathrm{j}2\pi(f+f_0)t}\bigg|_{-T_0}^{T_0} + \frac{1}{2}\frac{\mathrm{e}^{-\mathrm{j}2\pi(f-f_0)t}}{-\mathrm{j}2\pi(f-f_0)t}\bigg|_{-T_0}^{T_0}$$

$$= \frac{T_0\sin 2\pi(f+f_0)T_0}{2\pi(f+f_0)T_0} + \frac{T_0\sin 2\pi(f-f_0)T_0}{2\pi(f-f_0)T_0}$$

$$= T_0\,\mathrm{sinc}[2\pi(f+f_0)T_0] + T_0\,\mathrm{sinc}[2\pi(f-f_0)T_0]$$

第二种解法虽然可直接求得结果，但积分比较复杂，而第一种方法解题过程简单，既避免了繁杂的纯数学运算，又可加深对信号定义、傅里叶变换性质以及典型信号频谱的理解与掌握，通过灵活地运用各基本概念，使解题时思路开阔。

【例2.9】 信号 $x(t)$ 的傅里叶变换为 $X(\mathrm{j}f)$，$x(t)$ 和 $X(\mathrm{j}f)$ 的图形如图2.36(a)、(b)所示。试求函数 $f(t) = x(t)(1+\cos 2\pi f_0 t)$ 的傅里叶变换 $F(\mathrm{j}f)$，并画出其图形。

解：该题为求两个信号相乘后的频谱及其图形，根据余弦信号的频谱函数和傅里叶变换的卷积性质可方便地求出结果。

由于

$$\cos 2\pi f_0 t \Leftrightarrow \frac{1}{2}[\delta(f+f_0)+\delta(f-f_0)]$$

则

$$x(t)(1+\cos 2\pi f_0 t) = x(t)+x(t)\cos 2\pi f_0 t \Leftrightarrow X(f)+X(f)*\frac{1}{2}[\delta(f+f_0)+\delta(f-f_0)]$$

而

$$x(t)*\delta(t\pm T) = x(t\pm T)$$

所以

$$F(\mathrm{j}f) = X(f) + X(f+f_0)/2 + X(f-f_0)/2$$

$F(\mathrm{j}f)$ 的图形如图2.36(c)所示。

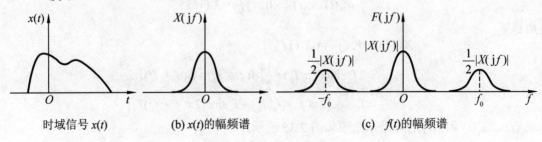

时域信号 x(t)　　　　(b) x(t)的幅频谱　　　　(c) f(t)的幅频谱

图2.36　信号 x(t)及其频谱

讨论：由上述计算过程可知，为了使解题过程简单明了，熟悉和灵活应用基本概念、性质及典型函数的傅里叶变换结果是非常重要的。

2.4　离散傅里叶变换

傅里叶变换一直是频谱分析的数学基础。它是沟通时域与频域的有力工具。但历史上很长一段时间，傅里叶变换的应用受到限制，其主要障碍是傅里叶变换的计算需花费大量的时间。特别是数据量较大时，不借助于计算机很难进行。在计算机普遍使用以前，进行频域分析常常采用模拟仪器，模拟仪器价格昂贵、稳定性差、精度差。使用计算机进行信号分析、处理时，需要将模拟信号数字化；而所谓数字信号的分析与处理，实际就是"运算"，它可以通过软件编程，在计算机上完成，也可以根据算法选择一种运算结构，设计专用硬件，制成专用芯片完成。数字信号处理具有高度的灵活性、稳定性和高精度，从20世纪60年代到现在，发展十分迅速，在工程界得到广泛应用。

数字信号分析所涉及的内容和理论非常广泛，而离散傅里叶变换是其基础。在进行数字信号分析的过程中，如果没有掌握它的基本理论，将不能正确引用数字信号分析的有关程序，难以正确操作数字信号分析仪器。但是，数字信号分析的基本理论与模拟信号分析的基本理论是紧密相关的。本书从工程应用的角度出发，利用图解表示的方法介绍数字信号处理中最基本的理论——离散傅里叶变换，从中掌握信号数字分析中的一些最基本的理论。

2.4.1　数字信号、模/数(A/D)转换和数/模(D/A)转换

由2.1.1可知，若信号幅值和独立变量均离散，并且用二进制数来表示信号的幅值，则该信号为数字信号。数字信号可数字序列来表示，如 001　011　110　111　…。在工程测试中，数字信号一般来自于模拟信号，因此需要将模拟信号转换为数字信号，然后进行必要的数据处理，处理后的数字信号常需要还原成模拟信号。模拟信号到数字信号、数字信号到模拟信号的转换分别称为信号的模/数(A/D)和数/模(D/A)转换。

A/D 变换可分三个步骤完成，其过程如图 2.37 所示。

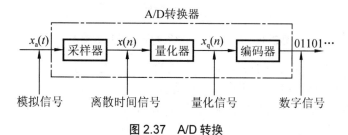

图 2.37　A/D 转换

(1) 采样：将模拟信号变为离散时间信号，在各离散时刻上得到连续信号的样值，因此，若 $x_a(t)$ 为采样器的输入，则输出为 $x_a(nT_s) \equiv x(n)$，T_s 为采样时间间隔，常称为采样间隔或采样周期。

(2) 量化：将离散时间连续幅值的信号 $x(n)$ 变为离散时间离散幅值的数字信号 $x_q(n)$。$x(n)$ 和量化器的输出 $x_q(n)$ 之间的差值称为量化误差。

(3) 编码：将每一个量化值 $x_q(n)$ 用 b 位二进制序列表示，便于数字处理。

图 2.38 分别绘出了模拟信号、离散时间信号和数字信号的例子。

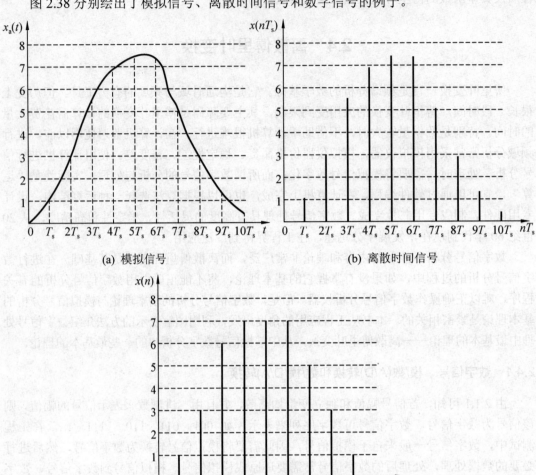

(a) 模拟信号

(b) 离散时间信号

(c) 数字信号

图 2.38　模拟信号、离散时间信号和数字信号

D/A 转换是对数字信号进行某种内插方式的处理以连接逐个样值的端点，从而得到近似的模拟信号，近似的程度取决于所采用的内插方式，图 2.39 表示一种简单的内插方式，称为零阶保持或阶梯近似。可能的近似方式有多种，如线性连接逐个样值对的线性内插，通过三个相邻样值拟合的二次多项式内插等。

然而，由于量化是非可逆的或单向的处理，它会引起信号的失真，失真的大小取决于A/D 转换器的精度。在实际中影响精度选择的因素是成本和采样速度，通常成本是随着精度和采样速度的提高而增加。

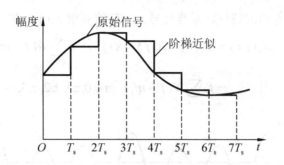

图 2.39 D/A 转换的零阶保持

2.4.2 离散傅里叶变换的图解表示

对模拟信号进行离散傅里叶变换(Discrete Fourier Transform，DFT)，一般可概括为三个步骤：时域采样、时域截断和频域采样。

1. 时域采样

模拟信号的采样有多种方法，以周期或均匀采样的方法应用最多，表示为

$$x(n) = x_a(nT_s) \tag{2-80}$$

式中：$x(n)$ 为采样后的离散时间信号或采样信号，它是对模拟信号 $x_a(t)$ 每隔 T_s 秒采样得到，该过程如图 2.40 所示。T_s 为采样周期，其倒数 $1/T_s = f_s$ 称为采样速度 (每秒采样次数) 或采样频率(单位为 Hz)。

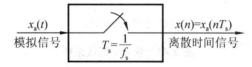

图 2.40 模拟信号的周期采样

采样过程可以看作用等间隔的单位脉冲序列去乘模拟信号。这样，各采样点上的信号幅值大小就变成脉冲序列的权值，这些权值将被量化成相应的二进制编码。在数学上，时域采样表示为间隔为 T_s 的周期脉冲序列 $g(t)$ 乘模拟信号 $x(t)$。$g(t)$ 由式(2-75)表示，即

$$g(t) = \sum_{n=-\infty}^{\infty} \delta(t - nT_s) \quad n=0, \pm1, \pm2, \pm3, \cdots$$

由 δ 函数的筛选特性式(2-66)得模拟信号 $x(t)$ 经采样后的采样信号 $x_s(nT_s)$ 为

$$x(t) \cdot g(t) = \int_{-\infty}^{\infty} x(t) \cdot \delta(t - nT_s)\mathrm{d}t = x_s(nT_s) \quad n=0, \pm1, \pm2, \pm3, \cdots \tag{2-81}$$

采样信号 $x_s(nT_s)$ 在各采样时刻 nT_s 的幅值为 $x(t=nT_s)$。信号的时域采样如图 2.41 所示。

在时域采样中，采样函数 $g(t)$ 的傅里叶变换由式(2-78)表示，即

$$G(\mathrm{j}\,f) = f_s \sum_{n=-\infty}^{\infty} \delta(f - nf_s) \quad n = 0, \pm1, \pm2, \pm3, \cdots$$

由信号的频域卷积特性式(2-58)可知，模拟信号 $x(t)$ 乘以采样函数 $g(t)$ 后的采样信号 $x_s(nT_s)$ 的傅里叶变换，等于 $x(t)$ 的频谱 $X(\mathrm{j}\,f)$ 和 $g(t)$ 的频谱 $G(\mathrm{j}\,f)$ 的卷积，即

$$x_s(nT_s) = x(t) \cdot g(t) \Leftrightarrow X(\mathrm{j}f) * G(\mathrm{j}f) \tag{2-82}$$

由 δ 函数与其他函数卷积的特性,采样信号 $x_s(nT_s)$ 的频谱 $X_s(\mathrm{j}f)$ 表示为

$$X_s(\mathrm{j}f) = X(\mathrm{j}f) * G(\mathrm{j}f) = X(\mathrm{j}f) * f_s \sum_{n=-\infty}^{\infty} \delta(f - nf_s)$$

(2-83)

$$= f_s \sum_{n=-\infty}^{\infty} X(f - nf_s) \quad n = 0, \pm 1, \pm 2, \pm 3, \cdots$$

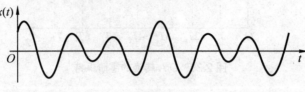

(a) 模拟信号

(b) 周期单位脉冲序列(采样函数)

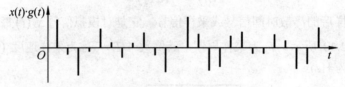

(c) 采样后的信号

图 2.41 信号的时域采样

可以看出,采样信号 $x_s(nT_s)$ 的频谱 $X_s(\mathrm{j}f)$ 和模拟信号 $x(t)$ 的频谱 $X(\mathrm{j}f)$ 既有联系又有区别。将 $f_s \cdot X(\mathrm{j}f)$ 依次平移至采样函数 $g(t)$ 对应的频率序列点 $nf_s, n = 0, \pm 1, \pm 2, \pm 3, \cdots$ 上,然后全部叠加而成,即可得到采样信号 $x_s(nT_s)$ 的频谱 $X_s(\mathrm{j}f)$,其幅值为 $X(\mathrm{j}f)$ 和 $G(\mathrm{j}f)$ 幅值的乘积。时域采样过程中各信号及其频谱如图 2.42 所示。

由此可见,一个模拟信号经过采样函数采样以后,它的频谱将沿着频率轴每隔一个采样频率 f_s 就重复出现一次,即频谱产生了周期延拓,延拓周期为 f_s。由于模拟信号 $x(t)$ 的频谱 $X(\mathrm{j}f)$ 为连续频谱,所以采样信号 $x_s(nT_s)$ 的频谱 $X_s(\mathrm{j}f)$ 为周期性连续频谱。若 $X(\mathrm{j}f)$ 的频带大于 $f_s/2$,平移后的图形会发生交叠,如图 2.42(e)中虚线所示。采样信号的频谱是这些平移后图形的叠加,如图 2.42(e)中实线所示。

2. 时域截断

采样信号 $x_s(nT_s)$ 理论上为时间无限长的离散序列,即 $n = 0, 1, 2, 3, \cdots$,而实际上为了存储、分析和处理的方便,只是取有限长度的采样序列,所以必须从采样信号的时间序列截取有限长的一段来处理,其余部分视为零而不予考虑。这相当于把采样信号 $x_s(nT_s)$ 乘以一个矩形窗函数 $w_R(t)$,如图 2.43(a)所示。

$$w_R(t) = \begin{cases} 1 & (0 \le t \le T) \\ 0 & (t > T) \end{cases} \tag{2-84}$$

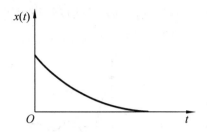

(a) 模拟信号 $x(t)$

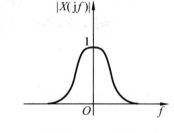

(d) 模拟信号 $x(t)$ 的频谱 $X(jf)$

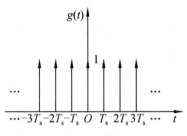

(b) 采样函数 $g(t)$

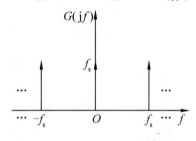

(e) 采样函数 $g(t)$ 的频谱 $G(jf)$

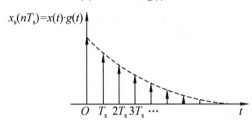

(c) 采样信号 $x_s(nT_s)$

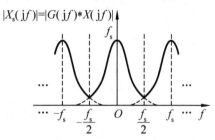

(e) 采样信号 $x_s(nT_s)$ 的频谱 $X_s(jf)$

图 2.42 时域采样过程及信号的频谱

窗宽为 T，所截取的时间序列点数为 $N=T/T_s$，N 称为序列长度。采样信号 $x_s(nT_s)$ 被截取后的信号 $x_{sw}(nT_s)$ 表示为

$$x_{sw}(nT_s) = x(t) \cdot g(t) \cdot w_R(t) \qquad n=1,2,\cdots,N \tag{2-85}$$

由信号的频域卷积特性式(2-58)可知 $x_{sw}(nT_s)$ 的频谱为

$$x_{sw}(nT_s) = x(t) \cdot g(t) \cdot w_R(t) \Leftrightarrow X(jf) * G(jf) * W_R(jf) = X_{sw}(jf) \tag{2-86}$$

窗函数 $w_R(t)$ 的幅频谱 $W_R(jf)$ 为

$$W_R(jf) = T \frac{\sin(\pi f T)}{\pi f T} = T \sin c(\pi f T) \tag{2-87}$$

由上式可见，该幅频谱为 $\sin c$ 函数，如图 2.43(b)所示。其频谱中间部分为主瓣两侧为旁瓣。$x_{sw}(nT_s)$ 信号及其幅频谱 $x_{sw}(jf)$ 如图 2.44 所示。由于采样信号 $x_s(nT_s)$ 的频谱 $X_s(jf)$ 为周期性连续频谱，而 $x_{sw}(jf)$ 为 $X_s(jf)$ 和 $W_R(jf)$ 的卷积，因此，$x_{sw}(nT_s)$ 的频谱 $X_{sw}(jf)$ 也为周期性连续频谱；同时由于窗函数频谱的主瓣和旁瓣的作用，使得 $x_{sw}(jf)$ 和 $X_s(jf)$ 相比

多了一些皱纹波。

皱纹波的存在及其大小与窗函数的宽度 T 有关，宽度 T 越大，其频谱主瓣就越窄，形状越尖。当 T→∞ 时，sinc 函数就是单位脉冲 δ 函数，此时 $x_{sw}(jf)$ 和 $x_s(jf)$ 的幅频谱就相同了，即当 T→∞ 时，图 2.44(b) 变为图 2.42(e)。

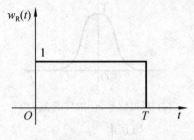

(a) 窗函数 $w_R(t)$ 时域波形

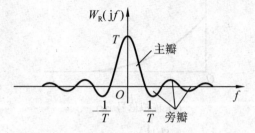

(b)窗函数的幅频谱

图 2.43　窗函数及其频谱

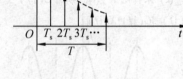

(a) 截断后的采样信号 $x_{sw}(nT_s)$

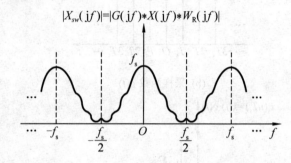

(b) 截断后的采样信号的幅频谱 $X_{sw}(jf)$

图 2.44　时域采样截断后的信号及其频谱

2. 频域采样

经过时域采样和截断处理，模拟信号 $x(t)$ 变成了有限长的离散时间序列 $x_{sw}(nT_s)$，$n=1,2,\cdots,N$。而从频域上看，$x_{sw}(nT_s)$ 的频谱 $X_{sw}(jf)$ 仍为周期性连续频谱。但计算机或数字信号处理仪只能处理离散数据，因此，需要对 $X_{sw}(jf)$ 进行频域采样。

频域采样在理论上是对周期性连续频谱 $X_{sw}(jf)$ 乘以周期序列脉冲函数[如图 2.45(b)]

$$D(jf) = \frac{1}{T}\sum_{n=-\infty}^{+\infty}\delta(f-n\frac{1}{T}) \tag{2-88}$$

其时域表示为[如图 2.45(a)]

$$d(t) = \sum_{n=-\infty}^{+\infty}\delta(t-nT) \tag{2-89}$$

频域采样在频域的一个周期 $f_s=\frac{1}{T_s}$ 中输出 N 个数据点，故输出的频率序列的频率间隔 $\Delta f = f_s/N = 1/(T_sN) = 1/T$。$X_{sw}(jf)$ 频域采样后的实际输出 $X_{sw}(jf)_p$ 为

$$X_{sw}(jf)_p = X_{sw}(jf)\cdot D(jf) = [X(jf)*G(jf)*W_R(jf)]\cdot D(jf) \tag{2-90}$$

由信号的卷积特征可知，而与 $X_{sw}(jf)_p$ 相对应的时域信号 $x_{sw}(t)_p$ 为

$$x_{sw}(t)_p = [x(t) \cdot g(t) \cdot w_R(t)] * d(t) \qquad (2\text{-}91)$$

频域采样形成 $X_{sw}(\mathrm{j}f)$ 频域的离散化，相应地把时域信号周期化了，因而 $x_{sw}(t)_p$ 是一个周期信号，如图 2.46 所示。

　　从以上过程可以看出，原来希望获得模拟信号的频谱，但由于计算机的数据是序列长度为 N 的离散时间信号 $x_{sw}(nT_s)$，计算机输出的是 $X_{sw}(\mathrm{j}f)_p$，而不是 $X(\mathrm{j}f)$，用 $X_{sw}(\mathrm{j}f)_p$ 来近似 $X(\mathrm{j}f)$。处理过程中的每一个步骤——采样、截断、DFT 计算都会引起失真或误差。

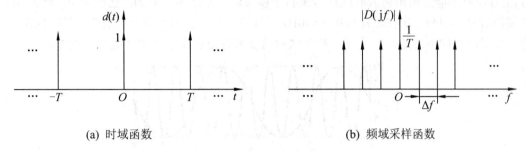

(a) 时域函数　　　　　　　　　　　　　　(b) 频域采样函数

图 2.45　频域采样函数及其时域函数

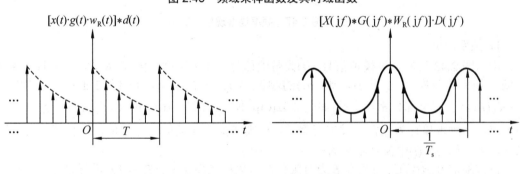

(a) $X_{sw}(\mathrm{j}f)$ 频域采样后的时域波形　　　　(b) $X_{sw}(\mathrm{j}f)$ 频域采样后的频谱

图 2.46　$X_{sw}(\mathrm{j}f)$ 频域采样后的时域和频域表示

　　上述图解表示过程解释了离散傅里叶变换的演变过程。从最后的结果可以看出，信号时域、频域的离散化导致了对时域和频域的周期化处理。DFT 实际上是把一个有限长序列做周期序列的一个周期来处理。

　　下面讨论离散傅里叶变换中的几个问题。

2.4.3　频率混叠和采样定理

　　采样间隔的选择是一个重要的问题。采样间隔 T_s 太小(即采样频率 f_s 高)，则对定长的时间记录来说其数字序列就很长(即采样点数多)，使计算工作量增大；如果数字序列长度一定，则只能处理很短的时间历程，可能产生很大的误差。若采样间隔太大(即采样频率 f_s 低)，则可能丢失有用的信息。

　　【例 2.10】对模拟信号 $x_1(t) = 10\sin(2\pi \cdot 10t)$ 和 $x_2(t) = 10\sin(2\pi \cdot 50t)$ 进行采样处理，采样间隔 $T_s = 1/40$，即采样频率 $f_s = 40\mathrm{Hz}$。试比较两信号采样后的离散时间信号的状态。

　　解： 因采样频率 $f_s = 40\mathrm{Hz}$，则

$$t = nT_s$$

$$x_1(nT_s) = 10\sin(2\pi\frac{10}{40}nT_s) = 10\sin(\frac{\pi}{2}nT_s)$$

$$x_2(nT_s) = 10\sin(2\pi\frac{50}{40}nT_s) = 10\sin(\frac{5\pi}{2}nT_s) = 10\sin(\frac{\pi}{2}nT_s)$$

因此，$x_1(nT_s) = x_2(nT_s)$。在图形上，模拟信号 $x_1(t)$ 和 $x_2(t)$ 在采样点上的瞬时值(图 2.47 中的"×"点)完全相同，即获得了相同的离散时间信号。这样，从采样结果(离散时间信号)上看，就不能分辨出离散时间信号来自于模拟信号 $x_1(t)$ 还是 $x_2(t)$。也就是说，不同频率的模拟信号 $x_1(t)$ 和 $x_2(t)$ 在采样频率 f_s=40Hz 采样情况下，得到了没有区别的离散时间信号，即产生了信号的不确定性。这样，从时域的角度来看便造成了"频率混叠"现象。

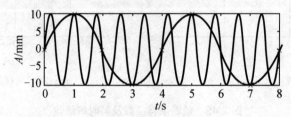

图 2.47　频率混叠现象

1) 频率混叠

由如图 2.42 可知，设模拟信号 $x(t)$ 为带限信号，如果采样间隔 T_s 太大，即采样频率 f_s 太低，频率平移距离 f_s 过小，则 $x(t)$ 的频谱 $X(\mathrm{j}f)$ 移至 $nf_s, n=0,\pm1,\pm2,\pm3,\cdots$ 处的频谱 $f_s\cdot X(\mathrm{j}f)$ 就会有一部分相互交叠[如图 2.42(e)]，使新合成的 $X(\mathrm{j}f)*G(\mathrm{j}f)$ 图形与 $f_s\cdot X(\mathrm{j}f)$ 不一致，这种现象称为混叠。发生混叠后，改变了原来频谱的部分幅值，这样就不可能准确地从采样信号 $x_s(t)$ 中恢复原来的模拟信号 $x(t)$ 了。

设带限信号 $x(t)$ 的最高频率 f_c 为有限值，以采样频率 $f_s = 1/T_s \geqslant 2f_c$ 进行采样，那么采样信号 $x_s(t)$ 的频谱 $X_s(\mathrm{j}f)=X(\mathrm{j}f)*G(\mathrm{j}f)$ 就不会发生混叠，如图 2.48 所示，其中 $f_s/2$ 称为折叠频率。如果将该频谱通过一个中心频率为零(f=0)，带宽为 $\pm f_s/2$ 的理想低通滤波器，就可以把原信号完整的频谱取出来，这才有可能从采样信号中准确地恢复原信号的波形。

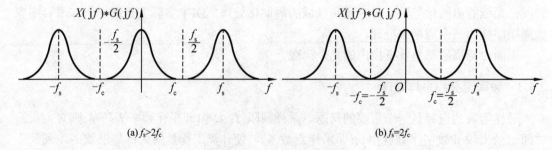

(a)$f_s>2f_c$　　　　　　　　　　　　(b)$f_s=2f_c$

图 2.48　不发生混叠的条件

如果模拟信号 $x(t)$ 为无限带宽信号，即信号的最高频率 $f_{c\,\max}\to\infty$，则无论采样频率 f_s 多大，采样信号 $x_s(t)$ 的频谱 $X_s(\mathrm{j}f)$ 都会出现混叠。$X_s(\mathrm{j}f)$ 中凡超过折叠频率 $f_s/2$ 的频谱部分都将每隔 f_s 叠加在一起，出现混叠。

2) 采样定理

为了避免信号的频率混叠，以便采样后仍能准确地恢复原信号，采样频率 f_s 必须不小

于信号最高频率 f_c 的 2 倍，即 $f_s \geqslant 2f_c$，这就是采样定理。在实际工作中，一般采样频率应选为被处理信号中最高频率的 3～4 倍以上。

如果确知测试信号中的高频成分是由噪声干扰引起的，为满足采样定理并不使数据过长，常在信号采样前使用低通滤波器先进行滤波预处理，人为降低信号中的最高频率 f_c。这种滤波器称为抗混滤波器。抗混滤波器不可能有理想的截止频率 f_c，在 f_c 之后总会有一定的过渡带，由此，要绝对不产生混叠实际上是不可能的，工程上只能保证足够的精度。而如果只对某一频带感兴趣，那么可用低通滤波器或带通滤波器滤掉其他频率成分，这样就可以避免混叠并减少信号中其他成分的干扰。

【例 2.11】 对模拟信号 $x(t)=x_1(t)+x_2(t)=10\sin(2\pi \cdot 10t)+10\sin(2\pi \cdot 50t)$ 以 f_s=120Hz 进行采样，试分析采样信号 $x_s(nT_s)$ 的频谱 $X_s(\mathrm{j}f)$，并画出示意图。

解：模拟信号 $x(t)$ 在 ±10Hz、±50Hz 处有谱线，谱线的高度为 10/2=5，其频谱 $|X(\mathrm{j}f)|$ 如图 2.49(a)所示。因采样频率 f_s=120Hz，则采样函数 $g(t)$ 的频谱 $G(\mathrm{j}f)$ 如图 2.49(b)所示，其在 $n\cdot f_s=120\cdot n$(Hz)，$n=0,\pm1,\pm2,\cdots$ 处有谱线，谱线的高度为 120。采样信号 $x_s(nT_s)$ 的频谱 $|X_s(\mathrm{j}f)|$ 如图 2.49(c)所示，其频谱为把 $|X(\mathrm{j}f)|$ 的图形分别平移到 $n\cdot f_s$ 处，谱线的高度为 $5\times120=600$。

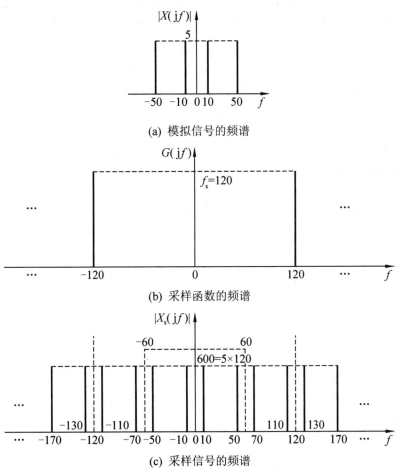

(a) 模拟信号的频谱

(b) 采样函数的频谱

(c) 采样信号的频谱

图 2.49　模拟信号、采样函数及采样信号的频谱

2.4.4　量化和量化误差

模拟信号经采样后在时间上已离散，但其幅值仍为连续的模拟电压值。量化是对信号的幅值量化，就是将模拟信号 $x(t)$ 在 nT_s 时刻采样的电压幅值 $x(t=nT_s)$ 变成为离散的二进制数码，其二进制数码只能表达有限个相应的离散电平(称之为量化电平)。

把采样信号 $x(nT_s)$ 经过舍入或者截尾的方法变为只有有限个有效数字的数，这一过程称为量化。若信号 $x(t)$ 可能出现的最大值为 A，令其分为 D 个间隔，则每个间隔的长度为 $R=A/D$，R 称为量化增量或量化步长。当采样信号 $x(nT_s)$ 落在某一小间隔内，经过舍入或者截尾的方法而变为有限值时，则产生量化误差，如图 2.50 所示。

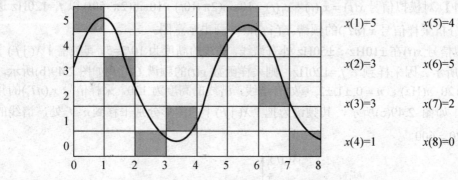

图 2.50　信号的 $D=6$ 等分量化过程

一般又把量化误差看成模拟信号作数字处理时的可加噪声，故而又称之为舍入噪声或截尾噪声。量化增量 R 越大，则量化误差越大，量化增量大小，一般取决于计算机 A/D 转换卡的位数。例如，8 位二进制为 $2^8=256$，即量化电平 R 为所测信号最大电压幅值的 1/256。

【例 2.12】　将幅值为 $A=1000$ 的谐波信号按 6、8、18 等分量化，求其量化后的曲线。

解：图 2.51 中，图(a)是谐波信号，图(b)～图(d)分别是 6 等分、10 等分和 18 等分的量化结果。对比图(b)～图(d)可知，等分数越小，R 越大，量化误差越大。

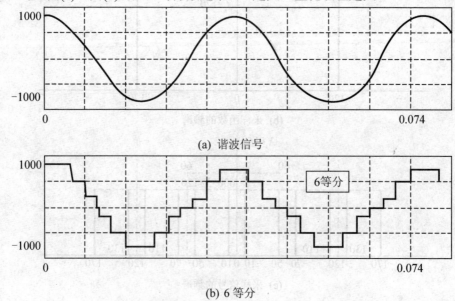

(a) 谐波信号

(b) 6 等分

图 2.51　谐波信号按 6、10、18 等分量化的误差

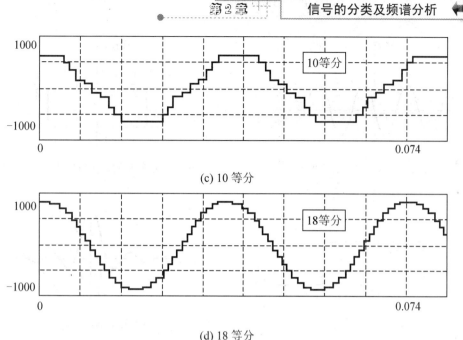

(c) 10 等分

(d) 18 等分

图 2.51　谐波信号按 6、10、18 等分量化的误差

2.4.5　截断、泄漏和窗函数

1. 截断、泄漏和窗函数的概念

信号的长度可能很长甚至是无限的，而计算机处理的数据长度是有限的，因此只能从信号中提取其中一段来考察分析，并以此来考察整个信号历程，这称为时域截断或"加窗"。"窗"的意思是指透过"窗口"人们能够"看到"外景(原始信号)的一部分，而把"窗口"以外的信号均视为零。由局部来估计全体，会丢失一些信息，从而给原信号的频谱带来误差。

【例 2.13】　分析正弦信号截断前后信号的频谱。

解：图 2.52 给出了正弦信号截断前后信号的频谱，在图 2.52 (f)中频谱交错的部分引起了混叠。将截断信号的频谱 $X_T(jf)$ 与原始信号的频谱 $X(jf)$ 相比较可知，它已不是原来的两条谱线，而是两段振荡的连续谱。这表明原来的信号被截断以后，其频谱发生了畸变，原来正弦信号的能量集中在 $\pm f_0$ 处，截断后在 $\pm f_0$ 附近的范围出现了一些原来没有的频谱分量。这相当于把原来集中的能量分散到附近的频带范围了，这种现象称为频谱能量泄漏，由此而引起的误差称为泄漏误差。能量泄漏，给原来的频谱带来失真，出现了"假频"，即原来没有频率成分的地方也出现了谱线。信号截断以后产生能量泄漏现象是必然的。

如果增大截断长度 T，即矩形窗口加宽，则窗函数的频谱 $W_R(jf)$ 将被压缩变窄($1/T$ 减小)。虽然从理论上讲，其频谱范围仍为无限宽，但实际上中心频率以外的频率分量衰减较快，因而泄漏误差将减小。当窗口宽度 T 趋于无穷大时，则 $W_R(jf)$ 将变为 $\delta(jf)$ 函数，而 $\delta(jf)$ 与 $X(jf)$ 的卷积仍为 $X(jf)$。这说明，如果窗口无限宽，即信号不截断，就不会出现"假频"，不存在泄漏误差，

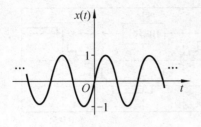

(a) 未被截断的正弦信号

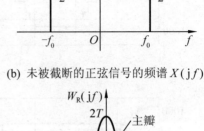

(b) 未被截断的正弦信号的频谱 $X(jf)$

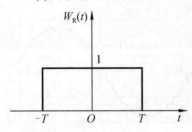

(c) 矩形窗函数

(d) 矩形窗函数的频谱

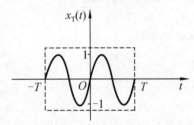

(e) 截断后的正弦信号

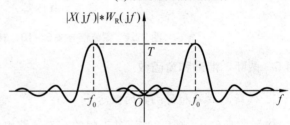

(f) 截断后的正弦信号的频谱 $X_T(jf)$

图 2.52 信号截断与泄漏

由上述分析可知，为了减少频谱能量泄漏，可以增加窗函数的宽度。如使用矩形窗、增加采样长度，可以使得 sin c 函数的主瓣变窄，旁瓣向主瓣密集；另外还可采用适当的窗函数对信号进行截断。一个好的窗函数的主要表现为：其频谱的主瓣突出，旁瓣衰减大。实际上二者往往不可兼得，要视具体需要选用。由于不可能无限增加窗函数的长度，即增加采样长度，因此，在信号一定长度的情况下，适当增加窗函数的长度可以减少频谱能量泄漏。

2. 频率分辨力、栅栏效应和整周期截取

频率采样间隔 Δf 是频率分辨力的指标。此间隔越小，频率分辨力越高。在前面曾经指出，在利用 DFT 将有限时间序列变换成相应的频谱序列的情况下，Δf 和分析的时间信号长度 T 的关系是

$$\Delta f = f_s/N = 1/(T_s N) = 1/T \tag{2-92}$$

这种关系是 DFT 算法固有的特征。这种关系往往加剧频率分辨力和计算工作量的矛盾。而谱线的位置为

$$f = k\frac{1}{T} = k\frac{f_s}{N} \tag{2-93}$$

即在基频 $1/T$ 的整数倍上才有谱线，离散谱线之间的谱线显示不出来。这样即使是重要的频率成分也可能被忽略，如同栅栏一样，一部分景物被栅栏所遮挡，故称"栅栏效应"。不管是时域采样还是频域采样，都有相应的栅栏效应。时域采样就是"摘取"采样点上对应的模拟信号的样值，如满足采样定理要求，栅栏效应不会有什么影响。而对频域的"栅栏效应"，频率采样间隔 Δf 越小，频率分辨力越高，被"挡住"的频域成分越少。

　　根据采样定理，若所感兴趣的最高频率为 f_c，则最低采样频率 f_s 应大于 $2f_c$。根据式(2-92)，在 f_s 选定后，要提高频率分辨力就必须增加数据点数 N，从而急剧地增加计算工作量。解决此项矛盾有两条途径。其一是在 DFT 的基础上，采用"频率细化技术(ZOOM)"，其基本思路是在处理过程中只提高感兴趣的局部频段中的频率分辨力，以此来减少计算工作量。另一条途径则是改用其他把时域序列变换成频谱序列的方法。

　　在分析简谐信号的场合下，需要了解某特定频率 f_0 的幅值，希望 DFT 谱线落在 f_0 上。单纯减小 Δf，并不一定会使谱线落在频率 f_0 上。从 DFT 的原理来看，谱线落在 f_0 处的条件是：$f_0/\Delta f$ 等于整数。考虑到 $\Delta f=1/T$ 是分析时长 T 的倒数，简谐信号的周期 T_0 是其频率 f_0 的倒数，因此只有截取的信号长度 T 正好等于信号周期的整数倍时，才可能使分析谱线落在简谐信号的频率上，才能获得准确的频谱。显然这个结论适用于所有周期信号。

　　因此，对周期信号实行整周期截断是获得准确频谱的先决条件。从概念来说，DFT 的效果相当于将时窗内信号向外周期延拓。若事先按整周期截断信号，则延拓后的信号将和原信号完全重合，无任何畸变。反之，延拓后将在 $t=kT$ (k 为某个整数)交接处出现间断点，波形和频谱都发生畸变。

　　3. 几种常见的窗函数

　　实际应用的窗函数，可分为以下几种类型：

　　(1) 幂窗——采用时间变量的某种幂次的函数，如矩形、三角形、梯形或其他时间 t 的高次幂；

　　(2) 三角窗——即三角函数窗，即正弦或余弦函数等组合成复合函数，例如汉宁窗、海明窗等；

　　(3) 指数窗——即指数函数窗，采用指数时间函数，如 e^{-St} 形式，例如高斯窗等。

　　下面介绍几种常用窗函数的性质和特点。

　　1) 矩形窗

　　矩形窗属于时间变量的零次幂窗，函数形式为式(2-45)或式(2-84)，相应频谱为式(2-46)或式(2-84)，相应的频谱为式(2-85)。式(2-45)和式(2-84)窗的长度相同，后者对前者进行了时移，矩形窗的时域波形如图 2.19 或图 2.43(a)或图 2.52(c)所示，相应频谱如图 2.19 或图 2.43(b)或图 2.52(d)所示。矩形窗使用最多，一般所说的不加窗实际上是使信号通过矩形窗。这种窗的优点是主瓣比较集中，缺点是旁瓣较大，并有负旁瓣，导致变换中带进了高频干扰和泄漏，甚至出现负谱现象。在需要获得精确频谱主峰的所在频率，而对幅值精度要求不高的情况下，可选用矩形窗。

　　2) 三角窗

　　三角窗也称费杰(Fejer)窗，是幂窗的一次方形式，其定义为

$$w(t) = \begin{cases} 1 - \dfrac{2}{T}|t| & |t| < T/2 \\ 0 & |t| \geqslant T/2 \end{cases} \tag{2-94}$$

相应的频谱为

$$W(f) = \frac{T}{2}\left[\frac{\sin\left(\dfrac{\pi f T}{2}\right)}{\dfrac{\pi f T}{2}}\right]^2 = \frac{T}{2}\sin c^2\left(\frac{\pi f T}{2}\right) \tag{2-95}$$

如图 2.55 所示，三角窗与矩形窗比较，主瓣宽约等于矩形窗的 2 倍，但旁瓣小，而且无负旁瓣。

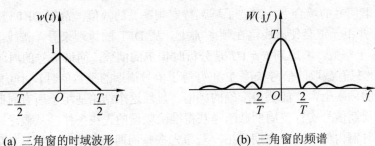

(a) 三角窗的时域波形   (b) 三角窗的频谱

图 2.53　三角窗的时域波形及其频谱

3) 汉宁(Hanning)窗

汉宁窗又称升余弦窗，其时域表达式为

$$w(t) = \begin{cases} \dfrac{1}{2} + \dfrac{1}{2}\cos\left(\dfrac{\pi t}{T}\right) & |t| < T/2 \\ 0 & |t| \geqslant T/2 \end{cases} \tag{2-96}$$

相应的频谱为

$$W(jf) = \frac{T\sin \pi f T}{2\pi f T} + \frac{T}{4}\left\{\frac{\sin[\pi(f+1/T)T]}{\pi(f+1/T)T} + \frac{\sin[\pi(f-1/T)T]}{\pi(f-1/T)T}\right\} \tag{2-97}$$

$$= \frac{T}{2}\sin c(\pi f T) + \frac{T}{4}\sin c[\pi(f+\frac{1}{T})T] + \frac{1}{4}\sin c[\pi(f-\frac{1}{T})T]$$

汉宁窗及其频谱形如图 2.54 所示，和矩形窗比较，汉宁窗的旁瓣小得多，因而泄漏也少得多，但是汉宁窗的主瓣较宽。

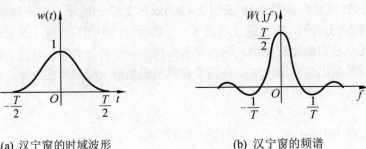

(a) 汉宁窗的时域波形   (b) 汉宁窗的频谱

图 2.54　汉宁窗的时域波形及其频谱

4) 海明(Hamming)窗

海明窗又称改进的升余弦窗，其本质上和汉宁窗一样，只是系数不同。其时域表达式为

$$w(t) = \begin{cases} 0.54 + 0.46\cos\left(\dfrac{2\pi t}{T}\right) & |t| \leqslant T/2 \\ 0 & |t| > T/2 \end{cases} \tag{2-98}$$

相应的频谱为

$$\begin{aligned} W(\mathrm{j}\,f) &= 0.54T\frac{\sin \pi f T}{\pi f T} + 0.23T\left\{\frac{\sin[\pi(f+1/T)]}{\pi(f+1/T)} + \frac{\sin[\pi(f-1/T)]}{\pi(f-1/T)}\right\} \\ &= 0.54T\sin\mathrm{c}(\pi f T) + 0.23T\sin\mathrm{c}[\pi(f+\frac{1}{T})T] + \frac{1}{4}\sin\mathrm{c}[\pi(f-\frac{1}{T})T] \end{aligned} \tag{2-99}$$

海明窗比汉宁窗消除旁瓣的效果要好一些，而且主瓣稍窄，但是旁瓣衰减较慢是不利的方面。适当地改变系数。可得到不同特性的窗函数。

在实际的信号处理中，常用"单边窗函数"。若以开始测量的时刻作为 $t=0$，截断长度为 T，$0 \leqslant t < T$。这等于把双边窗函数进行了时移。根据傅里叶变换的性质，时域的时移，对应这频域作相移而幅值绝对值不变。因此以单边窗函数截断信号所产生的泄漏误差与双边窗函数截断信号而产生的泄漏相同。

对于窗函数的选择，应考虑被分析信号的性质与处理要求。如果仅要求精确读出主瓣曲率，而不考虑幅值精度，则可选用主瓣宽度比较窄而便于分辨的矩形窗，例如测量物体的自振频率等；如果分析窄带信号，且有较强的干扰噪声，则应选用旁瓣幅度小的窗函数，如汉宁窗、三角窗等；对于随时间按指数衰减的函数，可采用指数窗来提高信噪比。

小　结

根据信号的不同特征，信号有不同的分类方法。采用信号"域"的描述方法可以突出信号不同的特征。信号的时域描述以时间为独立变量，其强调信号的幅值随时间变化的特征；信号的频域描述以角频率或频率为独立变量，其强调信号的幅值和相位随频率变化的特征。

一般周期信号可以利用傅里叶级数进行展开，包括三角函数和复指数展开。利用周期信号的傅里叶级数展开可以获得其离散频谱。常见周期信号的频谱具有离散性、谐波性和收敛性。

把非周期信号看做周期趋于无穷大的周期信号，有助于理解非周期信号的频谱。利用傅里叶变换可以获得非周期信号的连续频谱，理解并掌握频谱密度函数的含义、傅里叶变换的主要性质和典型信号的频谱并能灵活运用具有重要意义。

对于周期信号，同样可以利用傅里叶变换获得其离散频谱，该频谱和利用傅里叶级数的复指数展开的方法获得的频谱是一样的。

模拟信号通过时域采样、量化和编码可获得数字信号。离散傅里叶变换的图解过程包括时域采样、时域截断和频域采样。时域采样中，采样频率要满足采样定理才能保证信号

测试技术基础(第2版)

不产生频率混叠。时域截断就是对模拟信号加窗的过程，信号的截断就是将无限长的信号乘以有限宽的窗函数。窗函数是无限带宽信号，因此信号的截断不可避免地引起混叠，产生频谱能量泄漏，增加窗长度能够减小能量泄漏。频域采样就是对截断信号的周期性连续频谱乘以周期序列脉冲函数，从而获得一个周期的频谱。模拟信号幅值量化时存在量化误差，量化增量越大，量化误差越大。不同的窗函数具有不同的频谱特性，应根据被分析信号的特点和要求选择合适的窗函数。

习　题

1. 填空题

2-1 确定信号可分为_____和_____两类，前者频谱具有的特点是_____，后者的频谱具有特点是_____。

2-2 信号的有效值又称_____；它反映信号的_____；有效值的平方称_____，它是信号的_____。

2-3 已知三角波傅里叶级数展开式为 $g(t) = \frac{8A_0}{\pi^2}(\sin\omega t - \frac{1}{3^2}\sin 3\omega t + \frac{1}{5^2}\sin 5\omega t + \cdots)$ ，则其频率成分为_____；各频率的振幅为_____；幅值频谱图为_____。

2-4 周期信号 $x(t)$ 的傅里叶级数三角函数展开式为

$$x(t) = a_0 + \sum_{n=1}^{\infty}(a_n\cos n\omega_0 t + b_n\sin n\omega_0 t)$$
$$= a_0 + \sum_{n=1}^{\infty}A_n\sin(n\omega_0 t + \varphi_n)$$

式中：$a_0 = \frac{1}{T_0}\int_{-T/2}^{T/2}x(t)\mathrm{d}t$ 表示_____，$a_n = \frac{2}{T_0}\int_{-T/2}^{T/2}x(t)\cos n\omega_0 t\mathrm{d}t$ 表示_____，

$b_n = \frac{2}{T_0}\int_{-T/2}^{T/2}x(t)\sin n\omega_0 t\mathrm{d}t$ 表示_____。

2-5 工程中常见的周期信号，其谐波幅度总的趋势是随着_____而_____的，因此，在频谱分析中，没有必要取那些_____的谐波分量。

2-6 在周期方波信号的傅里叶级数式 $x(t) = \frac{2A}{\pi^2}(\cos\omega t - \frac{1}{3}\cos 3\omega t + \frac{1}{5}\cos 5\omega t + \cdots)$ 和周期三角波信号的傅里叶级数式 $x(t) = \frac{A}{2} + \frac{4A}{\pi^2}(\cos\omega_0 t - \frac{1}{3^2}\cos 3\omega_0 t + \frac{1}{5^2}\cos 5\omega_0 t + \cdots)$ 中，信号的直流分量分别是_____和_____，方波信号的幅值收敛速度比三角波信号_____，叠加复原达到同样的精度要求时，方波信号比三角波信号需要更多的_____，因此对测试装置要求更宽的_____。

2-7 描述周期信号的强度用_____最适宜，在信号分析中称之为平均功率，在周期信号之中存在一个_____域和_____域间的功率等式为_____。

2-8 白噪声是指_____。

2-9 对于非周期信号，当时间尺度在压缩时，则其频谱频带_____，幅值_____，例如将记录磁带_____，即是例证。

2-10 单位脉冲函数 $\delta(t-t_0)$ 与在 t_0 点连续的模拟信号 $f(t)$ 有积分式 $\int_{-\infty}^{\infty}\delta(t-t_0)f(t)\mathrm{d}t =$ _____，这个性质称为_____。

2-11 已知 $x(t) = \mathrm{e}^{-t}$，则 $\int_{-\infty}^{\infty}x(t)\delta(t-1)\mathrm{d}t =$ _____。

2-12 根据_____可以推得：输出信号含有什么频率成分，输入信号中也一定含有这种频率成分。

2-13 周期信号和瞬态信号都可以由无限多个正弦波的叠加来等效，但周期信号的各频率取为_____值，可用_____来求取，其幅值频谱表征为各微小频宽内频率分量的_____和_____之比，因而严格地说，瞬态信号的幅值频谱应称之为_____。

2-14 采样函数就是_____，采样过程可以看作采样函数去乘_____，因此，各采样点上的信号幅值大小就变成_____的_____，这值将被量化成相应的二进制编码，这样模拟信号就变成了_____。

2-15 采样过程在时域表现采样函数乘模拟信号的过程，在频域表现为采样函数的频谱和模拟信号的频谱_____的过程；设采样频率为 f_s，由于采样函数的频谱是_____性的，因此，采样信号的频谱是_____性的，对_____的频谱进行了_____，周期为_____；若要获得采样信号一个周期的频谱，则要进行_____。

2-16 被测信号被截断的实质是指_____；采样信号的频谱出现皱纹波的原因是由于_____的频谱不是_____。

2-17 频率混叠是由于_____引起的，泄漏是由于_____引起的。

2-18 测试信号中最高频率为 100Hz，为了避免混叠，时域中采样的间隔必须小于_____s。

2-19 要不产生频混现象就要求采样频率 f_s 与信号的截止频率 f_c 满足_____关系。

2-20 信号频谱分析的频率分辨力_____和_____有关，_____越高，_____越多，则频率分辨力越高；谱线的位置为采样间隔的_____。

2. 计算题

2-21 求正弦信号 $x(t) = A\sin(\frac{2\pi}{T}t)$ 的单边幅频谱、实频谱、虚频谱、双边幅频谱、双边相频谱，如果该信号延时 $T/4$ 后，其各频谱又如何变化？画出相应图形。

2-22 已知方波的傅里叶级数展开式为

$$f(t) = \frac{4A_0}{\pi}\left(\cos\omega_0 t - \frac{1}{3}\cos 3\omega_0 t + \frac{1}{5}\cos 5\omega_0 t - \cdots\right)$$

求该方波的均值、频率成分、各频率的幅值，并画出其单边频谱图。

2-23 试求图 2.55 所示信号的频谱函数(提示：可将 $f(t)$ 看成矩形窗函数与 $\delta(t-2)$、$\delta(t+2)$ 脉冲函数的卷积)。

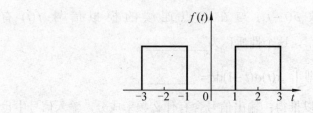

图 2.55 习题 2-23

2-24 一时间函数 $f(t)$ 及其频谱函数图如图 2.56 所示,已知函数 $x(t) = f(t)\cos\omega_0 t$,设 $\omega_0 > \omega_m$ [ω_m 为 $f(t)$ 中最高频率分量的角频率],试画出 $x(t)$ 和 $x(t)$ 的双边幅频谱 $X(j\omega)$ 的示意图形,当 $\omega_0 < \omega_m$ 时, $X(j\omega)$ 的图形会出现什么样的情况?

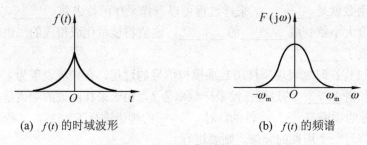

(a) $f(t)$ 的时域波形   (b) $f(t)$ 的频谱

图 2.56 $f(t)$ 的时域波形及其频谱

2-25 图 2.57 所示周期三角波一个周期的数学表达式为

$$x(t) = \begin{cases} A + \dfrac{4A}{T}t & -\dfrac{T}{2} < t < 0 \\[2mm] A - \dfrac{4A}{T}t & 0 < t < \dfrac{T}{2} \end{cases}$$

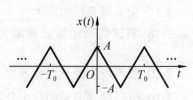

求出傅里叶级数的三角函数展开式并画出单边频谱图。

图 2.57   周期三角波

第3章

测试系统的基本特性

 教学提示

研究测试系统的特性是为了使测试系统尽可能真实地反映被测物理量，实现不失真测试。同时也是为了对已有的测试系统性能优劣提供客观评价。

本章重点讲解具备怎样特性的系统才能满足以上要求。

掌握测试系统的三种描述方法传递函数、频响函数和权函数之间的关系，特别是频响函数的描述方法。

要正确理解和应用测试系统不失真条件，掌握对一阶、二阶系统特征参数测定的实验方法。

教学要求

本章主要应掌握测试系统的基本特性及其描述方法。

了解测试系统的静特性和动特性的基本描述参数。

掌握测试系统不失真的测试条件。

熟练掌握典型一阶、二阶测试系统的动态特性以及动态参数测试的实验方法。

了解测试系统选用要求。

在进行物理量测试时，被测的物理量需要经过检测传感、信号调理、信号处理、显示记录及存储后提供给观测者。在整个测试过程中要用到各种各样的装置和仪器，由此组成了所谓的测试系统，如图1.9所示非电量电测法的基本测试系统。一般地，除了被测对象和测试人员之外，测试系统往往由测量装置、标定装置和激励装置三部分组成。

但依据测试的内容、目的和要求等不同，测试系统的组成可能会有很大的差别。例如，简单的温度测试只需要一个液柱式温度计，而对于机床动刚度的测试，则不但需要图1.9所示的各个装置，而且每个装置又将由多种仪器组合，测试系统显得相当复杂。另外还需指出的是，本章所说的"测试系统"，可以是指整个较复杂的测试系统，也可以是指测试系统中的各个小环节，例如一个传感器，一个记录仪或某个仪器中的一个简单的 RC 滤波电路单元等。为了正确地描述或反映被测的物理量，使输出信号和输入信号之间差别最小，即输出信号能够反映输入信号的绝大部分特征信息，获取测试系统的特性就显得尤为重要。

3.1　系统的输入/输出与系统特性

通常，测试系统是指为完成某种物理量的测量而由具有某一种或多种变换特性的物理装置构成的总体。在测试系统中，将被测的量称为输入量 $x(t)$，而将经测试系统传输或变换后的物理量称为输出量 $y(t)$，构成测试系统的物理装置的物理性质和特性不同，会使同样功能的装置具有不同的使用特性。例如，图1.3中弹簧秤在进行对静态物体的测量时，就是一种比例装置，它将重量转换成与之成比例的线性位移，如图3.1(a)所示。即输入(重量)、输出(弹簧位移)和弹簧特性 k 三者之间有如下简单的关系：

$$y(t) = kx(t) \quad (k\text{为弹簧刚度系数})$$

但弹簧秤不能称快速变化的重量值，而同样具有比例放大功能的电子放大器构成的测量系统就可以检测快速变化的物理量。为什么会产生这种使用上的差异？简单地说，这是由于构成两种测量系统的物理装置的物理结构的性质不同造成的。弹簧秤是一种机械装置，电子放大器是一种电子装置，这种由测试装置自身的物理结构所决定的测试系统对信号传递变换的影响特性称为"测试系统的传递特性"，简称"系统的传递特性"或"系统的特性"。

(a) 线性弹簧的比例特性　　　　　　　(b) 一般系统与输入/输出的关系

图3.1　系统特性、输入/输出

测试系统与输入/输出量之间的关系用图3.1(b)所示的形式来表示，并可用数学的方法描述三者之间的关系，如弹簧特性 k 与输入(重量)、输出(弹簧位移)三者之间有数学关系 $y(t)=kx(t)$ 一样，从而便于定量的研究系统特性。三者之间一般有如下的几种关系：

(1) 已知输入量和系统的传递特性，则可求出系统的输出量；

(2) 已知系统的输入量和输出量，则可知道系统的传递特性；

(3) 已知系统的传递特性和输出量，来推知系统的输入量。

测试系统的输出 $y(t)$ 能否正确地反映输入量 $x(t)$，显然与测试系统本身的特性有密切关系。

从测量的角度来看，输入 $x(t)$ 是要测的未知量，测试人员是根据分析可供观测的输出量 $y(t)$ 来判断输入量。但由于输入 $x(t)$ 经过测试系统时，由于测试系统的传递特性的影响和外界各种干扰的侵入，难免会使 $x(t)$ 产生不同程度的失真，即输出量 $y(t)$ 是输入量 $x(t)$ 在经过测试系统传递和外界干扰双重影响后的一种结果。

外界的干扰一般是随机干扰，与 $y(t)$ 没有必然的逻辑关系，而由测试装置自身的物理结构所决定的测试系统的特性对输入 $x(t)$ 的影响以及造成的 $x(t)$ 的失真则是可以认知的，因而是可以掌控的，因为 $x(t)$ 和 $y(t)$ 与测试系统特性有着本质的逻辑关系。因此，只要掌握了测试系统的特性，就能找出正确的使用方法将失真控制在允许的范围之内，并对失真的大小作出定量分析。或者说，只有掌握了测试系统的特性，才能根据测试要达到的要求来合理地选用测试仪器。

如果输入/输出都是可供观测的量，那么，通过测得输入/输出，就可以推断系统的特性。例如对某机械产品作动态性能试验或对某测量仪器的动态特性进行测试等。这也是测试工作的一个重要方面。

对于一般的测试任务来说，常常希望输入与输出之间是一一对应的确定关系。对于静态测量来说，系统的这种特性仅用代数方程就可以描述。但对于动态测试来说，测试系统的输入量和输出量都随时间的变化而变化(即信号的微分项 $x(t)$ ，$\dfrac{\mathrm{d}x}{\mathrm{d}t}$ ，$\dfrac{\mathrm{d}^2x}{\mathrm{d}t^2}$ ，$y(t)$ ，$\dfrac{\mathrm{d}y}{\mathrm{d}t}$ ，$\dfrac{\mathrm{d}^2y}{\mathrm{d}t^2}$ 都存在)，动态测试是以输出信号去估计输入信号，也就是说通过测试系统所获得的信号——显示或记录的波形或数据，来反映被测物理量随时间变化的历程。如果测试系统合适，使用得当，其输出信号就成为输入信号的正确估计。因此测试系统的动态特性(即反映其输入信号与输出信号之间的关系)不可能再用简单的代数方程式表达，需要用输入/输出信号对时间的微分方程式表达。

当然，动态测试系统与静态测量系统在某些情况下可以通用，但需注意的是两者在理论概念上和系统特性要求上存在着本质的差别。

无论是动态测试还是静态测量都是以系统的输出量去估计输入量。测试的目的是为了准确了解被测物理量，但人们通过测试是永远测不到被测物理量的真值，只能观测到经过测试系统的各个变换环节对被测物理量传递后的输出量。研究系统的特性就是为了能使系统尽可能在准确、真实地反映被测物理量方面做得更好，同时也是为了对现有的测试系统优劣提供客观评价。

本章所要讨论的是测试系统的输入、测试系统的特性和输出三者的关系，测试系统静、动态特性的评价和特性参数的测定方法，正确地选用仪器设备来组成合理的测试系统。

3.1.1　理想测试系统——线性时不变系统

作为测试系统来说，希望最终观察到的输出信号能确切地反映被测量，否则测试结果就会产生歧义。也就是说，理想的测试系统应该是每一个输入量都有一个单一的输出量与之一一对应，而且输出与输入之间还应当是线性关系，即具有单值的、确定的输入/输出关系。

当测试系统的输入 $x(t)$ 和输出 $y(t)$ 之间可以用下列常系数线性微分方程来描述时，即

$$a_n \frac{\mathrm{d}^n y(t)}{\mathrm{d}t^n} + a_{n-1} \frac{\mathrm{d}^{n-1} y(t)}{\mathrm{d}t^{n-1}} + \cdots + a_1 \frac{\mathrm{d}y(t)}{\mathrm{d}t} + a_0 y(t)$$

$$= b_m \frac{\mathrm{d}^m x(t)}{\mathrm{d}t^m} + b_{m-1} \frac{\mathrm{d}^{m-1} x(t)}{\mathrm{d}t^{m-1}} + \cdots + b_1 \frac{\mathrm{d}x(t)}{\mathrm{d}t} + b_0 x(t) \tag{3-1}$$

其系数 $a_n, a_{n-1}, \cdots, a_1, a_0$ 和 $b_m, b_{m-1}, \cdots, b_1, b_0$ 均为常数，则被描述的系统就是线性时不变系统(定

常系统),这种测试系统能满足上述对测试系统的要求,是理想的测试系统。当 $n=1$ 时,称系统为一阶系统;当 $n=2$ 时,称其为二阶系统。这两个系统就是常见的测试系统。

线性时不变系统具有如下一些主要性质:

(1) 叠加特性。若 $x_1(t) \to y_1(t)$, $x_2(t) \to y_2(t)$,则

$$[x_1(t) \pm x_2(t)] \to [y_1(t) \pm y_2(t)] \tag{3-2}$$

叠加特性表明同时作用于系统的几个输入量所引起的特性,等于各个输入量单独作用时引起的输出之和。这也表明了线性系统的各个输入量所产生的响应过程互不影响。因此,求线性系统在复杂输入情况下的输出,可以转化为把输入分成许多简单的输入分量,分别求出各简单分量输入时所对应的输出,然后求这些输出之和。

(2) 比例特性。若 $x(t) \to y(t)$,则对于任意常数 a 有

$$ax(t) \to ay(t) \tag{3-3}$$

比例特性又称均匀性或称齐次性,它表明当输入增加时,其输出也以输入增加的同样比例增加。

(3) 微分特性。若 $x(t) \to y(t)$,则

$$\frac{\mathrm{d}x(t)}{\mathrm{d}t} \to \frac{\mathrm{d}y(t)}{\mathrm{d}t} \tag{3-4}$$

微分特性表明,系统对输入微分的响应等同于对原信号输出的微分。

(4) 积分特性。若 $x(t) \to y(t)$,则

$$\int_0^t x(t)\,\mathrm{d}t \to \int_0^t y(t)\,\mathrm{d}t \tag{3-5}$$

积分特性表明,如果系统的初始状态为零,则系统对输入积分的响应等同于原输入响应的积分。

(5) 频率不变性。频率不变性又称频率保持性,它表明系统的输入为某一频率的简谐(正弦或余弦)信号 $x(t) = X_0 \mathrm{e}^{\mathrm{j}\omega t}$ 时,则系统的输出将有、而且也只能有与该信号同一频率的信号 $y(t) = Y_0 \mathrm{e}^{\mathrm{j}(\omega t + \varphi_0)}$,证明如下:若 $x(t) \to y(t)$,

设 ω 为已知角频率,则根据前面的比例特性和微分特性:

$$\omega^2 x(t) \to \omega^2 y(t)$$

$$\frac{\mathrm{d}^2 x(t)}{\mathrm{d}t^2} \to \frac{\mathrm{d}^2 y(t)}{\mathrm{d}t^2}$$

由线性系统的叠加特性,有

$$\frac{\mathrm{d}^2 x(t)}{\mathrm{d}t^2} + \omega^2 x(t) \to \frac{\mathrm{d}^2 y(t)}{\mathrm{d}t^2} + \omega^2 y(t)$$

设输入信号 $x(t)$ 为单一频率 ω 的简谐信号,即 $x(t) = X_0 \mathrm{e}^{\mathrm{j}\omega t}$,则有

$$\frac{\mathrm{d}^2 x(t)}{\mathrm{d}t^2} + \omega^2 x(t) = (\mathrm{j}\omega)^2 X_0 \mathrm{e}^{\mathrm{j}\omega t} + \omega^2 X_0 \mathrm{e}^{\mathrm{j}\omega t} = 0$$

相应的输出也应为

$$\frac{\mathrm{d}^2 y(t)}{\mathrm{d}t^2} + \omega^2 y(t) = 0$$

于是输出 $y(t)$ 的唯一的可能解只能是

$$y(t) = Y_0 \mathrm{e}^{\mathrm{j}(\omega t + \varphi_0)} \tag{3-6}$$

线性时不变系统的频率不变性在动态测试中具有重要的作用。例如，已经知道测试系统是线性的，其输入信号的频率也已知，那么，在测得的输出信号中就只有与输入信号频率相同的成分才可能是由输入引起的响应；其他的频率成分应该是噪声干扰。利用这一特性，就可以采用相应的滤波技术(如后面章节要讲到的相关滤波器知识)，即使在有很强的噪声干扰的情况下，也能将有用的信息提取出来。

3.1.2　实际测试系统线性近似

可用常系数线性微分方程来描述的线性时不变系统，是一种理想化的测试系统。而实际上大多数物理系统都很难理想化，与理想系统相比，具有如下几点差异：

(1) 相当多的实际测试系统，都不可能在较大的工作范围内完全保持线性，而只能限制在一定的工作范围内和一定的误差允许范围内近似地作为线性处理；

(2) 系统常系数线性微分方程中的系数 $a_n, a_{n-1}, \cdots, a_1, a_0$ 和 $b_m, b_{m-1}, \cdots, b_1, b_0$，严格地说，在许多实际测试系统中都是随时间而缓慢变化的微变量。例如弹性材料的弹性模量，电子元件的电阻、电容等都会受温度的影响而随时间产生微量变化。但在工程上，常可以以足够的精度认为多数常见的物理系统中的系数 $a_n, a_{n-1}, \cdots, a_1, a_0$ 和 $b_m, b_{m-1}, \cdots, b_1, b_0$ 是时不变的常数，即把时微变系统处理为线性时不变系统；

(3) 常见的实际物理系统，在描述其输入/输出关系的微分方程中，各项系数中的 m 和 n 的关系，一般情况下都是 $m<n$，并且通常其输入只有一项 $b_0 x(t)$。

3.2　测试系统的静态特性

测试系统的静态特性就是在静态测量情况下描述实际测量系统与理想线性时不变系统的接近程度。此时，测试系统的输入 $x(t)$ 和输出 $y(t)$ 都是不随时间变化的常量(或变化极慢，在所观察的时间间隔内可忽略其变化而视作常量)，因此可知式(3-1)中的输入和输出各微分项均为零，那么式(3-1)就变为

$$y = \frac{b_0}{a_0} x = S \cdot x \tag{3-7}$$

上式表明理想的静态量的测试系统其输出与输入之间呈单调、线性比例关系，即斜率 S 是常数。

但实际的测试系统并非理想的线性时不变系统，二者之间就存在差别。所以常用灵敏度、非线性度和回程误差等主要定量指标来表征实际的测试系统的静态特性。

3.2.1　灵敏度

灵敏度表征的是测试系统对输入信号变化的一种反应能力。一般情况下，当系统的输入 x 有一个微小增量 Δx 时，将引起系统的输出 y 也发生相应的微量变化 Δy，则定义该系统的灵敏度为 $S = \dfrac{\Delta y}{\Delta x}$，对于静态测量，若系统的输入/输出特性为线性关系，则有

$$S = \frac{\Delta y}{\Delta x} = \frac{y}{x} = \frac{b_0}{a_0} = 常数 \tag{3-8}$$

可见静态测量时，测试系统的静态灵敏度(又称绝对灵敏度)也就等于拟合直线的斜率。

而对于非线性测试系统，则其灵敏度就是该系统特性曲线的斜率，用 $S = \lim\limits_{\Delta x \to 0} \dfrac{\Delta y}{\Delta x} = \dfrac{\mathrm{d}y}{\mathrm{d}x}$ 来表示系统的灵敏度。灵敏度的量纲取决于输入/输出的量纲。

若测试系统的输出和输入不同量纲时，灵敏度是有单位的。

例如，某位移传感器在位移变化 1mm 时，输出电压变化 300mV，则该传感器的灵敏度 S=300mV/mm。也有些仪器的灵敏度与定义相反，它描述在给定指示量的变化下被测量变化了多少。例如某笔式记录仪的灵敏度 S=0.05V/cm，则表示输出量(位移)变化 1cm 时，输入量(被测量)变化 0.05V。

若测试系统的输出和输入同量纲时，则常用"放大倍数"一词来替代"灵敏度"。例如一个最小刻度值为 0.001mm 的千分表，若其刻度间隔为 1mm，则放大倍数为 1mm/0.001mm，即 1000 倍。

以上仅在被测量变化时考虑了灵敏度的变化。实际上在被测量不变的情况下，由于外界环境条件等因素的变化，也可能引起系统输出的变化，最后表现为灵敏度的变化。其根源则往往是这些条件因素的变化导致了式(3-8)中系数 a_0、b_0 发生了变化(时变)的缘故。例如温度引起电测仪器中电子元件(如电阻阻值)参数的变化等。由此而引起的系统灵敏度的变化称"灵敏度漂移"，通常以输入不变的情况下每小时内输出的变化量来衡量。显然，性能良好的测试系统，其灵敏度漂移应当是极小的。

在选择测试系统的灵敏度时，要充分考虑其合理性。因为系统的灵敏度和系统的量程及固有频率等是相互制约的，一般来说，系统的灵敏度越高，则其测量范围往往越窄，稳定性也往往越差。

3.2.2 非线性度

非线性度是指系统的输出/输入之间保持常值比例关系(线性关系)的一种度量。在静态测量中，通常用实验的办法获取系统的输入/输出关系曲线，并称为"定度(标定)曲线"。由定度曲线采用拟合方法得到的输入/输出之间的线性关系，称为"拟合直线"。非线性度就是定度曲线偏离其拟合直线的程度，如图 3.2 所示。作为静态特性参数，非线性度是采用在测试系统的标称输出范围(全量程)A 内，定度曲线与该拟合直线的最大偏差 $B_{\max}$ 与 A 的比值，即

$$非线性度 = \frac{B_{\max}}{A} \times 100\% \tag{3-9}$$

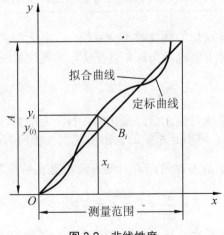

图 3.2 非线性度

拟合直线如何确定，目前尚无统一的标准，但常用的拟合原则是：拟合所得的直线，一般应通过 $x=0$，$y=0$ 点，并要求该拟合直线与定度曲线间的最大偏差 B_{max} 为最小。根据上述原则，其拟合方法往往是采用最小二乘法来进行拟合，即令 $\sum_i B_i^2$ 为最小。有时在比较简单且要求不高的情况下，也可以采用平均法来进行拟合，即以偏差 $|B_i|$ 的平均值作为拟合直线与定度曲线接近程度。一般就把通过拟合得到的该直线的斜率作为名义标度因子。

3.2.3　回程误差

回程误差也称滞差或滞后量，表征测试系统在全量程范围内，输入量递增变化(由小变大)中的定度曲线和递减变化(由大变小)中的定度曲线二者静态特性不一致的程度。它是判别实际测试系统与理想系统特性差别的一项指标参数。如图 3.3 所示，理想的测试系统对于某一个输入量应当只有单值的输出，然而对于实际的测试系统，当输入信号由小变大，然后又由大变小时，对应于同一个输入量有时会出现数值不同的输出量。在测试系统的全量程 A 范围内，不同输出量中差值最大者($h_{max} = y_{2i} - y_{1i}$)与全量程 A 之比，定义为系统的回程误差，即

$$回程误差 = \frac{h_{max}}{A} \times 100\% \tag{3-10}$$

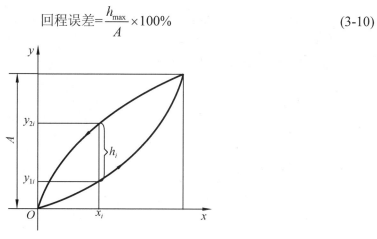

图 3.3　回程误差

回程误差可以由摩擦、间隙、材料的受力变形或磁滞等因素引起，也可能反映着仪器的不工作区(又称死区)的存在，所谓不工作区就是输入变化对输出无影响的范围。

3.3　系统动态特性的数学描述及其物理意义

测试系统的动态特性是指输入量随时间快速变化时，系统的输出随输入而变化的关系。在输入变化时，人们所观察到的输出量不仅受到研究对象动态特性的影响，也受到测试系统动态特性的影响。例如，人们都知道在测量人的体温时，必须将体温计放在口腔(或腋下)保持足够的时间，才能把体温计的读数当作人体的温度，否则，若将体温计一接触口腔(或腋下)就拿出来读数，其结果必然与人体实际温度有很大差异，其原因是温度计这种测试系统本身的特性造成了输出滞后于输入，这说明测量结果的正确与否与人们是否了解测量装置(这里指体温计)的动态特性有很大的关系。又例如，人们之所以不用千分表指针的最大

偏摆量来作为振动位移幅值的量度,是因为千分表由质量-弹簧系统构成的机构动态特性太差。而磁电式速度计和加速度计的机械部分虽然也是质量-弹簧系统,但经过适当的设计就可以用于在规定频率范围的振动位移、速度、加速度的测量,呈现出良好的动态特性。

可见,对用于动态测量的测试系统,必须对其动态特性有清楚的了解。否则,根据所得的输出是无法正确地确定所要测定的输入量。因为一般来说,当测试系统输入是随时间变化的动态信号 $x(t)$ 时,其相应的输出 $y(t)$ 或多或少总是与 $x(t)$ 不一致,两者之间的差异即为动态误差。研究测试系统的动态特性,有利于了解动态输出与输入之间的差异以及影响差异大小的因素,以便于减少动态误差。

一般来说,在所考虑的测量范围内,实际的测试系统总是被处理为线性时不变系统,因而总可以用式(3-1)所示的常系数线性微分方程来描述系统与输出/输入的关系。但为了研究和运算的方便,常通过拉普拉斯变换在复数域 S 中建立其相应的"传递函数",并在频域中用传递函数的特殊形式——频率响应,在时域中用传递函数的拉普拉斯逆变换——权函数,以利于更简便、明了地描述测试系统的动态特性。

3.3.1 传递函数

当线性系统的初始条件为零,即在考察时刻以前,其输入量、输出量及其各阶导数均为零,且测试系统的输入 $x(t)$ 和输出 $y(t)$ 在 $t>0$ 时均满足狄利克雷条件,则定义输出 $y(t)$ 的拉普拉斯变换 $Y(s)$ 与输入 $x(t)$ 的拉普拉斯变换 $X(s)$ 之比为系统的传递函数,并记为 $H(s)$。即

$$H(s) = \frac{Y(s)}{X(s)} = \frac{\int_0^\infty y(t)\mathrm{e}^{-st}\mathrm{d}t}{\int_0^\infty x(t)\mathrm{e}^{-st}\mathrm{d}t} \tag{3-11}$$

式中,s 为拉普拉斯算子,是复变数,即 $s = a + \mathrm{j}b$,且 $a \geqslant 0$。可以通过拉普拉斯变换的性质推导出线性系统的传递函数表达式。

根据拉普拉斯变换的微分性质:

$$\begin{cases} L[y(t)] = Y(s) \\ L[y'(t)] = s \cdot Y(s) \\ \qquad \vdots \\ L[y^n(t)] = s^n \cdot Y(s) \end{cases} \tag{3-12}$$

在初始值为零的条件下对式(3-1)进行拉普拉斯变换得

$$(a_n \cdot s^n + a_{n-1} \cdot s^{n-1} + \cdots + a_1 \cdot s + a_0)Y(s)$$
$$= (b_m \cdot s^m + b_{m-1} \cdot s^{m-1} + \cdots + b_1 \cdot s + b_0)X(s)$$

所以

$$H(s) = \frac{Y(s)}{X(s)} = \frac{b_m \cdot s^m + b_{m-1} \cdot s^{m-1} + \cdots + b_1 \cdot s + b_0}{a_n \cdot s^n + a_{n-1} \cdot s^{n-1} + \cdots + a_1 \cdot s + a_0} \tag{3-13}$$

式中:s 为拉普拉斯算子;$a_n, a_{n-1}, \cdots, a_1, a_0$ 和 $b_m, b_{m-1}, \cdots, b_1, b_0$ 是由测试系统的物理参数决定的常系数。从式(3-13)可知,传递函数以代数式的形式表征了系统对输入信号的传输、转换特性。它包含了瞬态和稳态时间响应的全部信息。而式(3-1)则是以微分方程的形式表征系统对输入/输出信号的关系。在运算上,传递函数比解微分方程要简便。传递函数具有如下主要特点:

(1) $H(s)$ 中的分母则完全由系统的结构所决定。这是由于传递函数中的极点取决于分母的根，因此，系统的本征特性(如固有频率、阻尼率等)只取决于系统的结构，而与输入/输出无关。

(2) $H(s)$ 中的分子只与输入(激励)点的位置、激励方式、所测变量及测点的布置情况有关。反映系统与外界之间的关系。

(3) $H(s)$ 是以代数式的形式来表示，它只反映系统对输入的响应特性，而与具体的物理结构无关。例如，简单的弹簧-质量-阻尼系统和 LRC 振荡电路，它们是完全不同的两个物理系统，但却都属于二阶系统，可以用同一形式的传递函数来描述，并且具有相似的响应特性。由于式(3-13)中的 m 总是小于 n，因而分母中 s 的幂次 n 便代表了系统微分方程的阶数。若 n 为 1 或 n 为 2，则分别表示是一阶或二阶系统的传递函数，依此类推。

(4) $H(s)$ 虽和输入无关，但其描述的系统对任意一确定的输入 $x(t)$ 都可确定地给出相应的输出 $y(t)$。

3.3.2 频率响应函数与频响曲线

1. 频率响应函数

传递函数是在复数域中描述和考察系统的特性。在已知传递函数 $H(s)$ 的情况下，令 $H(s)$ 中拉普拉斯算子 s 的实部为零，即取 $a = 0, b = \omega$，则拉普拉斯算子变为 $s = \mathrm{j}\omega$，传递函数式(3-13)则变为

$$H(\mathrm{j}\omega) = \frac{Y(\mathrm{j}\omega)}{X(\mathrm{j}\omega)} = \frac{b_m \cdot (\mathrm{j}\omega)^m + b_{m-1} \cdot (\mathrm{j}\omega)^{m-1} + \cdots + b_1 \cdot (\mathrm{j}\omega) + b_0}{a_n \cdot (\mathrm{j}\omega)^n + a_{n-1} \cdot (\mathrm{j}\omega)^{n-1} + \cdots + a_1 \cdot (\mathrm{j}\omega) + a_0} \tag{3-14}$$

通常称这种特殊形式的传递函数 $H(\mathrm{j}\omega)$ 为系统的频率响应函数，简称为"频率响应"或"频率特性"。频率响应函数是在频域中描述和考察系统特性。很显然，频率响应 $H(\mathrm{j}\omega)$ 就是系统在初始值为零的情况下，输出 $y(t)$ 的傅里叶变换与输入 $x(t)$ 的傅里叶变换之比。

2. 频率响应函数的物理意义

若式(3-1)所描述的线性系统，其输入是频率为 ω 的正弦信号 $x(t) = X_0 \cdot \mathrm{e}^{\mathrm{j}\omega t}$，那么，在稳定状态下，根据线性系统的频率保持特性，该系统的输出仍然会是一个频率为 ω 的正弦信号，只是其幅值和相位与输入有所不同，因而其输出可写成

$$y(t) = Y_0 \cdot \mathrm{e}^{\mathrm{j}(\omega t + \varphi)}$$

式中：Y_0 和 φ 为未知量。

输入和输出及其各阶导数分列如下：

$$
\begin{aligned}
x(t) &= X_0 \cdot \mathrm{e}^{\mathrm{j}\omega t} \\
\frac{\mathrm{d}x(t)}{\mathrm{d}t} &= (\mathrm{j}\omega) \cdot X_0 \cdot \mathrm{e}^{\mathrm{j}\omega t} \\
\frac{\mathrm{d}^2 x(t)}{\mathrm{d}t^2} &= (\mathrm{j}\omega)^2 \cdot X_0 \cdot \mathrm{e}^{\mathrm{j}\omega t} \\
&\vdots \\
\frac{\mathrm{d}^n x(t)}{\mathrm{d}t^n} &= (\mathrm{j}\omega)^n \cdot X_0 \cdot \mathrm{e}^{\mathrm{j}\omega t}
\end{aligned}
\quad \Bigg\|\quad
\begin{aligned}
y(t) &= Y_0 \cdot \mathrm{e}^{\mathrm{j}(\omega t + \varphi)} \\
\frac{\mathrm{d}y(t)}{\mathrm{d}t} &= (\mathrm{j}\omega) \cdot Y_0 \cdot \mathrm{e}^{\mathrm{j}(\omega t + \varphi)} \\
\frac{\mathrm{d}^2 y(t)}{\mathrm{d}t^2} &= (\mathrm{j}\omega)^2 \cdot Y_0 \cdot \mathrm{e}^{\mathrm{j}(\omega t + \varphi)} \\
&\vdots \\
\frac{\mathrm{d}^n y(t)}{\mathrm{d}t^n} &= (\mathrm{j}\omega)^n \cdot Y_0 \cdot \mathrm{e}^{\mathrm{j}(\omega t + \varphi)}
\end{aligned}
$$

将各阶导数的表达式代入式(3-1)得

$$[a_n \cdot (j\omega)^n + a_{n-1} \cdot (j\omega)^{n-1} + \cdots + a_1 \cdot (j\omega) + a_0] \cdot Y_0 \cdot e^{j(\omega t + \varphi)}$$
$$= [b_m \cdot (j\omega)^m + b_{m-1} \cdot (j\omega)^{m-1} + \cdots + b_1 \cdot (j\omega) + b_0] \cdot X_0 \cdot e^{j\omega t}$$

于是有

$$\frac{b_m \cdot (j\omega)^m + b_{m-1} \cdot (j\omega)^{m-1} + \cdots + b_1 \cdot (j\omega) + b_0}{a_n \cdot (j\omega)^n + a_{n-1} \cdot (j\omega)^{n-1} + \cdots + a_1 \cdot (j\omega) + a_0} = \frac{Y_0 \cdot e^{j(\omega t + \varphi)}}{X_0 \cdot e^{j\omega t}} = \frac{y(t)}{x(t)} \tag{3-15}$$

式(3-15)的左边与式(3-14)的右边是完全一样的。这说明式(3-15)也是系统的频率响应函数,它表达了系统的动态特性。而从式(3-15)的右边来看,频率响应也就是当频率为 ω 的正弦信号作为某一线性系统的激励(输入)时,该系统在稳定状态下的输出和输入之比(不需要进行拉普拉斯变换)。因此,频率响应函数可以视为测试系统对简谐信号的传输特性。

频率响应的这种物理意义,给研究测试系统的动态特性带来了很大的方便,即不必对要研究的系统先列出微分方程再用拉普拉斯变换的方法求一般化的传递函数 $H(s)$,也不必对微分方程用傅里叶变换的方法来求特殊形式的传递函数 $H(j\omega)$——频率响应,而可以通过谐波激励实验的方法来求取研究对象的动态特性。即用不同频率的已知正弦信号作为研究对象的激励信号,只要测得系统的响应 $y(t)$,便可以获得该系统的频率响应 $H(j\omega)$。尽管对微分方程进行拉普拉斯变换来求传递函数非常简单,但要完整地列出很多工程中的实际系统的微分方程,是一件很困难的事情,通常只能通过实验的方法来确定系统的动态特性,所以频率响应非常具有实用价值。需要注意的是,频率响应函数是描述系统的简谐信号输入和其稳态输出的关系,因此,在测量系统频率响应函数时,必须在系统响应达到稳态时才测量。

3. 频响曲线

频率响应 $H(j\omega)$ 是复数,它可以用复指数形式来表达,也可以写成实部和虚部之和:

$$H(j\omega) = A(\omega)e^{j\varphi(\omega)} = \mathrm{Re}(\omega) + j\mathrm{Im}(\omega) \tag{3-16}$$

式中: $\mathrm{Re}(\omega)$ 为复数 $H(j\omega)$ 的实部, $\mathrm{Im}(\omega)$ 为复数 $H(j\omega)$ 的虚部,都是频率 ω 的实函数。

$\mathrm{Re}(\omega) - \omega$ 图形和 $\mathrm{Im}(\omega) - \omega$ 图形分别称为系统的实频特性曲线和虚频特性曲线。$A(\omega)$ 是频率响应 $H(j\omega)$ 的模,即

$$A(\omega) = |H(j\omega)| = \sqrt{[\mathrm{Re}(\omega)]^2 + [\mathrm{Im}(\omega)]^2} = \frac{Y_0(\omega)}{X_0(\omega)} \tag{3-17}$$

频率响应 $H(j\omega)$ 的模 $A(\omega)$ 表达了系统的输出对输入的幅值比随频率变化的关系,称为幅频特性, $A(\omega) - \omega$ 图形则称为幅频特性曲线。

$\varphi(\omega)$ 是频率响应 $H(j\omega)$ 的幅角,即

$$\varphi(\omega) = \angle |H(j\omega)| = \arctan \frac{\mathrm{Im}(\omega)}{\mathrm{Re}(\omega)}$$

它表达了系统的输出对输入的相位差随频率的变化关系,称为相频特性; $\varphi(\omega) - \omega$ 图形称为相频特性曲线。

在实际作图时,有时也常以自变量 ω (或 f)取对数标尺,而因变量则取分贝(dB)数,即作 $20\ \lg A(\omega) - \lg\omega$ 图和 $\varphi(\omega) - \lg\omega$ 图。分别称为对数幅频曲线和对数相频曲线,两者统称为博德(Bode)图。

若在复平面内作一矢量，其长度为 $H(\mathrm{j}\omega)$ 的模 $A(\omega)$，矢量与实轴正向的夹角为 $H(\mathrm{j}\omega)$ 的幅角 $\varphi(\omega)$（以反时针方向为 $\varphi(\omega)$ 角的正向）。当 ω 在 $[0,\infty)$ 区间变化时，矢量端点的轨迹就称为测试系统的幅相频率曲线，又称"奈奎斯特(Nyquist)图"。图 3.4 所示就是当系统的频率响应为 $H(\mathrm{j}\omega) = \dfrac{1}{1+\mathrm{j}\omega\tau}$ 时的幅相频率曲线实例(式中 τ 为常数)，也就是一阶系统的奈奎斯特图。

上述不同形式的图形，统称为系统的频率响应曲线(简称频响曲线)。用幅频和相频特性这一组曲线，或实频和虚频这一组曲线，或用奈奎斯特图，都可以全面地表达系统的动态特性。一般情况下，幅频曲线和相频曲线是常用的频响曲线。

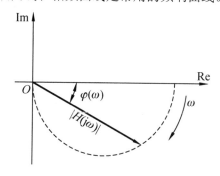

图 3.4 幅相频率曲线

【例 3.1】 已知某测试系统传递函数 $H(s) = \dfrac{1}{1+0.5s}$，当输入信号分别为 $x_1 = \sin\pi t$，$x_2 = \sin 4\pi t$ 时，试分别求系统稳态输出，并比较它们幅值和相位变化。

解：令 $S = \mathrm{j}2\pi f$，求得测试系统的频率响应函数为

$$H(\mathrm{j}2\pi f) = \frac{1}{1+\mathrm{j}\times 0.5\times 2\pi f} = \frac{1-\mathrm{j}\pi f}{1+(\pi f)^2}$$

$$A(f) = \frac{1}{\sqrt{1+\pi^2 f^2}}$$

$$\varphi(f) = -\arg\tan(\pi f)$$

信号 x_1：$f_1 = 0.5\mathrm{Hz}$；$A(f_1) = 0.537$；$\varphi(f_1) = -57.52°$。

信号 x_2：$f_2 = 2\mathrm{Hz}$；$A(f_2) = 0.157$；$\varphi(f_2) = -80.96°$。

有

$$y_1(t) = 0.537\sin(\pi t - 57.52°)$$

$$y_2(t) = 0.157\sin(4\pi t - 80.96°)$$

讨论：该测试系统是一阶系统，其幅频特性是在 f_1=0.5Hz 时，对信号的幅值的衰减率为 0.537；在 f_2=2Hz 时，对信号的幅值的衰减率为 0.157。所以当频率为 0.5Hz 的信号 x_1 经过该测试系统后，幅值由 1 衰减率为 0.537；而信号 x_2 经过测试系统后，幅值由 1 衰减率为 0.157。同理可分析测试信号的频率对信号相位的影响。此例表明，测试系统的动态特性(幅频和相频特性)对输入信号的幅值和相位的影响是可以通过输入、系统的动态特性(幅频和相频特性)及输出三者之间的关系来分析和掌控。

3.3.3 权函数

由系统的传递函数：$H(s) = \dfrac{Y(s)}{X(s)}$，可得

$$Y(s) = H(s) \cdot X(s) \tag{3-18}$$

若以 $h(t)$ 表示传递函数 $H(s)$ 的拉普拉斯逆变换，并称其为"权函数"，即

$$h(t) = L^{-1}[H(s)] \tag{3-19}$$

则将式(3-18)取拉普拉斯逆变换，并根据拉普拉斯变换的卷积特性可得

$$y(t) = h(t) * x(t) \tag{3-20}$$

式(3-20)表明：系统的响应(输出)等于权函数 $h(t)$ 与激励(输入) $x(t)$ 的卷积。可见权函数 $h(t)$ 与传递函数 $H(s)$[或频率响应 $H(j\omega)$]一样，也反映了系统的输入/输出关系，因而也可以用来表征系统的动态特性。

从纯数学的角度来看，$h(t)$ 是 $H(s)$ 的拉普拉斯逆变换，而从物理意义的角度来看，如果某线性系统的输入为单位脉冲函数 $\delta(t)$，则根据式(3-20)，该系统的输出应当是：$y(t) = h(t) * \delta(t)$。又根据第 2 章所述 δ 函数与其他函数卷积的性质，可知卷积的结果就是简单地将其他函数的图形搬移到脉冲函数的坐标位置上，因而有：$y_0(t) = h(t) * \delta(t) = h(t)$。这表明，权函数 $h(t)$ 也就等于系统的输入为单位脉冲函数 $\delta(t)$ 时的响应 $y_0(t)$，因此，也把权函数称 $h(t)$ 为"单位脉冲响应函数"。

在时域中考查单位脉冲函数 $\delta(t)$ 与单位阶跃函数 $u(t)$ 及单位斜坡函数 $r(t)$ 之间的关系。单位脉冲函数是单位阶跃函数的导数，而单位阶跃函数又是单位斜坡函数的导数，它们之间可通过微积分互相转换。因此，除了可用单位脉冲响应函数 $h(t)$ 来表征系统的动态特性外，还可以用单位阶跃响应函数或单位斜坡函数来表征系统的动态特性。

权函数的物理意义以及脉冲函数、阶跃函数和斜坡函数之间的关系，为系统动态特性的研究提供了除用稳态正弦试验法求取系统动态特性函数——频率响应函数以外的新的途径，即仍然采用实验的方法，对系统进行脉冲、阶跃或斜坡等瞬态信号激励，只要测得系统对这些瞬态信号的响应，也就可以获得系统的动态特性。尤其是对于阶跃响应，由于阶跃信号比较容易产生，因而在系统特性的测定中比较常用。

特别应该注意的是，权函数 $h(t)$(或阶跃响应函数和斜坡响应函数)是在时域中通过瞬态响应过程来描述系统的动态特性；频率响应 $H(j\omega)$ 则是在频域中通过对不同频率的正弦激励，以在稳定状态下的系统响应特性来描述系统的动态特性(它不能反映响应的过渡过程)；而传递函数 $H(s)$ 描述系统的特性则具有普遍意义，即它既反映了系统响应的稳态过程，也反映了系统响应的过渡过程。由于测试工作总是力求在系统的响应达到稳态阶段再进行(以期获得较好的测试结果)，故在测试技术中常用频率响应来描述系统的动态特性。

3.3.4 测试系统中环节的串联与并联

一个实际的测试系统，通常都是由若干个环节组成，测试系统的传递函数与各个环节的传递函数之间的关系取决于各环节的网络连接形式。若系统由多个环节串联如图 3.5 所示(这种情况较常见)，且后面的环节对前一环节没有影响，各环节本身的传递函数为 $H_i(s)$，则系统的总传递函数为

$$H(s) = \prod_{i=1}^{n} H_i(s)$$

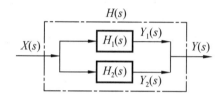

图 3.5 系统串联

相应地，系统的频率响应为

$$
\left.
\begin{aligned}
H(j\omega) &= H_1(j\omega) \cdot H_2(j\omega) \cdots H_n(j\omega) \\
A(\omega) &= A_1(\omega) \cdot A_2(\omega) \cdots A_n(\omega) \\
\varphi(\omega) &= \varphi_1(\omega) + \varphi_2(\omega) + \cdots + \varphi_n(\omega)
\end{aligned}
\right\}
\tag{3-21}
$$

若系统由多个环节并联而成，如图 3.6 所示，则类似地有

$$H(s) = \sum_{i=1}^{n} H_i(s)$$

图 3.6 系统并联

当系统的传递函数分母中 s 的幂次 n 值大于 2 时，系统称为高阶系统。由于一般的测试系统总是稳定的，且 s 的极点具有负实数，也就是说，式(3-13)所描述的传递函数，其分母总可以分解成为 s 的一次和二次实系数因式，即

$$a_n \cdot s^n + a_{n-1} \cdot s^{n-1} + \cdots + a_1 \cdot s + a_n = a_n \prod_{i=1}^{r}(s+p_i) \cdot \prod_{i=1}^{(n-r)/2}(s^2 + Q_i s + K_i)$$

故式(3-14)可改写为

$$H(S) = \sum_{i=1}^{r} \frac{a_i}{s+p_i} + \sum_{i=1}^{(n-r)/2} \frac{\beta_i s + r_i}{s^2 + Q_i s + K_i} \tag{3-22}$$

式(3-22)表明：任何一个高阶系统，总可以把它看成若干个一阶、二阶系统的并联。所以，研究一阶和二阶系统的动态特性，具有非常普遍的意义。

【例3.2】 利用图 3.7 中测试系统测量某物理系统的相频特性，试从 A、B、C 三路信号中正确地选择两个接入相位计，并说明原因(两电荷放大器型号相同，有一致的相频特性)。

分析： 图示系统要求相位计测出的物理系统相频特性不受测试系统中其他装置的影响。因此，选择接入相位计的二路信号得到的相位差应仅仅是被测物理系统的相移。图中各路信号的输出可看成由若干装置串联而成的信号传输通道产生的结果，该信号传输通道就是一个测试小系统。根据串联装置的相移性质即可求出正确答案。

解： 串联系统的相移为各环节相移之和。各路信号的相移为

$$\varphi_A = \varphi_S + \varphi_N + \varphi_I + \varphi_F + \varphi_P + \varphi_a + \varphi_q$$

$$\varphi_B = \varphi_S + \varphi_N + \varphi_I + \varphi_F + \varphi_q$$

$$\varphi_C = \varphi_S$$

则 $\varphi_A - \varphi_B = \varphi_P + \varphi_a$，由于 $\varphi_a \approx 0$，所以 $\varphi_A - \varphi_B = \varphi_P$。故应选择 A、B 两路信号接入相位计。

各下角标含义：S——信号发生器，N——功放，I——激振器，F——力传感器，P——物理系统，a——加速度计，q——电荷放大器。

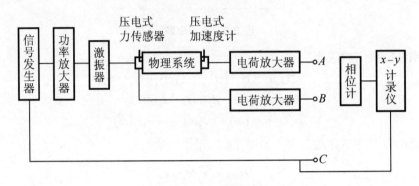

图 3.7　例 3.2 图

3.4　系统实现动态测试不失真的频率响应特性

测试的目的是应用测试系统精确地复现被测的特征量或参数，获取原始信息。然而事实上并不是所有测试系统都能毫无条件地做到这一点。这就要求在测试过程中采取相应的技术手段，使测试系统的输出信号能够真实、准确地反映出被测对象的信息。这种测试称为不失真测试。

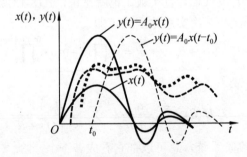

图 3.8　测试系统不失真条件

一个测试系统，在什么条件下才能保证测量的准确性？对于图 3.8 中的输入信号 $x(t)$，测试系统的输出 $y(t)$ 可能出现以下的三种情况：

(1) 最理想的情况，输出波形与输入波形完全一致，仅仅只有幅值按比例常数 A_0 进行放大，即输出与输入之间满足下列关系式：

$$y(t) = A_0 x(t) \tag{3-23}$$

(2) 输出波形与输入波形相似的情况，输出不但按比例常数 A_0 对输入进行了放大，而且还相对于输入滞后了时间 t_0，即满足下列关系式：

$$y(t) = A_0 \cdot x(t - t_0) \tag{3-24}$$

(3) 失真情况，输出与输入完全不一样，产生了波形畸变。显然，这是测试系统不希望出现的情况。

测试系统具有怎样的动态特性才不会产生测试失真？很显然，系统在进行动态测试时，理想状态是满足第一种情况，一般也应当满足第二种情况。则可求得测试系统的幅频特性和相频特性在满足不失真测试要求时应具有的条件。由此分别对式(3-23)和式(3-24)作傅里叶变换得

$$Y(j\omega) = A_0 \cdot X(j\omega)$$

$$Y(j\omega) = A_0 \cdot e^{-jt_0\omega} \cdot X(j\omega)$$

要满足第一种不失真测试情况，系统的频率响应为

$$H(j\omega) = \frac{Y(j\omega)}{X(j\omega)} = A_0 = A_0 \cdot e^{j \cdot 0} \tag{3-25}$$

而要满足第二种不失真测试情况，系统的频率响应为

$$H(j\omega) = \frac{Y(j\omega)}{X(j\omega)} = A_0 \cdot e^{j(-t_0\omega)} \tag{3-26}$$

从式(3-25)和式(3-26)可以看出，系统要实现动态测试不失真，其幅频特性和相频特性应满足下列条件：

$$A(\omega) = A_0 \qquad (A_0 \text{ 为常数}) \tag{3-27}$$

$$\varphi(\omega) = 0 \qquad (\text{理想条件}) \tag{3-28}$$

或

$$\varphi(\omega) = -t_0\omega \qquad (t_0 \text{ 为常数}) \tag{3-29}$$

式(3-27)表明，测试系统实现动态测试不失真的幅频特性曲线应当是一条平行于 ω 轴的直线。式(3-28)和式(3-29)则分别表明，系统实现动态测试不失真的相频特性曲线应是与水平坐标重合的直线(理想条件)或是一条通过坐标原点的斜直线，如图 3.9 所示。

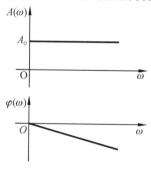

图 3.9 理想不失真条件

任何一个测试系统不可能在无限宽广的频带范围内满足不失真的测试条件，将由于 $A(\omega)$ 不等于常数所引起的失真称为幅值失真，由 $\varphi(\omega)$ 与 ω 之间的非线性关系而引起的失真称为相位失真。在测试过程中要根据不同的测试目的，合理的利用测试系统不失真的条件，否则会得到相反的结果。如果测试的目的仅只是要精确地测出输入波形，那么上述条件都可以满足要求；但如果测试的结果还要用来作为反馈控制信号，那么输出对输入的时间滞后则有可能破坏系统的稳定性。在这种情况下，要根据不同的情况，对输出信号在幅值和相位上进行适当的处理之后，才能用作反馈信号。

应当指出,上述动态测试不失真的条件,是针对系统的输入为多频率成分构成的复杂信号而言的。对于单一成分的正弦型信号的测量,尽管系统由于其幅频特性曲线不是水平直线或相频特性曲线与 ω 不呈线性,这样致使不同频率的正弦信号作为输入时,其输出的幅值误差和相位差会有所不同,但只要知道了系统的幅频特性和相频特性,就可以求得输入某个具体频率的正弦信号时系统输出与输入的幅值比和相位差,因而仍可以精确地获得输入信号的波形。所以,对于简单周期信号的测量,从理论上讲,对上述动态测试不失真的条件可以不作严格要求。但应当注意的是,尽管系统的输入在理论上也许只有简单周期信号,而实际上仍然可能有不可预见的随机干扰存在,这些干扰仍然会引起响应失真。因而一般来说,为了实现动态测试不失真,都要求系统满足 $A(\omega) = A_0$ 和 $\varphi(\omega) = 0$ 或 $\varphi(\omega) = -t_0\omega$ 的条件。

由于测试系统通常是由若干个测试环节组成,因此,只有保证所使用的每一个测试环节满足不失真的测试条件,才能使最终的输出信号不失真。

【例3.3】图 3.10 为某 测试装置的幅频、相频特性,当输入信号为 $x_1(t) = A_1 \sin\omega_1 t + A_2 \sin\omega_2 t$ 时,输出信号不失真;当输入信号为 $x_2(t) = A_1 \sin\omega_1 t + A_4 \sin\omega_4 t$ 时,输出信号失真。上述说法正确吗?

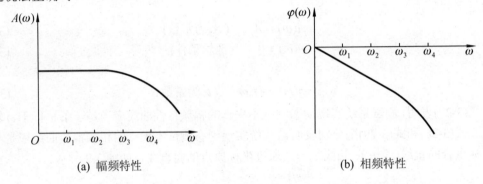

(a) 幅频特性　　　　　　　　　　(b) 相频特性

图 3.10　例 3.3

解: 该题为是非判断题。根据测试系统实现不失真测试的条件,若要输出波形精确地与输入波形一致而没有失真,则装置的幅频、相频特性应分别满足:

$$A(\omega) = A_0 \qquad \varphi(\omega) = -t_0\omega$$

由图 3.10 可以看出,当输入信号频率 $\omega \le \omega_2$ 时,装置的幅频特性 $A(\omega) = A_0$ (为常数),且相频曲线为线性,而当 $\omega \ge \omega_3$ 时,幅频曲线下跌且相频曲线呈非线性。因此在输入信号频率 $\omega \le \omega_2$ 范围内,能保证输出不失真。而在 $x_2(t)$ 中,有 $\omega = \omega_4$,所以,题中的结论是正确的。

3.5　常见测试系统的频率响应特性

在 3.1.1 节中,已给出了一阶系统和二阶系统的定义。由于比较常见的测试系统是一阶和二阶测试系统,而高阶测试系统总能分解成由若干个一阶和二阶系统的并联而成,因此本节主要讨论一阶和二阶系统的频率响应特性。

3.5.1　一阶系统

首先看一个具体的例子。图 3.11 所示是一支液柱式温度计，如以 $T_i(t)$ 表示温度计的输入信号即被测温度，以 $T_o(t)$ 表示温度计的输出信号即示值温度，则输入与输出间的关系为

整理后，得

$$RC\frac{\mathrm{d}T_o(t)}{\mathrm{d}t}+T_o(t)=T_i(t) \tag{3-30}$$

式中：R 为传导介质的热阻；C 为温度计的热容量。

式(3-30)表明，液柱式温度计的系统微分方程是一阶微分方程，可认为该温度计是一个一阶测试系统。

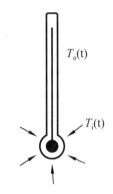

图 3.11　液柱式温度计

$$\frac{T_i(t)-T_o(t)}{R}=C\frac{\mathrm{d}T_o(t)}{\mathrm{d}t}$$

对式(3-30)两边作拉普拉斯变换，并令 $\tau=RC$（τ 为温度计时间常数)，则有

$$\tau sT_o(s)+T_o(s)=T_i(s)$$

整理得温度计系统的传递函数为

$$H(s)=\frac{T_o(s)}{T_i(s)}=\frac{1}{1+\tau s}$$

相应地可得温度计系统的频率响应函数为

$$H(\mathrm{j}\omega)=\frac{1}{1+\mathrm{j}\omega\tau}$$

可见，液柱式温度计的传递特性具有一阶系统特性。

下面从一般意义上分析一阶系统的频率响应特性。一阶系统微分方程的通式为

$$a_1\frac{\mathrm{d}y(t)}{\mathrm{d}t}+a_0y(t)=b_0x(t) \tag{3-31}$$

用 a_0 除各项得

$$\frac{a_1}{a_0}\frac{\mathrm{d}y(t)}{\mathrm{d}t}+y(t)=\frac{b_0}{a_0}x(t)$$

式中：$\dfrac{a_1}{a_0}$ 具有时间量纲，称为时间常数，常用符号 τ 来表示；$\dfrac{b_0}{a_0}$ 是系统的静态灵敏度 S

（见式 3-7）。在线性系统中，S 为常数，由于 S 值的大小仅表示输出与输入之间(输入为静态量时)放大的比例关系，并不影响对系统动态特性的研究，因此，为讨论问题方便起见，可以令 $S = \dfrac{b_0}{a_0} = 1$。这种处理称为灵敏度归一处理。

在作了上述处理之后，一阶系统的微分方程可改写为

$$\tau \cdot \frac{\mathrm{d}y(t)}{\mathrm{d}t} + y(t) = x(t) \tag{3-32}$$

对式(3-32)作拉普拉斯变换得

$$\tau \cdot s \cdot Y(s) + Y(s) = X(s) \tag{3-33}$$

则一阶系统的传递函数为

$$H(s) = \frac{Y(s)}{X(s)} = \frac{1}{\tau s + 1} \tag{3-34}$$

其频率响应为

$$\begin{cases} H(\mathrm{j}\omega) = \dfrac{1}{\mathrm{j}\omega\tau + 1} = \dfrac{1}{1 + (\omega\tau)^2} - \mathrm{j}\dfrac{\omega\tau}{1 + (\omega\tau)^2} \\[2mm] A(\omega) = \sqrt{[\mathrm{Re}(\omega)]^2 + [\mathrm{Im}(\omega)]^2} = \dfrac{1}{\sqrt{1 + (\omega\tau)^2}} \\[2mm] \varphi(\omega) = \arctan\dfrac{\mathrm{Im}(\omega)}{\mathrm{Re}(\omega)} = -\arctan(\omega\tau) \end{cases} \tag{3-35}$$

式中：$\varphi(\omega)$ 为负值表示系统输出信号的相位滞后于输入信号的相位。一阶系统的幅频和相频特性曲线如图 3.12 所示。

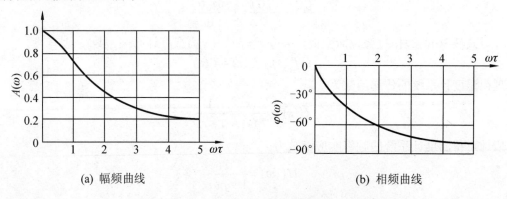

(a) 幅频曲线　　　　　　　　　　　(b) 相频曲线

图 3.12　一阶系统的幅频和相频曲线

从一阶系统的幅频特性曲线来看，与动态测试不失真的条件（见图 3-19）相对照，显然它不满足 $A(\omega)$ 为水平直线的要求。对于实际的测试系统，要完全满足理论上的动态测试不失真条件几乎是不可能的，只能要求在接近不失真的测试条件的某一频段范围内，幅值误差不超过某一限度。一般在没有特别指明精度要求的情况下，系统只要是在幅值误差不超过 5%[即在系统灵敏度归一处理后，$A(\omega)$ 值不大于 1.05 或不小于 0.95]的频段范围内工作，就认为可以满足动态测试要求。一阶系统当 $\omega = 1/\tau$ 时，$A(\omega)$ 值为 0.707(-3dB)，相位滞后 45°，通常称 $\omega = 1/\tau$ 为一阶系统的转折频率。只有当 ω 远小于 $1/\tau$ 时幅频特性才接近于 1，才可以不同程度地满足动态测试要求。在幅值误差一定的情况下，τ 越小，则系统

的工作频率范围越大。或者说，在被测信号的最高频率成分 ω 一定的情况下，τ 越小，则系统输出的幅值误差越小。

从一阶系统的相频特性曲线来看，同样也只有在 ω 远小于 $1/\tau$ 时，相频特性曲线接近于一条过零点的斜直线，可以不同程度地满足动态测试不失真条件，而且也同样是 τ 越小，则系统的工作频率范围越大。

综合上述分析，可以得出结论：反映一阶系统的动态性能的指标参数是时间常数 τ，原则上是 τ 越小越好。

在测量装置中，用于温度测量的热电偶，如图 3.13(b)所示常用的 RC 低通滤波器，还有弹簧阻尼机械系统如图 3.13(a)所示，都属于一阶系统。

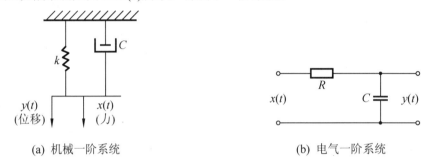

(a) 机械一阶系统　　　　　　　　　(b) 电气一阶系统

图 3.13　一阶系统

【例 3.4】 用一个一阶系统作 100Hz 正弦信号测量。(1)如果要求限制振幅误差在 5%以内，则时间常数 τ 应取多少? (2)若用具有该时间常数的同一系统作 50Hz 信号的测试，此时的振幅误差和相角差各是多少?

分析： 测试系统对某一信号测量后的幅值误差应为

$$\delta = \left| \frac{A_1 - A_0}{A_1} \right| = \left| 1 - A(\omega) \right|$$

其相角差即相位移为 φ，对一阶系统，若设 $S=1$，则其幅频特性和相频特性分别为

$$A(\omega) = \frac{1}{\sqrt{(\omega\tau)^2 + 1}}, \varphi = \arctan(-\omega\tau)$$

解： (1) 因为 $\delta = \left| 1 - A(\omega) \right|$，故当 $|\delta| \leqslant 5\% = 0.05$ 时，即要求 $1 - A(\omega) \leqslant 0.05$，所以 $1 - \dfrac{1}{\sqrt{(\omega\tau)^2 + 1}} \leqslant 0.05$。化简得

$$(\omega\tau)^2 \leqslant \frac{1}{0.95^2} - 1 = 0.108$$

则

$$\tau \leqslant \sqrt{1.08} \cdot \frac{1}{2\pi f} = \sqrt{1.08} \cdot \frac{1}{2\pi \times 100 \text{s}} = 5.23 \times 10^{-4} \text{s}$$

(2) 当作 50Hz 信号测试时，有

$$\delta = 1 - \frac{1}{\sqrt{(\omega\tau)^2 + 1}} = 1 - \frac{1}{\sqrt{(2\pi f\tau)^2 + 1}} = 1 - \frac{1}{\sqrt{(2\pi \times 50 \times 5.23 \times 10^{-4})^2 + 1}} = 1 - 0.9868 = 1.32\%$$

$$\varphi = \arctan(-\omega\tau) = \arctan(-2\pi f\tau) = \arctan(-2\pi \times 50 \times 5.23 \times 10^{-4}) = -9°19'50''$$

讨论：对这一类计算题，还可进一步要求分析一阶系统的动特性参数 τ 和工作频率 f 对测量误差的影响，从而得出正确选择这些参数应满足的条件。从上面的计算结果可以看出，要使一阶系统测量误差小，则应使 $\omega\tau$ 尽可能小，若要满足不失真测试要求，则必须 $\omega\tau = 0$。

3.5.2 二阶系统

图 3.14 所示的动圈式显示仪振子是一个典型二阶系统。在笔式记录仪和光线示波器等动圈式振子中，通电线圈在永久磁场中受到电磁转矩 $k_i i(t)$ 的作用，在产生指针偏转运动时，这个偏转的转动惯量会受到扭转阻尼转矩 $\left(C\dfrac{\mathrm{d}\theta}{\mathrm{d}t}\right)$ 和弹性回复转矩 $(k_\theta\theta(t))$ 的作用，根据牛顿第二定律，这个系统的输入/输出关系可以用二阶微分方程描述：

$$J\frac{\mathrm{d}^2\theta(t)}{\mathrm{d}t^2} + C\frac{\mathrm{d}\theta(t)}{\mathrm{d}t} + k_\theta\theta(t) = k_i i(t) \tag{3-36}$$

式中：$i(t)$ 为输入动圈的电流信号；$\theta(t)$ 为振子(动圈)的角位移输出信号；J 为振子转动部分的转动惯量；C 为阻尼系数，包括空气阻尼、电磁阻尼、油阻尼等；k_θ 为游丝的扭转刚度；k_i 为电磁转矩系数，与动圈绕组在气隙中的有效面积、匝数和磁感应强度等有关。

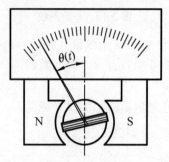

图 3.14　动圈式显示仪振子的工作原理

对式(3-36)进行拉普拉斯变换，整理得到对应的振子系统的传递函数，即

$$H(s) = \frac{\theta(s)}{I(s)} = \frac{\dfrac{k_i}{J}}{s^2 + \dfrac{C}{J}s + \dfrac{k_\theta}{J}} = S\frac{\omega_n^2}{s^2 + 2\xi\omega_n s + \omega_n^2}$$

式中：$\omega_n = \sqrt{k_\theta/J}$，为系统的固有频率；$\xi = C/2\sqrt{k_\theta J}$，为系统的阻尼率；$S = k_i/k_\theta$，为系统的灵敏度。

下面分析典型的二阶系统的频率响应特性。一般二阶系统的微分方程的通式为

$$a_2\frac{\mathrm{d}^2 y(t)}{\mathrm{d}t^2} + a_1\frac{\mathrm{d}y(t)}{\mathrm{d}t} + a_0 y(t) = b_0 x(t) \tag{3-37}$$

灵敏度归一处理后，式(3-37)可写成

$$\frac{a_2}{a_0}\frac{\mathrm{d}^2 y(t)}{\mathrm{d}t^2} + \frac{a_1}{a_0}\frac{\mathrm{d}y(t)}{\mathrm{d}t} + y(t) = x(t)$$

若令 $\omega_n = \sqrt{\dfrac{a_0}{a_2}}$ (称为系统固有频率), $\xi = \dfrac{a_1}{2\sqrt{a_0 \cdot a_2}}$ (称为系统的阻尼率)。则

$$\frac{a_2}{a_0} = \frac{1}{\omega_n^2} \qquad \frac{a_1}{a_0} = \frac{2\xi}{\omega_n}$$

于是式(3-37)经灵敏度归一后可进一步改写为

$$\frac{1}{\omega_n^2}\frac{\mathrm{d}^2 y(t)}{\mathrm{d}t^2} + \frac{2\xi}{\omega_n}\frac{\mathrm{d}y(t)}{\mathrm{d}t} + y(t) = x(t)$$

作拉普拉斯变换得

$$\frac{1}{\omega_n^2} \cdot s^2 Y(s) + \frac{2\xi}{\omega_n} \cdot s \cdot Y(s) + Y(s) = X(s)$$

二阶系统的传递函数为

$$H(s) = \frac{1}{\dfrac{1}{\omega_n^2}s^2 + \dfrac{2\xi}{\omega_n}s + 1} = \frac{\omega_n^2}{s^2 + 2\xi\omega_n s + \omega_n^2} \tag{3-38}$$

二阶系统的频率响应为

$$\begin{cases} H(\mathrm{j}\omega) = \dfrac{1}{1 - \left(\dfrac{\omega}{\omega_n}\right)^2 + \mathrm{j}2\xi\left(\dfrac{\omega}{\omega_n}\right)} \\[4mm] A(\omega) = \dfrac{1}{\sqrt{\left[1 - \left(\dfrac{\omega}{\omega_n}\right)^2\right]^2 + \left[2\xi\left(\dfrac{\omega}{\omega_n}\right)\right]^2}} \\[8mm] \varphi(\omega) = -\arctan\dfrac{2\xi\left(\dfrac{\omega}{\omega_n}\right)}{1 - \left(\dfrac{\omega}{\omega_n}\right)^2} \end{cases} \tag{3-39}$$

其幅频特性曲线和相频特性曲线如图 3.15 所示。注意,这是灵敏度归一后所作的曲线,实际的测试系统其灵敏度 S 往往不是 1,因而幅频特性表达式 $A(\omega)$ 的分子应为 S。

从二阶系统的幅频特性和相频特性曲线来看,影响系统特性的主要参数是频率比 $\dfrac{\omega}{\omega_n}$ 和阻尼率 ξ。只有在 $\dfrac{\omega}{\omega_n}$ <1 并靠近坐标原点的一段, $A(\omega)$ 比较接近水平直线, $\varphi(\omega)$ 也近似与 ω 呈线性关系,可望作动态不失真测试。若测试系统的固有频率 ω_n 较高,相应地 $A(\omega)$ 的水平直线段也较长一些,系统的工作频率范围便大一些。另外,当系统的阻尼率 ξ 在 0.7 左右时, $A(\omega)$ 的水平直线段也会相应地长一些, $\varphi(\omega)$ 与 ω 之间也在较宽频率范围内更接近线性。当 ξ =0.6~0.8 时,可获得较合适的综合特性。计算表明,当 ξ =0.7 时,在 $\dfrac{\omega}{\omega_n}$ =0~0.58 的范围内, $A(\omega)$ 的变化不超过 5%,同时 $\varphi(\omega)$ 也接近于过坐标原点的斜直线。可见,二阶系统的主要动态性能指标参数是系统的固有频率 ω_n 和阻尼率 ξ 两个参数。

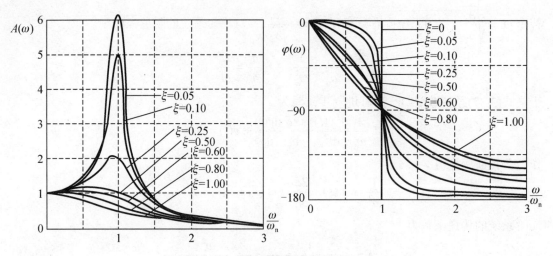

图 3.15　二阶系统的幅频与相频曲线

注意，对于二阶系统，当 $\dfrac{\omega}{\omega_n}=1$ 时， $A(\omega)=\dfrac{1}{2\xi}$ ，若系统的阻尼率很小，则输出幅值

将急剧增大，故 $\dfrac{\omega}{\omega_n}=1$ 时，系统发生共振。共振时，振幅增大的情况和阻尼率 ξ 成反比，

且不管其阻尼率为多大，系统输出的相位总是滞后输入 $90°$ 。另外，当 $\dfrac{\omega}{\omega_n}>2.5$ 以后， $\varphi(\omega)$

接近于 $180°$ ， $A(\omega)$ 也接近一条水平直线段(但输出比输入小)，若在信号处理中采用移相器或减去固定相位差的办法，也可望在某一频段范围内实现动态测试不失真。

在常见测量装置中，压电式加速度传感器、光线示波器振子及 RLC 电路(见图 3.16)和常见的质量-弹簧-阻尼系统(见图 3.17)等都属于二阶系统。

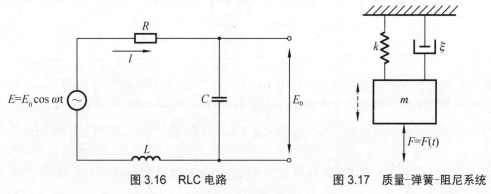

图 3.16　RLC 电路　　　　　图 3.17　质量-弹簧-阻尼系统

3.6　测试系统动态特性的测试

任何一个测试系统，都必须对其测量的可靠性进行验证，即需要通过实验的方法来确定系统的输入/输出关系，这个过程称为定标。要使测量结果精确可靠，所采用的经过校准的"标准"输入量，其误差应是系统测量结果要求误差的 $1/5 \sim 1/3$ 或更小。而且，即使是已经定标的测试系统，也还应当定期校准，这实际上也就是要测定系统的特性参数。

对于系统静态特性的测定，在静态特性一节中已有所涉及，这里只叙述系统动态特性参数的测试。

3.6.1 稳态响应法

稳态响应法就是对系统施以频率各不相同、但幅值不变的已知正弦激励，对于每一种频率的正弦激励，在系统的输出达到稳态后测量出输出与输入的幅值比和相位差，这样，在激励频率 ω 由低到高依次改变时，便可获得系统的幅频和相频特性曲线。

1. 测定一阶系统的参数

对于一阶系统，在测出了 $A(\omega)$ 和 $\varphi(\omega)$ 特性曲线后(见图 3.12)，可以通过式(3-40) 来直接求出一阶系统的动态特性参数——时间常数 τ。

$$\begin{cases} A(\omega) = \dfrac{1}{\sqrt{1+(\omega\tau)^2}} \\ \varphi(\omega) = -\arctan(\omega\tau) \end{cases} \tag{3-40}$$

2. 测定二阶系统的参数

对于二阶系统，在测得了系统的幅频和相频特性曲线(见图 3.18)之后，从理论上讲可以很方便地用相频特性曲线来确定其动态特性参数 ω_n (固有频率)和 ξ (阻尼率)。因为在 $\omega = \omega_n$ 处，输出的相位总是滞后输入 $90°$ ，该点的斜率直接反映了阻尼率的大小。但由于要准确地测量相角比较困难，因而通常都是通过其幅频特性曲线来估计其动态特性参数 ω_n 和 ξ。对于 $\xi <1$ 的系统，在最大响应幅值处的频率 ω_r (见图 3.18)与系统的固有频率 ω_n 存在如下关系：

$$\omega_r = \omega_n \cdot \sqrt{1-2\xi^2} \tag{3-41}$$

故在确定了系统的阻尼率 ξ 之后，便有

$$\omega_n = \frac{\omega_r}{\sqrt{1-2\xi^2}} \tag{3-42}$$

对于阻尼率 ξ 的估计，只要测得了幅频曲线的峰值 $A(\omega_r)$ 和频率为零时的幅频特性值 $A(0)$ 便可根据式(3-43)来确定。

$$\frac{A(\omega_r)}{A(0)} = \frac{1}{2\xi \cdot \sqrt{1-2\xi^2}} \tag{3-43}$$

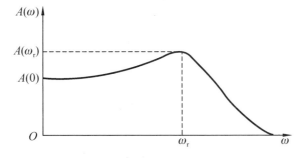

图 3.18　利用幅频曲线求二阶系统的动态特性参数

3.6.2 脉冲响应法

对于二阶系统，如果它是机械装置，通常可采用脉冲响应法来求取其动态特性参数：最简单的测定方法就是用一个大小适当的锤子敲击一下装置，同时记录下响应信号(见图 3.19)，因为锤子的敲击相当于给系统输入一个脉冲信号，当 $\xi < 1$ 时，二阶系统的脉冲响应为

$$y_\delta(t) = \frac{\omega_n}{\sqrt{1-\xi^2}} \cdot e^{-\xi\omega_n t} \cdot \sin(\sqrt{1-\xi^2} \cdot \omega_n t) \tag{3-44}$$

式(3-44)描述的是一个幅值按指数形式衰减的正弦振荡，其振幅为

$$A = \frac{\omega_n}{\sqrt{1-\xi^2}} \cdot e^{-\xi\omega_n t} \tag{3-45}$$

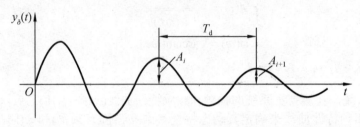

图 3.19　用脉冲响应求二阶系统的动态特性参数

振荡频率为

$$\omega_d = \omega_n \cdot \sqrt{1-\xi^2} \tag{3-46}$$

振荡周期为

$$T_d = \frac{2\pi}{\omega_d} = \frac{2\pi}{\omega_n \cdot \sqrt{1-\xi^2}} \tag{3-47}$$

只要从响应曲线中测得相邻两振幅的值 A_i 和 A_{i+1}，并令

$$\delta = \ln \frac{A_i}{A_{i+1}}$$

称 δ 为对数衰减率或对数减缩。由于

$$\frac{A_i}{A_{i+1}} = \frac{\dfrac{\omega_n}{\sqrt{1-\xi^2}} \cdot e^{-\xi\omega_n t_i}}{\dfrac{\omega_n}{\sqrt{1-\xi^2}} \cdot e^{-\xi\omega_n (t_i+T_d)}} = e^{\xi\omega_n T_d}$$

故有

$$\delta = \ln \frac{A_i}{A_{i+1}} = \xi \cdot \omega_n \cdot T_d = \xi \cdot \omega_n \cdot \frac{2\pi}{\omega_n \sqrt{1-\xi^2}} = \frac{2\pi \cdot \xi}{\sqrt{1-\xi^2}} \tag{3-48}$$

整理后得

$$\xi = \frac{\delta}{\sqrt{4\pi^2 + \delta^2}} \tag{3-49}$$

在对实际的系统进行测定时，由于其阻尼率 ξ 较小，相邻两个振幅峰值的变化不明显，故往往测出相隔 n 个振幅峰值之间的对数衰减率 δ_n 来。这时有

$$\delta_n = \ln \frac{A_i}{A_{i+n}} = n \cdot \delta \tag{3-50}$$

故有

$$\xi = \frac{\dfrac{\delta_n}{n}}{\sqrt{4\pi^2 + (\dfrac{\delta_n}{n})^2}} \tag{3-51}$$

在确定了系统的阻尼率 ξ 之后，再根据响应曲线上的振荡周期求出系统的振荡频率 ω_d，便可利用 $\omega_d = \omega_n \cdot \sqrt{1-\xi^2}$ 求得系统的固有频率。

3.6.3　阶跃响应法

阶跃响应法是测定系统动态特性较常用到的一种方法。

1. 测定一阶系统参数

对于一阶系统，其阶跃响应函数为

$$y_u(t) = 1 - e^{-\frac{t}{\tau}} \tag{3-52}$$

测出了阶跃响应曲线之后(见图 3.20)，可以取输出值为稳态值的 63%所对应时间或取输出值为稳态值的 95%所对应时间的1/3 作为系统的时间常数 τ。不过，这样求取的 τ 值因未涉及响应的全过程而仅仅只取决于某些个别的瞬时值，故所得结果的可靠性较差。改用下述方法来确定时间常数 τ 值，则可以获得较可靠的结果。

一阶系统的阶跃响应函数可改写为 $1 - y_u(t) = e^{-\frac{t}{\tau}}$，对此式取对数，有

$$\ln[1 - y_u(t)] = -\frac{t}{\tau} \tag{3-53}$$

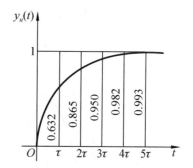

图 3.20　一阶系统的单位阶跃响应

式(3-53)表明，$\ln[1 - y_u(t)]$ 与时间 t 成线性关系。因此，在测得了 $y_u(t)$ 曲线后，进一步作出 $\ln[1 - y_u(t)]$ 与 t 的关系曲线(见图 3.21)，于是有

$$\tau = \frac{\Delta t}{\Delta \ln[1 - y_u(t)]} \tag{3-54}$$

用这种方法求得的时间常数 τ 值，考虑了瞬态响应的全过程，即过渡过程和稳态过程。另外，根据 $\ln[1 - y_u(t)] - t$ 曲线与直线的密合程度，还可以判断系统同一阶线性系统的符合程度。

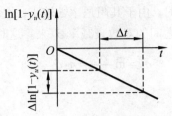

图 3.21　$\ln[1-y_u(t)]$ 与 t 的关系曲线

2. 测定二阶系统参数

对于二阶系统，其阶跃响应为

$$y_u(t) = 1 - \frac{1}{\sqrt{1-\xi^2}} \cdot e^{-\xi\omega_n t} \cdot \sin(\sqrt{1-\xi^2} \cdot \omega_n t + \varphi) \tag{3-55}$$

式中，

$$\varphi = \arctan\sqrt{\frac{1-\xi^2}{\xi^2}}$$

可见，典型的二阶欠阻尼系统的阶跃响应是在稳态值 1 的基础上加一个以 $\omega_n\sqrt{1-\xi^2}$ 为角频率的衰减振荡。可以采用下述两种方法之一来确定系统的阻尼率与固有频率。

第一种方法是利用阶跃响应的最大超调量 M_{max} 来估计(见图 3.22)。从理论上讲，按照求极值的方法，可根据式(3-55)求出最大超调量 M_{max} 所对应的时间为 $t = \pi/\omega_d$，将其代入式(3-55)，便可得 M_{max} 与阻尼率 ξ 的关系为

$$M_{max} = e^{-\left(\frac{\pi \cdot \xi}{\sqrt{1-\xi^2}}\right)} \tag{3-56}$$

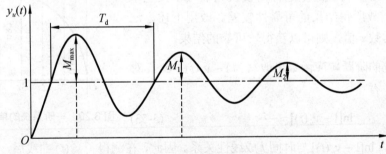

图 3.22　欠阻尼二阶系统的阶跃响应

整理后得

$$\xi = \sqrt{\frac{1}{\left(\dfrac{\pi}{\ln M_{max}}\right)^2 + 1}} \tag{3-57}$$

求得阻尼后，则可利用系统的响应振荡频率 $\omega_d = \omega_n\sqrt{1-\xi^2}$ 来求得系统的固有频率。

应当注意，式(3-57)是在灵敏度归一的情况下求得的关系式。而实际系统灵敏度未归一处理，这时应将实测的最大超调量值除以灵敏度 S 后，再作为 M_{max} 代入式(3-57)来计算 ξ 值。

第二种方法与利用脉冲响应法求二阶系统动态特性参数的方法一样，即根据 n 个相隔

超调量的值求出其对数衰减率 $\delta_{\mathrm{n}}=\ln\dfrac{M_i}{M_{i+n}}$，然后代入式 $\xi=\dfrac{\delta_{\mathrm{n}}/n}{\sqrt{4\pi^2+\left(\dfrac{\delta_{\mathrm{n}}}{n}\right)^2}}$ 和 $\omega_{\mathrm{d}}=\omega_{\mathrm{n}}\cdot\sqrt{1-\xi^2}$

求得系统的阻尼率 ξ 与固有频率 ω_{n}。

【例 3.5】 对一个典型二阶系统输入一脉冲信号，从响应的记录曲线上测得其振荡周期为 4ms，第三个和第十一个振荡的单峰幅值分别为 12mm 和 4mm。试求该系统的固有频率 ω_{n} 和阻尼率 ξ。

解： 输出波形的对数衰减率为

$$\frac{\delta_{\mathrm{n}}}{n}=\frac{\ln(12/4)}{8}=0.137\,326\,5$$

振荡频率为

$$\omega_{\mathrm{d}}=\frac{2\pi}{T_{\mathrm{d}}}=\frac{2\pi}{4\times10^{-3}}\,\mathrm{rad/s}=1570.796\mathrm{rad/s}$$

该系统的阻尼率为

$$\xi=\frac{\delta_{\mathrm{n}}/n}{\sqrt{4\pi^2+(\delta_{\mathrm{n}}/n)^2}}=\frac{0.137\,326\,5}{\sqrt{4\pi^2+0.137\,326\,5^2}}=0.021\,85$$

该系统的固有频率为

$$\omega_{\mathrm{n}}=\frac{\omega_{\mathrm{d}}}{\sqrt{1-\xi^2}}=\frac{1570.796}{\sqrt{1-0.021\,85^2}}\,\mathrm{rad/s}=1571.171\mathrm{rad/s}$$

3.7　组成测试系统应考虑的因素

选择测试仪器设备组成测试系统，其根本出发点是要满足测试的目的和要求。但要做到技术上合理、经济上节约，则必须考虑一系列因素的影响，其中最主要的因素是技术性能指标、经济指标和使用的环境条件。

1. 技术性能指标

测试系统的技术性能指标可以理解为：在限定的使用条件下，能描述系统特性、保证测试精确度要求的各种技术数据。一般的测试仪器，其技术性能指标在其技术说明书上都用多项术语加以描述，所描述的技术性能多数能在其静态特性或动态特性中予以体现。系统的静、动态特性是其技术性能指标的根本，这在本书前面已专门讨论。这里仅介绍一些常用的术语，而且还应当指出，有些术语和提法至今还没有完全规范化。目前最常用的指标主要有下几项：

(1) 精度、精密度和准确度。精度(或称精确度)是指由测试系统的输出所反映的测量结果和被测参量的真值相符合的程度，通常用某种误差来表示。例如：

$$绝对误差=测量结果-被测真值$$

$$相对误差=\frac{绝对误差}{被测真值}\times100\%$$

$$引用误差 = \frac{绝对误差}{测量范围的上限值（满量程值）} \times 100\%$$

严格地说，被测真值虽然客观存在，却无法确知，因此通常都是以经过标定的精度高一级的仪器对同一输入量的输出值来替代真值，这一替代称为"约定真值"。

一般都是用测试仪器的最大引用误差来标称仪器的精度等级。例如，精度为 1 级、读数为 0～100mA 的电流表，就是指在全量程 100mA 内绝对误差不超过 100mA×1%＝1mA。应当注意，如果用该表来测 10mA 以内的电流，其相对误差可能超过 10%，而若用该表来测 90mA 的电流，则其相对误差只有 1.1%(1/90)。可见，在使用以引用误差来表征精度等级的仪器时，应当避免在全量程(对某个使用量程而言)的 1/3 以下量程范围内工作，以免产生较大的相对误差。

在研究测量误差时，还经常用到精密度和准确度这两个术语。

精密度(precision)是精度的一个组成部分，测试仪器的精密度也称示值的重复性，它反映测量结果中随机误差大小的程度，即反映在相同条件下多次重复测量中，测量结果互相接近、相互密集的程度。通常用误差限来表示，可用或然误差($\pm 0.6745\sigma$)、标准差 $\pm\sigma$ 或 $\pm 3\sigma$ 来表示，分别意味着当重复测量次数 $n \to \infty$ 时，将有 50%、68.3% 和 99.7%的测定值落在 $\bar{x} \pm 0.6745\sigma$、$\bar{x} \pm \sigma$ 和 $\bar{x} \pm 3\sigma$ 之中(σ 为标准差，$\bar{x}$ 为被测值的平均值)。

准确度则是指测量结果中的系统误差大小的程度，它以偏度误差来描述。

精度(精确度)综合反映系统误差和随机误差。精密度高，但准确度差，其精度不会好；反之，准确度好，精密度差时，其精度也不会好。只有在经过标定和校准，确认可以大大减小甚至接近消除系统误差的情况下，其精度和精密度的高低才有可能统一。

(2) 分辨力和分辨率。分辨力是指仪器可能检测到的输入信号的最小变化的能力。用分辨力除以仪器测量范围的上限值(仪器的满量程值)，并用百分数来表示，称为分辨率。

(3) 测量范围。仪器的测量范围是指其能够正常工作的被测量的量值范围。对于静态测量，则只要求有幅值范围，但对于用作动态测量的仪器，则不仅要注意仪器的幅值范围，同时还必须充分注意仪器所能使用的频率范围。测量范围的增大往往会导致灵敏度的下降，这一现象在测试工作中必须加以注意。

(4) 示值稳定性。测试仪器的示值稳定性包括温漂和零漂两个方面。温漂是指仪器在允许的使用温度范围内示值随温度的变化而变化的量。零漂则是指仪器开机一段时间后零点的变化情况。减小零漂影响的一个有效措施是按照仪器使用说明书的规定，开机预热一定的时间后再进行仪器的调零和测量。

2. 测试系统的经济指标

从经济的角度来考虑，首先是以能达到测试要求为准则，不应盲目地采用超过测试目的所要求精度的仪器。这是因为仪器的精度若提高一个等级，则仪器的成本费用将会急剧地上升。另外，当需要用多台仪器来组成测试系统时，所有的仪器都应该选用同等精度。误差理论分析表明，由若干台仪器组成的系统，其测量结果的精度取决于精度最低的那台仪器。

然而，有时对于一些特别重要的测试，为了保证测试的可靠性，往往采取两套测量装置同时工作，这虽然增加了仪器费用的开支，从局部看似乎是不经济的做法，但从整体来看，则反而可能是一种经济的做法。对于测试系统的经济指标，必须要全面衡量才能得出较恰当的结果。

3. 测试系统的使用环境条件

在选择仪器设备组成测试系统时，还必须考虑其使用环境。主要从温度、振动和介质三个方面全面考虑对仪器的影响。例如，温度的变化会产生热胀冷缩效应，也会使仪器的结构受到热应力或改变元件的特性，往往使许多仪器的输出发生变化，过低或过高的温度还有可能使仪器或其元件变质、失效乃至破坏等。又如，过大的加速度将使仪器受到不应有的惯性力作用，导致输出的变化或仪器的损坏。在带腐蚀性的介质中或原子辐射的环境中工作的仪器也往往容易受到损坏。因此，必须针对不同的工作环境选用合适的仪器，同时也必须充分考虑采取必要的措施对其加以保护。

4. 环节互联的负载效应与适配条件

实际的测试系统通常都是由各环节串联而成(有时也出现并联)。例如，首先可以认为是被测对象与测量装置的串联。而测量装置又是由传感器、信号调理电路和显示、记录仪器等串联而成。当一个环节连接到另一个环节上并发生能量交换时，连接点的物理参量就会变化，且两个环节也都不再简单地保留其原传递函数，而是共同形成一个整体系统的新的传递函数，系统会保留其组成环节的主要特征。例如，若用一个带探头的温度计去测量集成电路芯片工作时的温度，则显然温度计会变成芯片的散热元件，节点的温度会下降，不能测出正确的节点工作温度。又例如，在一个简单的单自由度振动系统的质量块 m 上安装一个质量为 m_c 的传感器，这将导致单自由度振动系统的固有频率下降。前一例是由于接入了能量耗散性负载，后一例中的附加质量 m_c。虽不是耗能负载，但它参与了振动，改变了系统中的动-势能转换，因而改变了系统的固有频率。上面所说的这些现象，通常也被称为"负载效应"。

在选择测量装置组成测试系统时，必须考虑各个环节互联时所产生的负载效应，分析在接入所选的测量仪表后对原研究对象的影响及各仪表之间的相互影响，尽可能让各环节之间适配。

两个一阶系统互联时的适配条件必须是 $\tau_2 \ll \tau_1$。一般地，应选用 $\tau_2 \ll 0.3\tau_1$。若用二阶测量装置去测量时间常数为 τ 的一阶系统，除测量装置的阻尼率 ξ 应选用 $0.6\sim0.8$ 之间外，其固有频率也应选用高于研究对象的转折频率 $(1/\tau)5$ 倍以上才能较好的满足适配条件。二阶系统的互联与适配尽量做到足够精确地近似的情况下，选择测量装置时要尽量根据被测对象的特征进行慎重考虑。只要认真地考虑环节间的互联和适配问题，再根据动态测试不失真条件，综合考虑测试系统的特性要求，是不难获得工程上所要求的测试结果的。

小　　结

测试的目的是为了准确了解被测物理量。拾取的被测物理量经过测试系统的各个变换环节传递获得的观测输出量是否真实地反映了被测物理量，这与测试系统的特性有着密切关系。因此充分地理解如何运用测试系统特性去真实反映被测物理量，对掌握好测试技术是至关重要的。本章重点就是讨论测试系统的基本特性。

理想测试系统的特点：叠加性、比例特性、微分特性、积分特性和频率保持性。

测试系统的静态特性指标：灵敏度、非线性度和回程误差。

测试系统动态特性的描述：传递函数、频响函数和权函数及三者之间的关系。重点是对频率响应函数、幅频特性曲线和相频特性曲线的物理意义的理解和应用。

测试系统动态不失真测试的频率响应特性：$A(\omega)=A_0$ 和 $\varphi(\omega)=0$ 或 $\varphi(\omega)=-t_0\omega$ 的条件。

常见一阶、二阶测试系统的频率响应特性及满足动态测试不失真的特征参数条件。

测试系统动态特性参数的测试方法：稳态响应法、脉冲响应法和阶跃响应法。

习　题

1. 填空题

3-1 典型的测试系统由_____装置、_____装置和_____装置所组成，其中_____装置又由_____、_____和_____三部分组成。

3-2 在稳态条件下，测试装置输出信号微变量 dy 和输入信号微变量 dx 之比，称为_____；如输出/输入信号同量纲时，又称为_____，如由单位干扰或变异输入引起装置输出变化，则称为_____。

3-3 测试装置的静态特性主要以_____、_____和_____表征。

3-4 选用仪器时应注意到：灵敏度越高，仪器的测量范围越_____，其稳定性越_____。

3-5 常系数线性系统的五个重要特性为_____、_____、_____、_____和_____。

3-6 线性系统具有_____保持性，即若系统输入一个正弦信号，则其稳态输出的_____保持不变，但输出的_____和_____一般会发生变化。

3-7 测试装置的动特性在频域中是用_____表示，在时域中是用_____表示的。

3-8 要使一阶测试装置的动态响应快，就应使_____。

3-9 要使一阶系统接近理想系统，则要求其频率响应的要满足此条件_____和_____。

3-10 测试装置的脉冲响应函数 $h(t)$ 就是当输入为_____时装置的输出。当用 $h(t)$ 来表示装置的动态特性时，输入 $x(t)$、输入 $y(t)$ 与 $h(t)$ 三者之间的关系为_____。

3-11 实现不失真测试的条件是：该测试装置的幅频特性_____、相频特性_____。

3-12 系统频率响应函数的定义是：在系统_____为零的条件下，系统输出响应的_____与输入激励的_____之比。在系统的稳态分析中，它的模等于系统_____与_____的幅值比，其幅角等于它们的_____。

3-13 正弦输入时系统的响应称_____，它表示系统对_____中不同频率成分的传输能力。

3-14 系统的阶跃响应是表征系统对_____的响应能力；系统的频率响应则表征系统对信号中_____的响应能力。

3-15　在频域中，测试装置的输出 $Y(S)$ 与输入信号 $X(S)$ 之间的关系是_____，在时域中，测试装置输出 $y(t)$ 与输入 $x(t)$ 之间的关系是_____。

2. 问答题

3-16　某装置对单位阶跃的响应如图 3.23 所示，试问：(1)该系统可能是什么系统？(2)如何根据该曲线识别该系统的动特性参数？

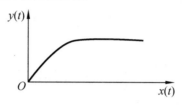

图 3.23　对单位阶跃的响应

3-17　通常在结构及工艺允许的条件下，为什么都希望将二阶测试装置的阻尼率 ξ 定在 0.7 附近？

3-18　二阶系统可直接用相频特性 $\varphi(\omega)=90^\circ$ 所对应的频率 ω 作为系统固有频率 ω_n 的估计，这种估计值与系统的阻尼率 ξ 是否有关？为什么？

3. 计算题

3-19　若压电式力传感器灵敏度为 90 pC/MPa，电荷放大器的灵敏度为 0.05V/pC，若压力变化 25MPa，为使记录笔在记录纸上的位移不大于 50mm，则笔式记录仪的灵敏度应选多大？

3-20　图 3.24 为一测试系统的框图，试求该系统的总灵敏度。

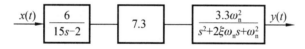

图 3.24　测试系统框图

3-21　由传递函数为 $H_1(s)=\dfrac{1.5}{3.5s+0.5}$ 和 $H_2(s)=\dfrac{100\omega_n^2}{s^2+1.4\omega_n s+\omega_n^2}$ 的两个环节，串联组成一个测试系统，问此系统的总灵敏度是多少？

3-22　用时间常数为 2s 的一阶装置测周期为 2s、4s 的正弦信号，试求周期为 4s 装置产生的幅值误差和相位滞后量分别是 2s 装置的几倍？

3-23　用时间常数为 2s 的一阶装置测量烤箱内的温度，箱内的温度近似地按周期为 160s 作正弦规律变化，且温度在 500～1000℃ 范围内变化，试求该装置所指示的最大值和最小值各是多少？

3-24　设用时间常数为 0.2s 的一阶装置测量正弦信号：$x(t)=\sin 4t+0.4\sin 40t$ $(K=1)$，试求其输出信号。

3-25 用一阶系统对 200Hz 正弦信号进行测量，如果要求振幅误差在 10%以内，则时间常数应取多少？如用具有该时间常数的同一系统作 50Hz 正弦信号的测试，问此时的振幅误差和相位差是多少？

3-26 已知某线性装置 $A(\omega) = \dfrac{1}{\sqrt{1+0.01\omega^2}}$，$\varphi(\omega) = -\arctan(0.1\omega)$，现测得该系统稳态输出 $y(t)=10\sin(30t-45°)$，试求系统的输入信号 $x(t)$。

3-27 将温度计从 20℃ 的空气中突然插入 100℃ 的水中，若温度计的时间常数 $\tau =2.5s$，则 2s 后的温度计指示值是多少？

3-28 某测量装置的频率响应函数为 $H(j\omega) = \dfrac{1}{1+0.05j\omega}$，试问：

(1) 该系统是什么系统？
(2) 若输入周期信号 $x(t) = 2\cos 10t + 0.8\cos(100t - 30°)$，试求其稳态响应 $y(t)$。

3-29 用时间常数为 0.5 的一阶装置进行测量，若被测参数按正弦规律变化，若要求装置指示值的幅值误差小于 2%，问被测参数变化的最高频率是多少？如果被测参数的周期是 2s 和 5s，问幅值误差是多少？

3-30 已知某测试系统传递函数 $H(s) = \dfrac{1}{1+0.5s}$，当输入信号分别为 $x_1 = \sin \pi t$，$x_2 = \sin 4\pi t$ 时，试分别求系统稳态输出，并比较它们幅值变化和相位变化。

3-31 对一个二阶系统输入单位阶跃信号后，测得响应中产生的第一个过冲量 M 的数值为 1.5，同时测得其周期为 6.28s。设已知装置的静态增益为 3，试求该装置的传递函数和装置在无阻尼固有频率处的频率响应。

3-32 一种力传感器可作为二阶系统处理。已知传感器的固有频率为 800Hz，阻尼率为 0.14。问使用该传感器作频率为 500Hz 和 1000Hz 正弦变化的外力测试时，其振幅和相位角各为多少？

第4章

常用传感器

 教学提示

传感器是测试系统中的第一级,是感受和拾取被测信号的装置。传感器的性能直接影响到测试系统的测量精度。

本章主要讲述传感器的分类、各种传感器的工作原理和传感器的输入/输出特性等基本内容,并介绍了各种传感器的应用实例。

教学要求

了解传感器的类型,熟练掌握常用的电阻传感器、电容传感器、电感传感器、压电传感器、磁电传感器、磁敏传感器的工作原理和传感器的输入/输出特性。

通过各种传感器应用实例的学习,深入理解和掌握传感器对信号的敏感及变换的机制,理解和掌握各种不同工作原理的传感器的使用要求和场合。

4.1 概　述

传感器是测试系统中的第一级，是感受和拾取被测信号的装置。在现代生活和生产及科学试验中，有大量的、各种各样的传感器在各种系统中得到应用。图 4.1 中的传声器(俗称话筒、麦克风)是将声音这种物理量转换成相应电信号的装置，而彩色电视机中的光敏二极管则是将遥控器发出的红外线这种物理量进行检测，并变换成电信号以控制相应器件通断的装置，它们是日常生活中常见的传感器的例子。

(a) 电视机用光电二极管检测出红外线　　(b) 音响设备使用传声器得到放大器输入端的声音信号(电压)

图 4.1　生活中使用的传感器

4.1.1　传感器的定义

传感器的英文名是"sensor"，它来源于拉丁语"sense"，意思是"感觉"、"知觉"等。根据国家标准 GB/T 7665—1987《传感器通用术语》对传感器的定义为："能感受规定的被测量、并按照一定的规律转换成可用输出信号的器件或者装置。通常由敏感元件和转换元件组成。"敏感元件指传感器中能直接感受(或称响应)被测量的部分；转换元件指传感器中能将敏感元件感受(或响应)的被测量转换成适于传输和测量的电信号部分。由于电信号是易于传输、检测和处理的物理量，所以过去也常把将非电量转换成电量的器件或装置称为传感器。

获得传感器信号(电压或电流的变化)的方法有两种：一是如图 4.2(a)所示，开关传感器直接将转轴的转速转换为开关量电信号的变化；二是如图 4.2(b)所示，将水位、压力、流量等物理量转换成模拟量电信号的变化。图 4.2(c)表示传感器在一个微型计算机测控系统中的应用。可见，传感器在非电量电测系统中有两个作用：一是敏感作用，即感受并拾取被测对象的信号；二是转换作用，将感受的被测信号(一般是非电量)转换成易于检测和处理的电信号，以便后接仪器接收和处理，如图 4.2(c)所示。

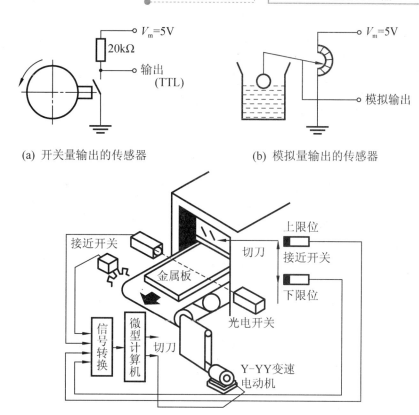

(a) 开关量输出的传感器　　　　　(b) 模拟量输出的传感器

(c) 传感器在微型计算机测控系统中的应用

图 4.2　传感器信号

综上所述，在工程测试中，传感器是测试系统的第一个环节，它把诸如温度、压力、流量、应变、位移、速度、加速度等信号转换成电的信号(如电流、电压)或电的参数(如电阻、电容、电感等)信号，然后通过转换、传输进行记录或显示。因此传感器的性能如动态特性、灵敏度、线性度等都会直接影响到整个测试过程的质量。

传感器不但在测试技术中，而且在现代信息工程、自动控制、仪器仪表和自动化系统中也有重要的作用。显然，自动化程度越高，系统对传感器的依赖性就越大。传感器对系统的功能起决定性作用，因此，国内外都将传感器列为尖端技术。

传感器主要依赖于构成传感器的敏感元件的物理效应(如光电效应、压电效应、热电效应等)和物理原理(如电感原理、电容原理和电阻原理等)进行信息转换并具有不同的功能。随着传感材料和物理效应的开发和发现，具有不同功能、结构、特性和用途的各种传感器必将大量涌现。为便于研究、开发和选用，必须对传感器进行科学分类。

4.1.2　传感器的分类及要求

1. 按被测物理量分类

如测温度、流量、位移等所用的温度传感器、流量传感器、位移传感器、速度传感器等(见表 4-1)。

表 4-1　传感器按被测量分类

被测量类别	被　测　量
热工量	温度、热量、比热容；压力、压差、真空度；流量、流速、风速
机械量	位移(线位移、角位移)、尺寸、形状；力、力矩、应力；质量；转速、线速度；振动幅值、频率、加速度、噪声
物性和成分量	气体化学成分、液体化学成分；酸碱度(pH)、盐度、浓度、黏度、密度、相对密度
状态量	颜色、透明度、磨损量、材料内部裂纹或缺陷、气体泄漏、表面质量

　　这种分类方法对使用者是方便的，但由于这种分类方法把用途相同而变换原理不同的传感器分为一类，对研究和学习是不方便的。例如同是测量加速度用的传感器，可利用各种变换原理和不同的传感元件组成，有应变式、电容式、电感式和压电式加速度传感器等。因此，要研究一种用途的传感器，必须研究多种传感元件和传感机理。

　　2. 按传感器元件的变换原理分类

　　传感器对信息的获取，主要是基于各种物理的、化学的以及生物的现象或效应。根据不同的作用机理，可将传感器分为电阻传感器、电容传感器、电感传感器、压电传感器、光电传感器、磁电传感器、磁敏传感器等。

　　这种分类方法通过对一种敏感元件的敏感原理进行研究，就可以研究多种用途的传感器。

　　如利用电阻传感器元件的传感原理可以制造出电阻式位移传感器、电阻式压力传感器、电阻式温度计等。这种分类方法类别少，每一类传感器具有同样的敏感元件。其后的变换、测量电路也基本相同，对研究和学习是很方便的(见表 4-2)。

表 4-2　传感器按变换原理分类

序　号	工　作　原　理	序　号	工　作　原　理
1	电阻	8	谐振
2	电感	9	霍尔
3	电容	10	超声
4	磁电	11	同位素
5	热电	12	电化学
6	压电	13	微波
7	光电(包括红外、光导纤维)	—	—

　　3. 按能量传递方式分类

　　如前所述，传感器是一种能量转换和传递的器件。按能量传递方式可将传感器分为能量控制型、能量转换型及能量传递型。

　　能量控制型传感器在感受被测量以后，只改变自身的电参数(如电阻、电感、电容等)，这类传感器本身不起换能的作用，但能对传感器提供的能量起控制作用，使用这种传感器时必须加上外部辅助电源，才能完成将上述电参数进一步转换成电量(如电压或电流)的过程。例如电阻传感器可将被测的物理量(如位移等)转换成自身电阻的变化，如果将电阻传感器接入电桥中，这个电阻电参数的变化就可以控制电桥中的供桥电压幅值(或相位或频率)的变化，完成被测量到电量的转换过程。能量控制型传感器又称参量型传感器。

能量转换型传感器具有换能功能，它能将被测的物理量(如速度、加速度等)直接转换成电量(如电流或电压)输出，而不需借助外加辅助电源，传感器本身犹如发电机一样，故有时也把这类传感器称为发电型传感器。磁电式、压电式、热电式等传感器均属这种类型。

能量传递型传感器，是在某种能量发生器与接收器进行能量传递过程中实现敏感检测功能的，如超声波换能器必须有超声发生器和接收器。核辐射检测器、激光器等都属于这一类。实际上它们是一种间接传感器。

4. 传感器的性能要求

无论何种传感器，作为检测系统的首要环节，通常都必须具有快速、准确、可靠而又能经济地实现信号转换的性能，即

(1) 传感器的工作范围或量程应足够大，具有一定的过载能力。

(2) 与检测系统匹配性好，转换灵敏度高——要求其输出信号与被测输入信号成确定关系(通常为线性关系)，且比值要大。

(3) 精度适当，且稳定性高——传感器的静态特性与动态特性的准确度能满足要求，并长期稳定。

(4) 反应速度快，工作可靠性高。

(5) 适应性和适用性强——动作能量小，对被检测对象的状态影响小，内部噪声小，不易受外界干扰的影响，使用安全，易于维修和校准，寿命长，成本低等。

实际的传感器往往很难满足这些性能要求，应根据应用的目的、使用环境、被测对象状况、精度要求和信号处理等具体条件作全面综合考虑。

下面，按变换原理分类来分别介绍机械工业中常用传感器的转换原理、基本结构和应用情况。

4.2　电阻传感器

电阻传感器是根据导体的电阻 R 与其电阻率 ρ 及长度 l 成正比、与截面积 A 成反比的关系，即

$$R = \rho \frac{l}{A} \tag{4-1}$$

由被测物理量(如压力、温度、流量等)引起式中 ρ，l，A 中任一个或几个的变化来使电阻 R 改变的原理构成。常用的有电阻应变式、热敏电阻式、磁敏电阻式等多种。

4.2.1　电位器

图 4.3 为圆形电位器的示意图。图中，当转动滑块沿圆周状的电阻材料滑动时，输出电阻与滑块在电阻材料间的转动角度成正比。给电阻体施加一个固定的电压时，由滑块位置分压的输出电压，可由电阻材料的总电阻与滑块至固定端的电阻之比求得

$$E_{out} = E_{in} \times \frac{R_0}{R_A} \qquad (4\text{-}2)$$

式中：E_{out} 为输出电压(V)；E_{in} 为外加固定电压(V)；R_A 为材料的总电阻(Ω)；R_0 为固定端至滑块的电阻(Ω)。

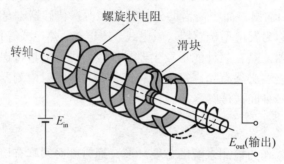

图 4.3　多圈型电位器的工作原理

假设电位器的最大转动角度为 θ_f，滑块的当前角度(位移量)为 θ，输出电压为 E_{out} 则可由式(4-3)求出 E_{out}。

$$E_{out} = E_{in} \times \frac{\theta}{\theta_f} \qquad (0 \leqslant \theta \leqslant \theta_f) \qquad (4\text{-}3)$$

在电位器中，电阻材料可以采用金属电阻丝，炭膜，导电塑料，陶瓷电阻等材料。根据不同的用途可变电阻可分为多种规格，阻值从 $100\Omega \sim 100k\Omega$。

由于电位器的阻值相对较大，因此在精度要求较高的检测电路中，常常需要采用高输入阻抗的差动放大器进行阻抗变换。

4.2.2　应变式电阻传感器

1. 应变式传感器的工作原理——应变效应

应变式电阻传感器的敏感元件是电阻应变片。应变片是在用苯酚、环氧树脂等绝缘材料浸泡过的玻璃基板上，粘贴直径为 0.025mm 左右的金属丝或金属箔制成，如图 4.4 所示。

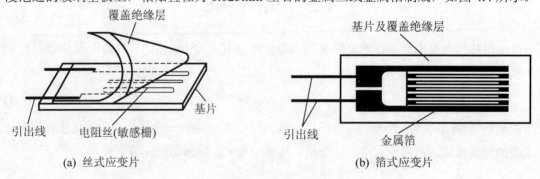

(a)　丝式应变片　　　　　　　　　　　(b)　箔式应变片

图 4.4　粘接式应变片

电阻应变片的敏感量是应变。如图 4.5 所示，金属受到拉伸作用时，在长度方向发生伸长变形的同时会在径向发生收缩变形。金属的伸长量与原来长度之比称为应变。利用金属应变量与其电阻变化量成正比的原理制成的器件称为金属应变片(strain gage)。金属导体或半导体在外力作用下产生机械变形而引起导体或半导体的电阻值发生变化的物理现象称为应变效应。

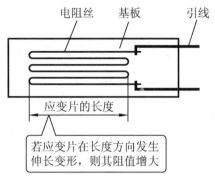

图 4.5　电阻丝式应变片的应变效应

应变片变形时，从引线上测出的电阻值也会相应的变化。只要选择的应变片的材料得当，就可以使应变片因变形而产生的应变(应变片的输入)和它的电阻的变化值(应变片的输出)呈线性关系。如果把应变片贴在弹性结构体上，当弹性体受外力作用而成比例地变形(在弹性范围内)时，应变片也随之变形，所以可通过应变片电阻的大小来检测外力的大小。

设应变片在不受外力作用时的初始电阻值如式(4-4)，即

$$R=\rho\frac{l}{A} \tag{4-4}$$

当应变片随弹性结构受力变形后，如图 4.6 所示，应变片电阻丝的长度 l、截面积 A 都发生变化，电阻率 ρ 也会由于晶格的变化而有所改变。L、A、ρ 三个因素的变化必然导致电阻值 R 的变化，设其变化为 $\mathrm{d}R$，则有

$$\mathrm{d}R = \frac{\partial R}{\partial l}\mathrm{d}l + \frac{\partial R}{\partial \rho}\mathrm{d}\rho + \frac{\partial R}{\partial A}\mathrm{d}A$$

即

$$\mathrm{d}R = \frac{\rho}{A}\mathrm{d}l + \frac{l}{A}\mathrm{d}\rho - \frac{\rho l}{A^2}\mathrm{d}A \tag{4-5}$$

方程两边都除以 R，并结合式(4-4)，则得

$$\frac{\mathrm{d}R}{R} = \frac{\mathrm{d}l}{l} + \frac{\mathrm{d}\rho}{\rho} - \frac{\mathrm{d}A}{A}$$

若导体截面积为圆形，则式(4-5)可变为

$$\frac{\mathrm{d}R}{R} = \frac{\mathrm{d}l}{l} + \frac{\mathrm{d}\rho}{\rho} - 2\frac{\mathrm{d}r}{r} \tag{4-6}$$

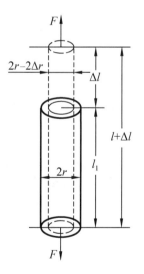

图 4.6　轴向和横向的应变的定义

式中：$\frac{\mathrm{d}l}{l}=\varepsilon$ 为导体轴向相对变形，称为纵向应变，即单位长度上的变化量；$\frac{\mathrm{d}r}{r}$ 为导体径向相对变形，称为径向应变。

当导体纵向伸长时，其径向必然缩小，它们之间的关系为

$$\frac{\mathrm{d}r}{r} = -v\frac{\mathrm{d}l}{l} = -v\varepsilon$$

式中：ν 为泊桑系数；$\dfrac{\mathrm{d}\rho}{\rho}$ 为导体电阻率相对变化，与导体所受的轴向正应力有关。

$$\frac{\mathrm{d}\rho}{\rho} = \lambda\sigma = \lambda E\varepsilon \tag{4-7}$$

式中：E 为导线材料的弹性模量；λ 为压阻系数，与材质有关。于是式(4-6)可改写成

$$\frac{\mathrm{d}R}{R} = \varepsilon + 2\nu\varepsilon + \lambda E\varepsilon \tag{4-8}$$
$$= (1 + 2\nu + \lambda E)\varepsilon$$

当导体材料确定后，ν，λ 和 E 均为常数，则式(4-8)中的$(1+2\nu+\lambda E)$也是常数，这表明应变片电阻的相对变化率$\dfrac{\mathrm{d}R}{R}$与应变ε之间是线性关系，应变片的灵敏度为

$$S = \frac{\mathrm{d}R/R}{\varepsilon} = (1 + 2\nu + \lambda E) \tag{4-9}$$

由此，式(4-8)也可写为

$$\frac{\mathrm{d}R}{R} = S \times \varepsilon \tag{4-10}$$

对于金属电阻应变片，其电阻的变化主要是由于电阻丝的几何变形所引起时，因此从式(4-9)可知，其灵敏度 S 主要取决于$(1+2\nu)$项，λE 项则很小，可忽略，金属电阻应变片的灵敏度 $S=1.7\sim4.6$。而对半导体应变片，由于其压阻系数 λ 及弹性模量 E 都比较大，所以其灵敏度主要取决于 λE 项。而其几何变形引起的电阻的变化则很小，可忽略。半导体应变片的灵敏度 $S=60\sim170$，比金属丝式应变片的灵敏度要高 50～70 倍。

2. 应变片的结构和种类

应变片主要分为金属电阻应变片和半导体应变片两类。常用的金属电阻应变片有丝式、箔式和薄膜式三种，前两种为粘接式应变片(见图 4.4)。它由绝缘的基底、覆盖层和具有高电阻系数的金属敏感栅及引出线四部分组成。

金属薄膜式应变片是采用真空镀膜(如蒸发或沉积等)方式将金属材料在基底材料(如表面有绝缘层的金属、有机绝缘材料或玻璃、石英、云母等无机材料)上制成一层很薄的敏感电阻膜(膜厚在 0.1μm 以下)而构成的一种应变片。

半导体应变片是利用半导体材料的压阻效应工作的。即对某些半导体材料在某一晶轴方向施加外力时，它的电阻率 ρ 就会发生变化的现象。半导体应变片有体型、薄膜型和扩散型三种(见图 4.7)。

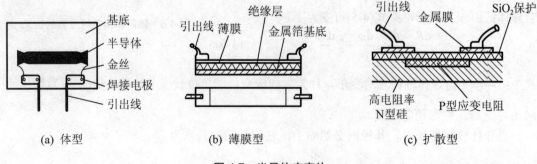

(a) 体型　　　　(b) 薄膜型　　　　(c) 扩散型

图 4.7　半导体应变片

3. 应变式电阻传感器的应用

如图 4.8 所示，电阻应变片在使用时通常将其接入测量电桥(对角线接有检流计 G)，以便将电阻的变化转换成电压量输出(详见第 5 章"信号变换及调理")。

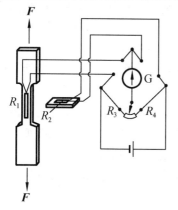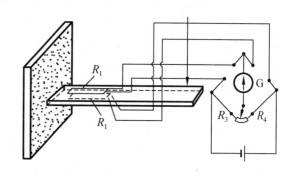

(a) 一片工作应变片的电桥　　　　　　　　(b) 两片工作应变片的电桥

图 4.8　应变片的测量电桥

金属应变片构成的这种电桥称为惠斯登电桥。利用金属应变片的单臂电桥构成力学量传感器时，可以采用电桥的一个桥臂为一片金属应变片、其他桥臂为固定电阻的方法[见图 4.8(a)]，也可以采用在电桥上用两片或四片金属应变片组成的桥路结构，以此提高传感器的测量精度[见图 4.8(b)]。采用两片金属应变片组成检测电路时，由于有两片金属应变片产生应变，因此可以得到单片应变片电路的 2 倍输出电压。采用四片金属应变片组成检测电路时，则可以得到 4 倍于单片应变片电路的输出电压。此外，有的检测还采用具有温度补偿功能的金属应变片替换固定电阻，以此提高电路的测量精度。

应变式电阻传感器的应用主要有两个方面：

1) 直接测定结构的应力或应变

为了研究机械、建筑、桥梁等结构的某些部位或所有部位工作状态下的受力变形情况，往往将不同形状的应变片贴在结构的预定部位上，直接测得这些部位的拉、压应力、弯矩等，为结构设计、应力校核或构件破坏及机器设备的故障诊断提供实验数据或诊断信息。如图 4.9(a)中，立柱受力后产生应变，贴在立柱上的应变片就可检测到这种应变；同样道理，图 4.9 (b)中桥梁的应变也可直接由应变片测出。

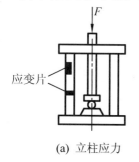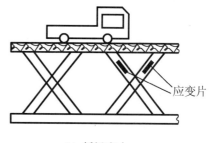

(a) 立柱应力　　　　　　　　　　(b) 桥梁应力

图 4.9　构件应力测定

2) 将应变片贴于弹性元件上制成多种用途的应变传感器

用应变片贴于弹性元件上制成的传感器可测量各种能使弹性元件产生应变的物理量，如压力、流量、位移、加速度等。因为这时被测的物理量使弹性元件产生与之成正比的应变，这个应变再由应变片转换成其自身电阻的变化。根据应变效应可知，应变片电阻的相对变化与应变片所感受的应变成比例，从而通过电阻与应变、应变与被测量的关系即可测得被测物理量的大小。图 4.10 给出了几种典型的应变式传感器的例子。

图 4.10(a)所示是位移传感器。位移 x 使板弹簧产生与之成比例的弹性变形，板簧上的应变片感受板簧的应变并将其转换成电阻的变化量。

图 4.10(b)所示是加速度传感器。它由质量块 M、悬臂梁、基座组成。当外壳与被测振动体一起振动时，质量块 M 的惯性力作用在悬臂梁上，梁的应变与振动体(外壳)的加速度在一定频率范围内成正比，贴在梁上的应变片把应变转换成为电阻的变化。

图 4.10(c)所示是质量传感器。质量引起金属盒的弹性变形，贴在盒上的应变片也随之变形，从而引起其电阻变化。

图 4.10(d)所示是压力传感器。压力使膜片变形，应变片也相应变形，产生应变，使其电阻发生变化。

图 4.10(e)所示是转矩传感器。扭矩使扭杆轴产生扭转变形，应变片也相应变形，产生应变，使其电阻发生变化。

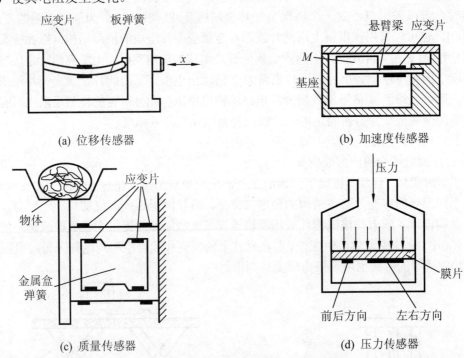

图 4.10 应变式电阻传感器应用举例

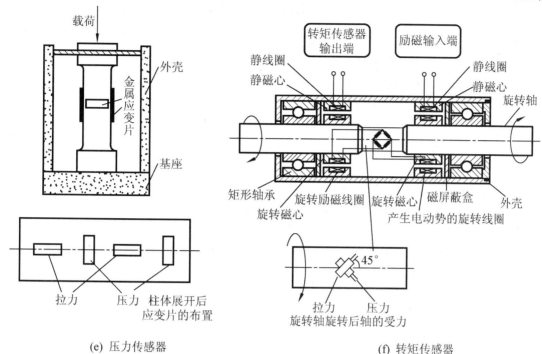

(e) 压力传感器   (f) 转矩传感器

图 4.10   应变式电阻传感器应用举例(续)

4.2.3   其他电阻传感器

1. 热电阻传感器

利用导电物体电阻率随本身温度变化而变化的温度电阻效应制成的传感器称为热电阻传感器。它用于检测温度或与温度有关的参数。按照电阻的性质可以分为热电阻和热敏电阻传感器，前者材料是金属，后者材料是半导体。

1) 热电阻传感器

热电阻传感器根据传感元件的材料性质的不同有铂电阻和铜电阻传感器等。在工业上广泛应用于-200～+500℃范围的温度检测。图 4.11 所示是几种热电阻传感器的结构。

这些热电阻传感器的传感元件采用不同材料的电阻丝，电阻丝将温度(热量)的变化转变成电阻的变化。因此它们必须接入信号转换调理电路中，将电阻的变化转换成电流或电压的变化，再进行后续测量。

(a) 微型铂电阻传感器   (b) 铜电阻传感器

图 4.11   热电阻传感器结构

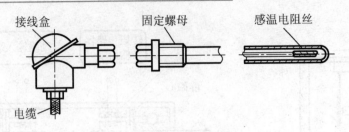

(c) 普通热电阻传感器

图 4.11   热电阻传感器结构(续)

2) 热敏电阻传感器

热敏电阻传感器的传感元件是热敏电阻。热敏电阻是一种当温度变化时电阻值能呈现敏感变化的元件,它由金属氧化物如锰、镍、钴、铁、铜等粉料按一定配方压制成型,经1000~1500℃高温烧结而成,其引出线一般是银线。热敏电阻的结构形状和符号如图 4.12所示。

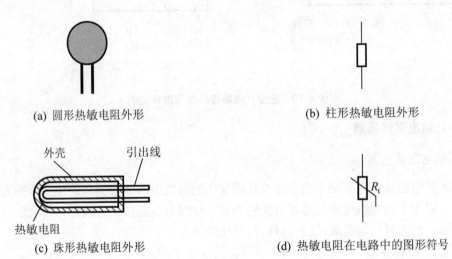

(a) 圆形热敏电阻外形

(b) 柱形热敏电阻外形

(c) 珠形热敏电阻外形

(d) 热敏电阻在电路中的图形符号

图 4.12   热敏电阻的结构外形及符号

根据热敏电阻温度特性的不同,可将热敏电阻分为以下三种类型:

(1) 负温度特性热敏电阻(NTC 型),其阻抗随温度升高而下降。

(2) 正温度特性热敏电阻(PTC 型),当温度超过某一温度后其阻抗急剧增加。

(3) 临界温度特性热敏电阻(CTC 型),当温度超过某一温度后其阻抗急剧减少。

这三种热敏电阻的温度特性曲线,如图 4.13 所示。在温度测量方面,多采用 NTC 型热敏电阻。热敏电阻是非线性元件,它的温度-电阻关系是指数关系,通过热敏电阻的电流和热敏电阻两端的电压不服从欧姆定律。

按形状的不同热敏电阻可以分为球形、圆形、条形三种,每种类型都有多种规格。在国家标准中,可以互换的热敏电阻都有标准规定。

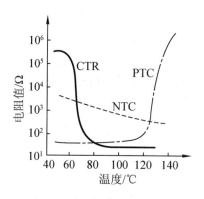

图 4.13 NTC、PTC、CTR 热敏电阻的温度特性

热敏电阻的连接方法如图 4.14 所示。在由阻值求解被测物体温度时，需要根据热敏电阻的温度特性曲线进行对数运算。若将阻抗变化的电压变化信号进行 A/D 转换后，由微型计算机完成这种数据处理，会使温度的计算变得非常简单。热敏电阻的测量温度的计算式为

$$\frac{1}{T} = \frac{1}{B}\ln\frac{R}{R_0} + \frac{1}{T_0} \tag{4-11}$$

式中：T 为被测温度(K)；R 为被测温度下的阻值(Ω)；T_0 为基准温度(热力学温度，单位为 K)；R_0 为基准温度下的阻值(Ω)；B 为热敏常数；$\ln$ 为自然对数。

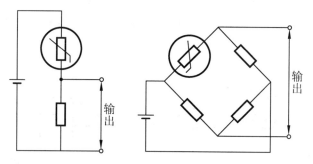

图 4.14 热敏电阻的连接方法

热敏电阻组成的传感器可用于液体、气体、固体以及海洋、高空、冰川等领域的温度测量。测量温度范围一般为-10～+400℃，也可以做到-200～+10℃和 400～1000℃。热敏电阻因温度电阻系数大、形小体轻、热惯性大、结构简单、价格经济等优点被广泛采用。

2. 光敏电阻传感器

有些半导体材料(如硫化镉)，在黑暗的环境下它的电阻非常高。但当它受到光照射时，其电阻就显著减小。它的变化机理是：当材料受到光线照射时，若光子能量大于半导体原子中的电子飞跃价带所需的能量时，价带中的电子吸收一个光子后就可以跃迁到导带，激发出电子-空穴对，从而增大了导电性能，使电阻降低。且照射光线越强，电阻值也变得越低；光照停止，自由电子与空穴逐渐复合，半导体材料又恢复原电阻值。

光敏电阻具有很高的灵敏度，光谱响应的范围很大，可以从紫外区到红外区。而且体积小、性能比较稳定、价格比较低廉。

光敏电阻的种类很多，一般都由金属硫化物、硒化物和碲化物所组成。由于材料不同，制成的光敏电阻的性能差异很大。由于光敏电阻的输出/输入特性的线性度很差，因此不宜用作测试元件，这是光敏电阻的主要缺点。光电导管的结构非常简单，在光敏半导体材料的两端装上电极即成。光敏电阻主要被用作自动控制中的开关元件，也称光电导管。如图 4.15 所示，将光电导管与电阻串联后接上电源，当光电导管不受光照时，光电导管电阻很大而不导通，在电阻两端没有电压输出；当光电导管接受光照后，光电导管的电阻明显下降，光电导管导通，在电阻两端产生电压输出，从而起到了"关"和"开"的作用。

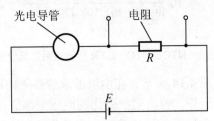

图 4.15　光电导管作开关的原理图

3. 湿敏电阻传感器

湿敏电阻传感器是一种检测空气湿度(水分)的传感器。它能将湿度的变化转换成电阻的变化。制作湿敏电阻的敏感材料主要是金属氧化物(如氧化锂)。当湿度变化时，会引起这种金属氧化物的电阻发生变化。其原因是此类氧化物都能在水中电离，当吸收水分后，金属氧化物的电离程度增大，导电性增加而电阻减小。氧化锂湿敏电阻式传感器的结构如图 4.16 所示。

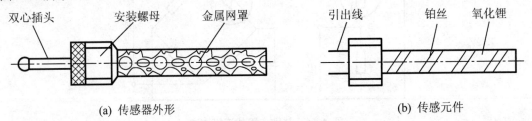

(a) 传感器外形　　　　　　　　(b) 传感元件

图 4.16　氧化锂湿敏电阻传感器

湿敏电阻由绝缘材料做骨架，上面绕以两根平行的铂丝组成一对引出线。氧化锂涂层涂在平行的铂丝之间，涂层的电阻由两根铂丝电极引出。当氧化锂涂层的水汽分压低于周围的水汽分压时，将从空气中吸收水分，其电阻值就随之减小；反之，当氧化锂涂层中水汽分压高于周围空气的水汽分压时，氧化锂涂层将向周围空气扩散水分而电阻随之增加，从而实现将湿度转换为电阻的功能。

4.3　电容传感器

电容传感器是以各种类型的电容器为传感元件，将被测物理量转换成电容量的变化来实现测量的。电容传感器的输出是电容的变化量。

4.3.1　电容传感器的变换原理

电容传感器的转换原理可用图 4.17 所示的平板电容器来说明。平板电容器的电容为

$$C = \frac{\varepsilon A}{\delta} = \frac{\varepsilon_0 \varepsilon_r A}{\delta} \tag{4-12}$$

式中：A 为极板的有效覆盖面积(m^2)；ε 为两极板间介质的介电常数；δ 为极板间距(m)；C 为电容量(F)；ε_r 为两极板间介质的相对介电常数，对于空气介质，$\varepsilon_r \approx 1$；ε_0 为真空的介电常数，$\varepsilon_0 = 8.85 \times 10^{-12}$ (F/m)。

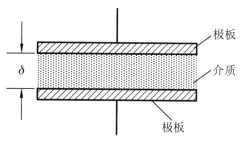

图 4.17　平板电容器

由式(4-12)知，当被检测参数(如位移、压力等)使 ε、A 和 δ 变化时，都能引起电容器电容量的变化，从而实现对被测参数到电容的变换。在实际应用中，通常使 ε，A 和 δ 三个参数中的两个保持不变，只改变其中的一个参数使电容产生变化。所以电容式传感器可分为以下三大类：

(1) 极距变化型电容传感器；

(2) 面积变化型电容传感器；

(3) 介质变化型电容传感器。

1. 极距变化型电容传感器

如图 4.18 所示，当电容器的两平行板的重合面积及介质不变，而动板因受被测量控制而移动时，改变了极板间距 δ，引起电容器电容量的变化，达到将被测参数转换成电容量变化的目的。若电容器的极板面积为 A，初始极距为 δ_0，极板间介质的介电常数为 ε，则电容器的初始电容量 C_0 为

$$C_0 = \frac{\varepsilon A}{\delta_0} \tag{4-13}$$

当间隙 δ_0 减小 $\Delta\delta$，则电容量增加 ΔC，其电容量为

$$C = C_0 + \Delta C = \frac{\varepsilon A}{\delta_0 - \Delta\delta} = C_0 \frac{1}{1 - \dfrac{\Delta\delta}{\delta_0}}$$

$$\Delta C = C_0 \frac{1}{1 - \dfrac{\Delta\delta}{\delta_0}} - C_0 = C_0 \left(\frac{1}{1 - \dfrac{\Delta\delta}{\delta_0}} - 1 \right) = \frac{C_0 \dfrac{\Delta\delta}{\delta_0}}{1 - \dfrac{\Delta\delta}{\delta_0}}$$

$$\frac{\Delta C}{C_0} = \frac{\Delta \delta}{\delta_0}\left(1 - \frac{\Delta \delta}{\delta_0}\right)^{-1} = \frac{\Delta \delta}{\delta_0}\left[1 + \frac{\Delta \delta}{\delta_0} + \left(\frac{\Delta \delta}{\delta_0}\right)^2 + \left(\frac{\Delta \delta}{\delta_0}\right)^3 + \cdots + \left(\frac{\Delta \delta}{\delta_0}\right)^n\right] \tag{4-14}$$

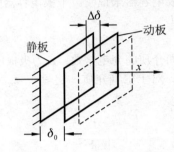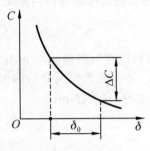

图 4.18　极距变化型电容传感器的结构和特性

由式(4-14)可知，极距变化型电容传感器的输入(被测参数引起的极距变化 $\Delta \delta$)与输出(电容的变化 ΔC)之间的关系是非线性的，但是当 $\frac{\Delta \delta}{\delta_0} \ll 1$ 时，可略去高次项而认为是线性的，即

$$\frac{\Delta C}{C_0} = \frac{\Delta \delta}{\delta_0} \qquad \left(\frac{\Delta \delta}{\delta_0} \ll 1\right)$$

由非线性引起的误差为

$$\Delta = \left(\frac{\Delta \delta}{\delta_0}\right)^2 + \left(\frac{\Delta \delta}{\delta_0}\right)^3 + \cdots + \left(\frac{\Delta \delta}{\delta_0}\right)^n \tag{4-15}$$

显然要减小非线性误差，必须缩小测量范围 $\Delta \delta$ 。一般取测量范围为 0.1 微米至数百微米。对于精密的电容传感器， $\frac{\Delta \delta}{\delta_0} \ll \frac{1}{100}$ 。它的灵敏度近似地为

$$S = \frac{\mathrm{d}(\Delta C)}{\mathrm{d}(\Delta \delta)} = \frac{C_0}{\delta_0} = \varepsilon A_0 \tag{4-16}$$

2. 面积变化型电容传感器

按其极板相互覆盖的方式不同面积变化型电容传感器分为有直线位移型和角位移型两种。

1) 直线位移型电容传感器

如图 4.19(a)所示，当动板沿 x 方向移动时，相互覆盖面积变化，电容量也随之改变，其输出特性为

$$C = \frac{\varepsilon b x}{\delta} \tag{4-17}$$

式中：b 为极板宽度；x 为位移；δ 为极板间距。其灵敏度为

$$S = \frac{\mathrm{d}C}{\mathrm{d}x} = \frac{\varepsilon b}{\delta} = 常数 \tag{4-18}$$

图 4.19(b)所示为单边圆柱体线位移型电容传感器，动板(圆柱)与定板(圆筒)相互覆盖，其电容量为

$$C = \frac{2\pi\varepsilon x}{\ln(D/d)} \qquad (4\text{-}19)$$

式中：d 为圆柱外径；D 为圆筒孔径。当覆盖长度 x 变化时，电容量 C 发生变化，其灵敏度为

$$S = \frac{\mathrm{d}C}{\mathrm{d}x} = \frac{2\pi\varepsilon}{\ln(D/d)} = 常数 \qquad (4\text{-}20)$$

可见，面积变化型线位移传感器的输出(电容的变化 $\mathrm{d}C$)与其输入(由被测物理量引起的电容传感器极板覆盖面积的改变)是呈线性关系的。

2) 角位移型电容传感器

图 4.19(c)所示为角位移型电容传感器。当动板有一转角时，与定板之间相互覆盖面积就发生变化，导致电容量变化。由于覆盖面积为

$$A = \frac{\alpha r^2}{2}$$

式中：α 为覆盖面积对应的中心角；r 为极板半径。所以电容量为

$$C = \frac{\varepsilon \alpha r^2}{2\delta} \qquad (4\text{-}21)$$

其灵敏度为

$$S = \frac{\mathrm{d}C}{\mathrm{d}\alpha} = \frac{\varepsilon r^2}{2\delta} = 常数 \qquad (4\text{-}22)$$

可见，角位移型电容传感器的输入(被测量引起的电容极板的角位移 $\mathrm{d}\alpha$)与输出(电容量的变化 $\mathrm{d}C$)为线性关系。

图 4.20 所示是差动式及齿形式等几种面积变化型电容传感器的结构示意图。

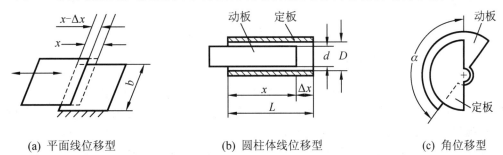

(a) 平面线位移型   (b) 圆柱体线位移型   (c) 角位移型

图 4.19   面积变化型电容传感器

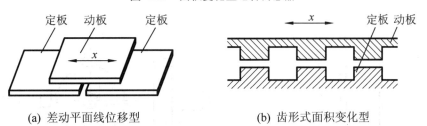

(a) 差动平面线位移型   (b) 齿形式面积变化型

图 4.20   面积变化型电容传感器的几种其他形式

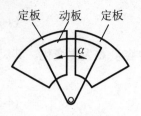

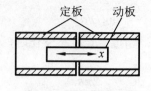

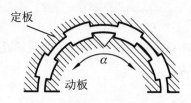

(c) 差动角位移型   (d) 差动圆柱体线位移型   (e) 齿形式角位移型

图 4.20   面积变化型电容传感器的几种其他形式(续)

3. 介质变化型电容传感器

若被测参数使电容传感器的介电常数发生变化而导致其电容量发生变化，则称其为介质变化型电容式传感器。它们大多用来测量材料的厚度、液体的液面、容量及温度、湿度等能导致极板间介电常数变化的物理量。

图 4.21(a)所示的电容式传感器极板间在测量纸的厚度时，其介质就是空气和纸。空气的介电系数是常数，而被测物的厚度是变化的，其介电系数是变化的。因此这种传感器可用来测量纸张等固体介质的厚度。图 4.21(b)所示为极板间介质本身的介电常数在温度、湿度或体积容量改变时发生变化，可用于测量温度、湿度或容量。

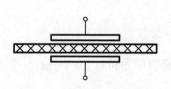

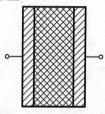

(a) 介质厚度变化导致介电常数改变   (b) 温度、温度的变化引起的介电常数的变化

图 4.21   介质变化型电容传感器

4.3.2 电容传感器的应用实例

图 4.22 是电容传感器用于振动位移或微小位移测量的例子。用于测量金属导体表面振动位移的电容传感器只含有一个电极，而把被测对象作为另一个电极使用。图 4.22(a)所示是测量振动体的振动；图 4.22(b)所示是测量转轴回转精度，利用垂直安放的两个电容式位移传感器，可测出回转轴轴心的动态偏摆情况，这两例所示电容传感器都是极距变化型的。

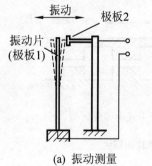

(a) 振动测量   (b) 旋转轴的偏心量的测量

图 4.22   电容位移传感器应用实例

图 4.23 所示是一种用于测量导电性液体液位的介质变化型电容传感器。将一根外包绝缘层的金属棒插入装有导电介质的金属容器，金属棒和容器内壁之间形成电容，其填充介质的变化量 ΔH 与形成的电容变化量 ΔC_x 关系如式(4-23)：

$$C_x = \frac{2\pi\varepsilon_r\varepsilon_0\Delta H}{\ln\dfrac{D}{d}} \tag{4-23}$$

式中：D 和 d 分别为绝缘覆盖层外径和内电极外径。ε_r 为液体的介电系数。由于 ε_r 为常数，所以 C_x 与 l 成正比。

图 4.24 所示是一种纱条均匀度测试仪。纺织工艺要求纱条有一定的均匀度，纱条均匀测量仪中的传感器就是一个介质变化型电容传感器。测试时，纱条通过电容器两个极板间的间隙，若纱条不均匀，则图中 d 值有变化。这个具有两层介质(一层是空气，另一层是纱条)的电容器通过介电系数发生变化而使电容器的电容量发生变化，达到测试纱条均匀度的目的。

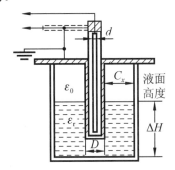

图 4.23　电容式导电性液体液位传感器

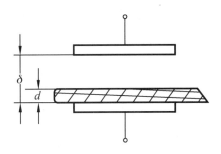

图 4.24　纱条均匀度测试仪

电容传感器结构简单、灵敏度高、动态特性好，在自动检测技术中占有重要地位。它还易于实现非接触测量，采用适当的检测电路与之匹配，可以获得很高的灵敏度。如用电容式传感器测微小位移和振动，其灵敏度可达 0.01μm，这是其他类型的机械量传感器所无法比拟的。电容感器的主要缺点是初始电容较小，受引线电容、寄生电容的干扰影响较大。近年来随着电子技术的发展，上述问题正在得到逐步解决。

4.4　电感传感器

电感传感器的敏感元件是电感线圈，其转换原理基于电磁感应原理。它把被测量的变化转换成线圈自感系数 L 或互感系数 M 的变化(在电路中表现为感抗 X_L 的变化)而达到被测量到电参量的转换。图 4.25 所示是简单自感式装置的原理图。当一个简单的单线圈作为敏感元件时，机械位移输入会改变线圈产生的磁路的磁阻，从而改变自感式装置的电感。电感的变化由合适的电路进行测量，就可从表头上指示输入值。磁路的磁阻变化可以通过空气间隙的变化来获得，也可以通过改变铁心材料的数量或类型来获得。

采用两个线圈的互感装置如图 4.26 所示。当一个激励源线圈的磁通量被耦合到另一个传感线圈上，就可从这个传感线圈得到输出信号。输入信息是衔铁位移的函数，它改变线圈间的耦合。耦合可以通过改变线圈和衔铁之间的相对位置而改变。这种相对位置的改变可以是线位移的，也可以是转动的角位移。

按照转换方式的不同可将电感传感器分为自感型(包括可变磁阻式与高频反射式)与互感型(差动变压器式与低频透射式)。

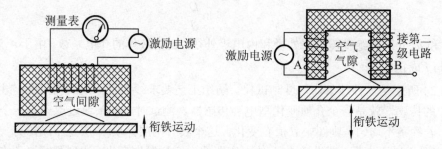

图 4.25　简单自感式装置的工作原理示意　　　图 4.26　双线圈互感装置

4.4.1　可变磁阻式电感传感器

图 4.27 所示是可变磁阻式传感器的典型结构，它由线圈、铁心和衔铁组成，在铁心与衔铁之间有空气气隙 δ。

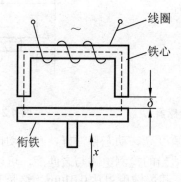

图 4.27　可变磁阻式传感器的典型结构

在电感线圈通以交变电流 I，电感线圈的电感为

$$L = \frac{W\Phi}{I} \tag{4-24}$$

式中：L 为电感线圈的自感量；W 为电感线圈匝数；Φ 为通过电感线圈的磁通；I 为电感线圈中通过的电流值。

由磁路欧姆定律可知

$$\Phi = \frac{WI}{R_m} \tag{4-25}$$

式中：R_m 为磁路中的磁阻；WI 为磁路中的磁动势。

将式(4-25)代入式(4-24)得

$$L = \frac{W^2}{R_m} \tag{4-26}$$

从式(4-26)可知，当电感线圈的匝数一定时，图 4.27 中的被测量 x 可以通过改变磁路

中的磁阻 R_m 来改变自感系数，从而将被测量的变化转换成传感器自感系数的变化。因此，这类传感器称为可变磁阻式传感器。下面讨论哪些因素与磁路磁阻 R_m 有关。

图 4.27 的磁路磁阻由两部分组成：空气隙的磁阻；衔铁和铁心的磁阻，即

$$R_m = \frac{L_1}{\mu_1 A_1} + \frac{2\delta}{\mu_0 A_0} \tag{4-27}$$

式中：L_1 为磁路中软铁(铁心和衔铁)的长度(m)；μ_1 为软铁的导磁率(H/m)；μ_0 为空气的导磁率，$\mu_0 = 4\pi \times 10^{-7}$(H/m)；$A_1$ 为铁心导磁截面积(m^2)；A_0 为空气隙导磁截面积(m^2)

通常，铁心的磁阻远小于空气隙的磁阻，故 $R_m \approx \dfrac{2\delta}{\mu_0 A_0}$。将此式代入式(4-26)得

$$L = \frac{W^2 \mu_0 A_0}{2\delta} \tag{4-28}$$

式(4-28)为自感式电感传感器的工作原理表达式。它表明空气气隙厚度和面积是改变磁阻从而改变自感 L 的主要因素。被测量只要能够改变空气隙厚度或面积，就能达到将被测量的变化转换成自感变化的目的，由此也就构成了间隙变化型和面积变化型的自感式电感传感器。

图 4.28(a)所示是间隙变化型电感传感器的典型应用。W，μ_0 及 A_0 都是不变的，δ 则由被测参数——工件直径的变化 Δd 引起 δ 的改变 $\Delta \delta$，从而使传感器产生 ΔL 的输出，达到被测参数到电感变化 ΔL 的转换。由式(4-28)知 L-δ 的关系是双曲线关系，即为非线性关系[见图 4.29(a)]。其灵敏度为

$$S = \frac{\mathrm{d}L}{\mathrm{d}\delta} = -\frac{W^2 \mu_0 A_0}{2\delta^2} = -\frac{L}{\delta} \tag{4-29}$$

为保证传感器的线性度，限制非线性误差，这种传感器多用于微小位移测量。实际应用中，一般取 $\dfrac{\Delta \delta}{\delta_0} \leqslant 0.1$，位移测量范围为 $0.001 \sim 1$mm。

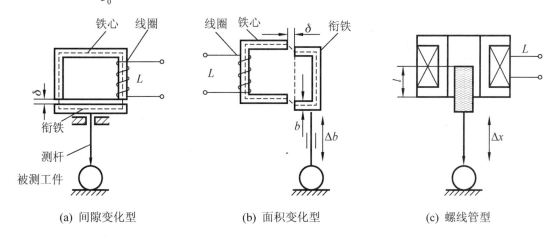

(a) 间隙变化型   (b) 面积变化型   (c) 螺线管型

图 4.28   可变磁阻式电感传感器典型应用

图 4.28(b)所示为面积变化型电感传感器的典型应用。这时 W，μ_0，δ 都不变，而磁路截面积 A 随着被测物理量 Δb 的变化而变化。由于磁路截面积 A 变为 $A + \Delta A$ 而使传感器的电感由 L 变为 $L + \Delta L$，从而有 ΔL 输出，实现了被测参数到电参量 ΔL 的转换。根据式(4-28)

知 $L\text{-}A$(输出和输入)呈线性关系[见图 4.29(b)]。其灵敏度为

$$S = \frac{\mathrm{d}L}{\mathrm{d}A} = \frac{W^2 \mu_0}{2\delta_0} = 常数 \tag{4-30}$$

这种传感器自由行程限制小，示值范围较大。如将衔铁做成转动式，还可用来测量角位移。

图 4.28(c)所示是螺管式电感传感器。即在螺线管中插入一个可移动的铁心构成工作时，因铁心在线圈中伸入长度 l 的变化 Δl 引起螺线管电感值的变化 ΔL，由于螺线管中磁场分布的不均匀，Δl 和 ΔL 是非线性的。这种传感器的灵敏度比较低，但由于螺线管可以做得较长，故适于测量较大的位移量(数毫米)。

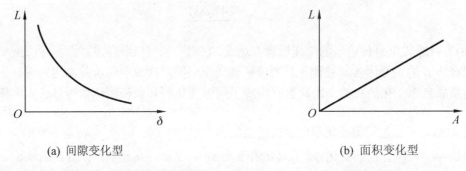

(a) 间隙变化型   (b) 面积变化型

图 4.29 间隙变化型和面积变化型可变磁阻式电感传感器的输出特性

实际应用中常将两个完全相同的电感传感器线圈与一个共用的活动衔铁结合在一起，构成差动式电感传感器。图 4.30 所示是变气隙型差动变压器式电感传感器的结构和输出特性。

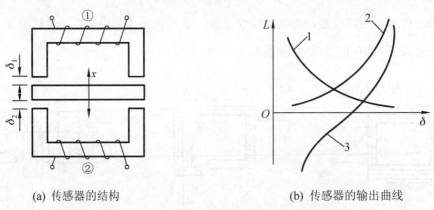

(a) 传感器的结构   (b) 传感器的输出曲线

图 4.30 变气隙型差动变压器式电感传感器

1—线圈①的输出曲线；2—线圈②的输出曲线；3—传感器的输出曲线

当衔铁位于气隙的中间位置时，$\delta_1 = \delta_2$，两线圈的电感值相等，$L_1 = L_2 = L_0$，总的电感值等于 $L_1 - L_2 = 0$，当衔铁偏离中间位置时，一个线圈的电感值增加 $L_1 = L_0 + \Delta L$，另一个线圈的电感值减小 $L_2 = L_0 - \Delta L$，总的电感变化量等于

$$L_1 - L_2 = +\Delta L - (-\Delta L) = 2\Delta L$$

于是差动变压器式电感传感器的灵敏度 S 为

$$S = \frac{\mathrm{d}L}{\mathrm{d}\delta} = -2\frac{L}{\delta} \tag{4-31}$$

与式(4-27)比较可知，差动变压器式传感器比单边式传感器的灵敏度提高 1 倍。从图 4.29(b)中还可看出，其输出线性度也改善许多。

面积变化型与螺线管型也可以构成差动型结构(见图 4.31)。其中，W_1 和 W_2 是参数完全相同的两组线圈，将其对称地绕在骨架上（如螺线管型的骨架是螺线管），衔铁的初始位置居中。

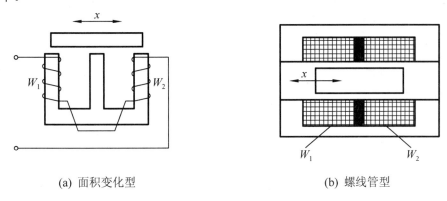

(a) 面积变化型　　　　　　　　　　　　(b) 螺线管型

图 4.31　差动变压器式电感传感器的结构

4.4.2　涡流式电感传感器

涡流式电感传感器的转换原理是金属板在交变磁场中的涡流效应。根据电磁感应定律，当一个通以交流电流的线圈靠近一块金属板时(见图 4.32)，交变电流 I_1 产生的交变磁通 Φ_1 通过金属导体，在金属导体内部产生感应电流 I_2，I_2 在金属板内自行闭合形成回路，称为"涡流"。涡流的产生必然要消耗磁场的能量，即涡流产生的磁通 Φ_2 总是与线圈磁通 Φ_1 方向相反，使线圈的阻抗发生变化。传感器线圈阻抗的变化与被测金属的性质(电阻率 ρ、导磁率 μ 等)、传感器线圈的几何参数、激励电流的大小与频率、被测金属板的厚度以及线圈到被测金属之间的距离等有关。因此，可把传感器线圈作为传感器的敏感元件，通过其阻抗的变化来测定导体的位移、振幅、厚度、转速、导体的表面裂纹、缺陷、硬度和强度等。

涡流式电感传感器可分为高频反射式和低频透射式两种类型。

1. 高频反射式涡流传感器

高频反射式涡流传感器的工作原理如图 4.32(a)所示。在金属板一侧的电感线圈中通以高频(MHz 以上)激励电流时，线圈便产生高频磁场，该磁场作用于金属板，由于集肤效应[①]，高频磁场不能透过有一定厚度 h 的金属板，而是作用于表面薄层，并在这薄层中产生涡流。涡流 I_2 又会产生交变磁通 Φ_2 反过来作用于线圈，使得线圈的阻抗发生变化。显然涡流的大小随线圈与金属板之间的距离 x 的变化而变化。因此可以用高频反射式涡流传感器来测量

---

① 集肤效应——交流电流通过导体时，由于感应作用引起导体截面上电流分布不均匀，越接近导体表面，电流密度越大，这种现象称为集肤效应。集肤效应使导体的有效电阻增加。交流电的频率越高、集肤效应越显著。

位移量 x 的变化。下面还可以通过对高频反射式传感器的等效电路[见图 4.32(b)]的分析来证实这一点。

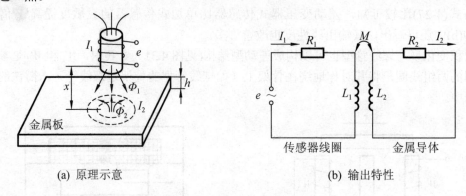

(a) 原理示意   (b) 输出特性

图 4.32   高频反射式涡流传感器

由图 4.32(b)知回路方程:

$$\begin{cases} R_1 I_1 + \mathrm{j}\omega L_1 I_1 - \mathrm{j}\omega M I_2 = 0 \\ -\mathrm{j}\omega M I_1 + R_2 I_2 + \mathrm{j}\omega L_2 I_2 = 0 \end{cases} \tag{4-32}$$

由式(4-32)可导出受涡流影响后线圈的等效阻抗为

$$Z = \left[R_1 + R_2 \frac{\omega^2 M^2}{R_2^2 + \omega^2 L_2^2} \right] + \mathrm{j}\left[\omega L_1 - \omega L_2 \frac{\omega^2 M^2}{R_2^2 + \omega^2 L_2^2} \right] \tag{4-33}$$

式中:实部的第二项为涡流对线圈的影响项,称为涡流反射电阻;虚部的第二项为涡流对线圈电感的影响项,称为涡流反射电感。

当传感器与被测金属都确定后,线圈阻抗只与 L_1、L_2、M 有关,而 L_1、L_2、M 都与传感器线圈和被测金属体之间的距离 x 有关,即

$$Z = f(x) \tag{4-34}$$

因此,如固定传感器的位置,当被测金属产生位移使 x 发生变化时,传感器线圈的阻抗就发生变化,从而达到以传感器线圈的阻抗变化值来检测被测金属位移量的目的。

2. 低频透射式涡流传感器

低频透射式涡流传感器是利用互感原理工作的,它多用于测量材料的厚度。其工作原理如图 4.33(b)所示。发射线圈 W_1 和接收线圈 W_2 分别置于被测材料的两边;当低频(1000Hz左右)电压加到 W_1 的两端后,W_1 产生一交变磁场,并在金属板中产生涡流,这个涡流损耗了部分磁场能量,使得贯穿 W_2 的磁力线减少,从而使 W_2 产生的感应电势 e_2 减少。金属板的厚度 h 越大,涡流损耗的磁场能量也越大,e_2 就越小。因此 e_2 的大小就反映了金属板的厚度 h 的大小。低频透射式涡流传感器的输出特性即 e_2 与 h 的关系如图 4.33(b)所示。

涡流式传感器具有非接触测量、简单可靠、灵敏度高等一系列优点,在机械、冶金等工业领域中得到广泛应用。

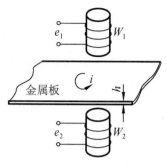

(a) 传感器工作原理示意

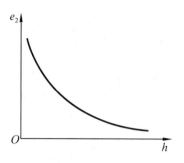

(b) 传感器的输出特性

图 4.33　低频透射式涡流传感器

3. 涡流式传感器的应用

1) 位移、振幅测量

图 4.34(a)所示是涡流式传感器在位移测量中的应用。它的检测范围从 0～1mm 到 0～40mm，分辨率一般可达满量程的 0.1%。图 4.34(b)所示是涡流传感器在振动测量中的应用。振动幅值测量范围从几微米到几毫米。图 4.34(c)所示是涡流传感器在振型测量中的应用。涡流式传感器的频率特性从零到几十千赫的范围内部是平坦的，故能作静态位移测量，特别适合作低频振动测量。

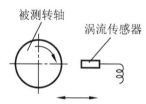
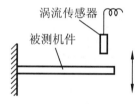

| (a) 测转轴的径向振动位移 | (b) 测片状机件的振幅 | (c) 测构件的振型 |

图 4.34　用涡流式传感器检测振幅

2) 转速测量

在旋转体上开一个或数个槽或固定一块凸块，如图 4.35 所示，将涡流传感器安装在旁边。当转轴转动时，涡流传感器与转轴之间的距离发生周期性的改变，于是它的输出也周期性地发生变化，即输出周期性的脉冲信号，脉冲频率与转速之间有如下关系：

$$n = \frac{f}{z} \times 60 \tag{4-35}$$

式中：n 为转轴的转速（r/min）；f 为脉冲频率（Hz）；z 为转轴上的槽数或齿数。

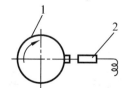
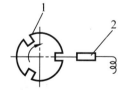

图 4.35　用涡流传感器检测转速

1—被测转轴；2—涡流传感器

3) 金属零件表面裂纹检查

用涡流传感器可以探测金属零件表面裂纹、热处理裂纹和焊接裂纹等。探测时，传感器贴近零件表面，当遇到有裂纹时，涡流传感器等效电路中的涡流反射电阻与涡流反射电感发生变化，导致线圈的阻抗改变，输出电压随之发生改变。

4.4.3　差动变压器式电感传感器

差动变压器式电感传感器是一种互感式电感传感器，它实质上是一个具有可动铁心的变压器。当变压器初级(一次侧)线圈中接入电源后，其次级(二次侧)线圈中即感应出电压。在改变铁心与初、次级线圈之间的位置时，改变了初、次级线圈之间的互感量而使次级线圈输出的电压也产生了变化，达到由互感量的变化引起电压的变化的目的。由于这种传感器一般都做成差动式结构，所以称为差动变压器式电感传感器。实际使用中的差动变压器多是螺线管式的。

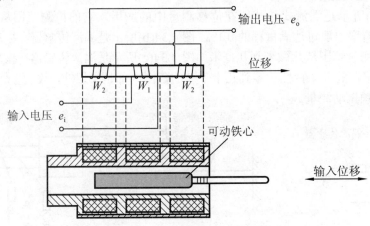

图 4.36　螺线管式差动变压器结构图

图 4.36 所示为螺线管式差动变压器结构，当初级线圈 W_1 中通入一定频率的交流激磁电压 e_i 时，由于互感作用，在两组次级线圈 W_2 中就会产生感应电势 e_{ob} 和 e_{oa}。线圈 W_2 输出的感应电势 e_{ob} 和 e_{oa} 与铁心位移的关系如图 4.37 所示。

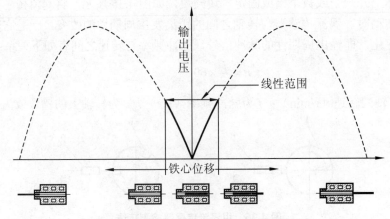

图 4.37　差动变压器式电感传感器的性能特性

将差动变压器的次级线圈反相串接，如图 4.36 所示。设初级线圈中电流为 I_i，初级与次级的互感系数分别为 M_a 和 M_b，则可求出次级线圈中的感应电势：

$$\dot{E}_{oa} = -j\omega M_a \dot{I}_i \tag{4-36}$$

$$\dot{E}_{ob} = -j\omega M_b \dot{I}_i \tag{4-37}$$

根据初级输入电流公式，可得出次级的空载输出电压为

$$\dot{E}_o = \dot{E}_{oa} - \dot{E}_{ob}$$
$$= -j\omega(M_a - M_b)\dot{I}_i \tag{4-38}$$
$$= -\frac{j\omega(M_a - M_b)}{R_1 + j\omega L_1}\dot{E}_i$$

式中：R_1、L_1 为初级线圈的电阻和电感；ω 为交变电流 $\dot{I}_i$ 的角频率。

当铁心处于中间位置时，$M_a=M_b=M_0$，所以输出电压为零；

当铁心左移至某一位置时，$M_a=M_0+\Delta M$，$M_b=M_0-\Delta M$，所以输出电压的有效值为

$$E_o = \frac{2\omega\Delta M E_i}{\sqrt{R_1^2 + (\omega L_1)^2}} \tag{4-39}$$

输出电压 e_o 的相位与 e_{oa} 相同；

当铁心右移至某一位置时，$M_a=M_0+\Delta M$，$M_b=M_0-\Delta M$，输出电压的有效值同式(4-39)，但其相位与 e_{oa} 相反。

从上面的分析可知，输出电压的幅值 E_o 与互感的变化量 ΔM 成正比，而且在衔铁左移或右移量相等时，输出电压幅值相同，但相位相差 180°，如图 4.37 中波形所示。

4.4.4　电感传感器的应用实例

由于电感传感器的基本工作原理是将衔铁的位移变化转换成传感器线圈的自感系数或互感系数的变化，因此，这种传感器主要用于位移的测量以及其他可以转换成为位移的物理量的测量，如压力、加速度等。

图 4.38 所示是差动变压器式电感测力传感器的结构。图中支承铁心的是两个圆片状弹性膜片，被测力 F 使差动变压器铁心产生上下位移，差动变压器线圈就会产生输出电压。

图 4.39 所示是电感式纸页厚度测量仪原理图。E 形铁心上绕有线圈，构成一个电感测量头，衔铁实际上是一块钢质的平板。在工作过程中板状衔铁是固定不动的，被测纸张置于 E 形铁心与板状衔铁之间，磁力线从上部的 E 形铁心通过纸张而达到下部的衔铁。当被测纸张沿着板状衔铁移动时，压在纸张上的 E 形铁心将随着被测纸张的厚度变化而上下浮动，也即改变了铁心与衔铁之间的间隙，从而改变了磁路的磁阻。交流毫安表的读数与磁路的磁阻成比例，也即与纸张的厚度成比例。毫安表通常按微米刻度，这样就可以直接显示被测纸张的厚度了。如果将这种传感器安装在一个机械扫描装置上，使电感测量头沿纸张的横向进行扫描，则可用于自动记录仪表记录纸张横向的厚度，并可利用此检测信号在造纸生产线上自动调节纸张厚度。

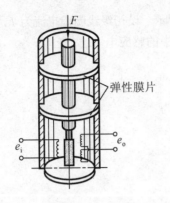

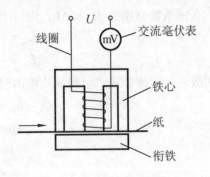

图 4.38 差动变压器式电感测力传感器　　　图 4.39 电感式纸张厚度测量仪原理示意

4.5 磁电传感器

磁电传感器是一种将被测物理量转换成为感应电势的有源传感器,又称电动式传感器或感应式传感器。

根据电磁感应定律,一个匝数为 W 的运动线圈在磁场中切割磁力线时,穿过线圈的磁通量 Φ 发生变化,线圈两端就会产生出感应电势,其表示为

$$e = -W\frac{\mathrm{d}\Phi}{\mathrm{d}t} \tag{4-40}$$

负号表明感应电势的方向与磁通变化的方向相反。线圈感应电势的大小在线圈匝数 W 一定的情况下与穿过该线圈的磁通变化率 $\dfrac{\mathrm{d}\Phi}{\mathrm{d}t}$ 成正比。传感器的线圈匝数和永久磁钢选定后,磁场强度就确定了。使穿过线圈的磁通发生变化的方法通常有两种:一种是让线圈和磁力线作相对运动,即利用线圈切割磁力线而使线圈产生感应电势;另一种则是把线圈和磁钢都固定,靠衔铁运动来改变磁路中的磁阻,从而改变通过线圈的磁通。因此,磁电式传感器可分成两大类型:动圈式(动磁式)及可动衔铁式(可变磁阻式)。

4.5.1 动圈式(动磁式)磁电传感器

动圈式磁电传感器可按结构分为线速度型与角速度型。图 4.40(a)所示是线速度型传感器。在永久磁铁产生的直流磁场内,放置一个可动线圈,当线圈在磁场中随被测体的运动而作直线运动时,线圈便由于切割磁力线而产生感应电势,其感应电势的大小为

$$e = WBl\frac{\mathrm{d}x}{\mathrm{d}t}\sin\alpha \tag{4-41}$$

式中: W 为线圈匝数; B 为磁场的磁感应强度; l 为线圈的长度; $\dfrac{\mathrm{d}x}{\mathrm{d}t}$ 为线圈与磁场相对运动速度; α 为线圈运动方向与磁场方向的夹角。

在设计时,若使 $\alpha = 90°$,则式(4-41)可写为

$$e = WBl\frac{\mathrm{d}x}{\mathrm{d}t} \tag{4-42}$$

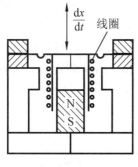

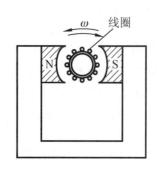

(a) 线速度型传感器   (b) 角速度型传感器

图 4.40   动圈式磁电传感器

显然，当磁场强度 B 和线圈的匝数 W 及有效长度 l 一定时，感应电势与线圈和磁场的相对运动速度成正比，因此，这种传感器又称为速度计。如果将图 4.40(a)中线圈固定，让永久磁铁随被测体的运动而运动，则构成动圈式磁电传感器。

图 4.40(b)所示是角速度型传感器工作原理图。线圈在磁场中转动时产生的感应电势为

$$e = kWBA\omega \tag{4-43}$$

式中：ω 为线圈转动的角速度；A 为单匝线圈的截面积；k 为与结构有关的系数，$k<1$。

式(4-43)表明，当传感器结构一定，W、B、A 均为常数时，感应电势 e 与线圈相对磁场的角速度 ω 成正比，这种传感器常用来测量转速。

图 4.41 所示是商用动圈式绝对速度传感器，其工作线圈、阻尼器、心棒和软弹簧片组合在一起构成传感器的惯性运动部分。弹簧的另一端固定在壳体上，永久磁铁用铝架与壳体固定。使用时，将传感器的外壳与被测机体联结在一起，传感器外壳随机件的运动而运动。当壳体与振动物体一起振动时，由于心棒组件质量很大，产生很大的惯性力，阻止心棒组件随壳体一起运动。当振动频率高到一定程度时，可以认为心棒组件基本不动，只是壳体随被测物体振动。这时，线圈以振动物体的振动速度切割磁力线而产生感应电势，此感应电势与被测物体的绝对振动速度成正比。

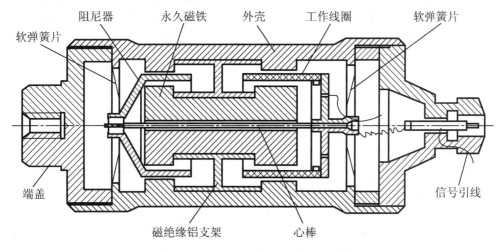

图 4.41   CD—1型绝对式速度传感器

图 4.42 所示是商用动圈式相对速度传感器。传感器活动部分由顶杆、弹簧和工作线圈联结而成，活动部分通过弹簧联结在壳体上。磁通从永久磁铁的一极出发，通过工作线圈、空气隙、壳体再回到永久磁铁的另一极构成闭合磁路。工作时，将传感器壳体与机件固定连接，顶杆顶在另一构件上，当此构件运动时，使外壳与活动部分产生相对运动，工作线圈在磁场中运动而产生感应电势，此电势反映了两构件的相对运动速度。

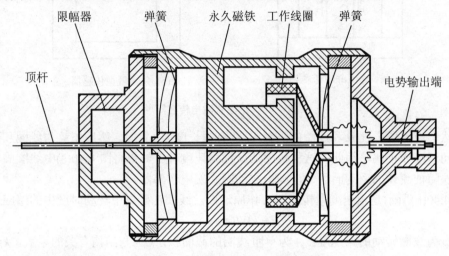

图 4.42　CD－2 型相对式速度传感器

4.5.2　磁阻式磁电传感器

可变磁阻式磁电传感器简称磁阻式磁电传感器。磁阻式磁电传感器由永久磁钢及缠绕其上的线圈组成。传感器在工作时线圈与磁钢都不动，由运动着的物体(导磁材料)改变磁路的磁阻，引起通过线圈的磁力线增强或减弱，使线圈产生变化的感应电势。图 4.43 表示了磁阻式磁电传感器应用于转速、偏心量、振动的测量。

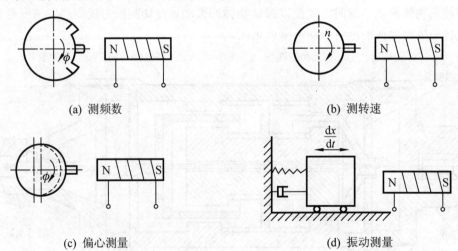

图 4.43　磁阻式磁电传感器工作原理及应用

4.6　压电传感器

压电传感器是一种典型的发电型传感器，其传感元件是压电材料，它以压电材料的压电效应为转换机理实现压力到电量的转换。

4.6.1　压电效应

自然界的某些物质如石英、钛酸钡等，当受到外力作用时，不仅几何尺寸发生变化，而且内部极化，表面上有电荷出现，形成电场。当外力去掉时，又重新回复到原不带电状态，这种现象称为压电效应。若将这些物质置于电场中，其几何尺寸也发生变化，这种由于外电场作用导致物质机械变形的现象，称为逆压电效应或电致伸缩效应。

具有压电效应的材料称为压电材料，常见的压电材料有两类：压电单晶体，如石英、酒石酸钾钠等；多晶压电陶瓷，如钛酸钡、锆钛酸铅等。下面以石英晶体为例，说明压电效应的机理。

石英晶体的基本形状为六角形晶柱。图 4.44(a)所示即两端对称的棱锥。六棱柱是它的基本组织。纵轴线 $z-z$ 称为光轴，通过六角棱线而垂直于光轴的轴线 $x-x$ 称作电轴，垂直于棱面的轴线 $y-y$ 称作机械轴，如图 4.44(b)所示。如从晶体中切下一个平行六面体，并使其晶面分别平行于 $z-z$，$y-y$，$x-x$ 轴线，这个晶片在正常状态下不呈现电性。当施加外力 F_x 时，晶片极化，并沿 $x-x$ 方向形成电场，其电荷分布在垂直于 $x-x$ 轴的平面上，如图 4.45(a)所示，这种现象称为纵向压电效应。当沿 y 方向对晶片施加外力 F_y 时，则在晶片受力面的侧面产生电荷，如图 4.45(b)所示。这种现象称为横向压电效应。沿 z 轴对晶片施加外力 F_z 时，则不论外力的大小和方向如何，晶片的表面都不会极化。

实验证明，在极板上积聚的电荷量 q 与晶片所受的作用力 F 成正比，即

$$q = DF \tag{4-44}$$

式中：q 为电荷量（C，库仑）；D 为压电常数，与材质及切片方向有关；F 为作用力。由式(4-44)可知，应用压电式传感器测得力值 F 的问题实质上就是如何测得电荷量 q 的问题。

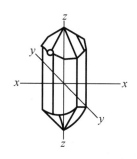

(a) 两端对称的石英晶体

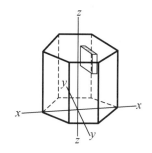

(b) 光轴、电轴和机械轴

图 4.44　石英晶体及其轴体示意

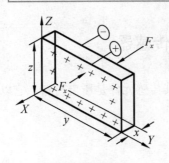

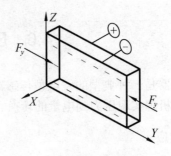

(a) 纵向压电效应

(b) 横向压电效应

图 4.45　石英晶体受力后的极化现象

4.6.2　压电传感器及其等效电路

压电传感器的压电元件是在两个工作面上蒸镀有金属膜的压电晶片，金属膜构成两个电极，如图 4.46(a)所示。当压电晶片受到力的作用时，便有电荷聚集在两极上，一面为正电荷，另一面为等量的负电荷。这种情况和电容器十分相似，所不同的是晶片表面上的电荷会随着时间的推移逐渐漏掉，因为压电晶片材料的绝缘电阻(也称漏电阻)虽然很大，但毕竟不是无穷大，从信号变换角度来看，压电元件相当于一个电荷发生器。从结构上看，它又是一个电容器。因此通常将压电元件等效为一个电荷源与电容相并联的电路如图 4.46(b)所示。其中

$$e_a = \frac{q}{C_a} \tag{4-45}$$

式中：e_a 为压电晶片受力后所呈现的电压，也称为极板上的开路电压；q 为压电晶片表面上的电荷；C_a 为压电晶片的电容。

实际的压电传感器中，往往用两片或两片以上的压电晶片进行并联或串联。压电晶片串联时如图 4.46(c)所示，正电荷集中在上极板，负电荷集中在下极板，串联时传感器本身电容小，输出电压大，适于以电压为输出信号的场合。压电晶片并联时如图 4.46(d)所示，两晶片负极集中在中间极板上，正极在两侧的电极上，因而电容量大，输出电荷量大，时间常数大，宜于测量缓变信号并以电荷量作为输出。

压电传感器总是在有负载的情况下工作。设 C_i 为负载的等效电容，C_c 为压电传感器与负载间的连接电缆的分布电容，R_i 为负载的输入电阻，R_a 为传感器本身的漏电阻。则压电传感器接负载后等效电荷源电路中的等效电容为

$$C = C_a + C_c + C_i \tag{4-46}$$

等效电阻为

$$R_0 = \frac{R_a \cdot R_i}{R_a + R_i} \tag{4-47}$$

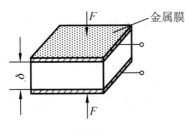

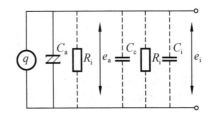

(a) 压电晶片　　　　　　　　　　　　(b) 等效电荷源

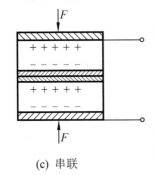

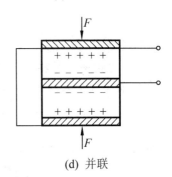

(c) 串联　　　　　　　　　　　　　　(d) 并联

图 4.46　压电晶片及等效电路

压电元件在外力作用下产生的电荷 q，除了给等效电容 C 充电外，还将通过等效电阻 R_0 泄漏掉。据电荷平衡建立的方程式为

$$q = Ce + \int i \mathrm{d}t \qquad (4\text{-}48)$$

式中：q 为压电元件在外力作用下产生的电荷，设 $q=DF=DF_0\sin\omega t$；ω 为外力的圆频率；C 为等效电荷源电路等效电容；e_i 为接负载后压电元件的输出电压(也就是等效电容 C 上的电压值)，$e=R_0 i$；i 为泄漏电流。

式(4-48)可写为

$$q = q_0 \sin\omega t = CR_0 i + \int i \mathrm{d}t \qquad (4\text{-}49)$$

式中：q 为电荷的幅值。忽略过渡过程，其稳态解为

$$i = \frac{\omega q_0}{\sqrt{1 + (\omega CR_0)^2}} \sin(\omega t + \varphi) \qquad (4\text{-}50)$$

$$\varphi = \arctan \frac{1}{\omega CR_0} \qquad (4\text{-}51)$$

接负载后压电元件的输出电压为

$$e_i = R_0 i = \frac{q_0}{C} \cdot \frac{1}{\sqrt{1 + \left(\dfrac{1}{\omega CR_0}\right)^2}} \sin(\omega t + \varphi)$$

$$= \frac{DF_0}{C} \cdot \frac{1}{\sqrt{1 + \left(\dfrac{1}{\omega CR_0}\right)^2}} \sin(\omega t + \varphi)$$

$$= \frac{D}{C} \cdot \frac{1}{\sqrt{1 + \left(\frac{1}{\omega C R_0}\right)^2}} \cdot F_0 \sin(\omega t + \varphi) \tag{4-52}$$

由以上分析可看出：

(1) 通过压电传感器的输出电压 e_i 的测量所得到的被测力 $F_0\sin(\omega t)$ 的大小受到因子

$$\frac{1}{\sqrt{1 + \left(\frac{1}{\omega C R_0}\right)^2}}$$

及 C 中 C_c(因电缆的长度不同 C_c 的大小也不一样)的影响。

(2) 只有在被测信号频率 ω 足够高的情况下，压电传感器的输出电压 e_i 的幅值才与频率无关，这时才有可能实现不失真测试，即 $\omega C R_0 \gg 1$，或

$$\omega \gg \frac{1}{C R_0} \tag{4-53}$$

在此条件下，根据式(4-52)可得到信号频率的下限的表达式：

$$e_i = \frac{D F_0}{C} \sin(\omega t + \varphi) \tag{4-54}$$

式(4-53)表明，压电传感器实现不失真测试的条件与被测信号的频率 ω 及回路的时间常数 $R_0 C$ 有关。为使测量信号频率的下限范围扩大，压电式传感器的后接测量电路必须有高输入阻抗，即很高的负载输入阻抗 R_i (由于 R_i 值很大，所以在图 4.46 所示的压电晶片的等效电路中可将其视为断开)，并在后接电路(后接的放大器)的输入端并入一定的电容 C_i 以加大时间常数 $R_0 C$，但并联电容 C_i 不能过大，否则根据式(4-52)可知传感器的输出电压 e_i 会降低很多，这对测量是不利的。

(3) 只有当被测信号频率足够高时，压电传感器的输出电压值才与 R_i 无关。在测量静态信号或缓变信号时，为使压电晶片上的电荷不消耗或泄漏，负载电阻 R_i 就必须非常大，否则将会由于电荷泄漏而产生测量误差。但 R_i 值不可能无限加大，因此用压电传感器测量静态信号或缓变信号是比较难以实现的。压电传感器用于动态信号的测量时，由于动态交变力的作用，压电晶片上的电荷可以不断补充，给测量电路一定的电流，使测量成为可能。

上述三点分析表明压电传感器适用于动态信号的测量，但测量信号频率的下限受 $R_0 C$ 的影响，上限则受压电传感器固有频率的限制。

压电传感器的输出，理论上应当是压电晶片表面上的电荷 q。根据图 4.46(b)可知实际测试中往往是取等效电容 C 上的电压值，作为压电传感器的输出。因此，压电式传感器就有电荷和电压两种输出形式。相应地，其灵敏度也有电荷灵敏度和电压灵敏度两种表示方法。两种灵敏度之间的关系为

$$S_e = \frac{S_q}{C} = \frac{S_q}{C_a + C_c + C_i} \tag{4-55}$$

式中：S_e 为电压灵敏度；S_q 为电荷灵敏度。

压电传感器结构和材料确定之后，其电荷灵敏度便已确定。由于等效电容 C 受电缆电

容 C_c 的影响，其电压灵敏度则会因所用电缆长度的不同而有所变化。

压电传感器的输出信号很弱小，必须进行放大后才能显示或记录。由前述分析知道，压电传感器要求后接的负载必须有高输入阻抗，因此压电式传感器后面的放大器必须具有以下两个主要功能：

(1) 阻抗转换。必须先将高输入阻抗转换为低阻抗输出，然后才能接入通用的放大、检波等电路及显示记录仪表。

(2) 放大传感器输出的微弱信号。压电传感器后面配接的以阻抗变换为第一功能的放大器称为前置放大器。

4.6.3　前置放大器

压电传感器所配接的前置放大器有两种结构形式：一种是带电阻反馈的电压放大器，其输出电压与输入电压(传感器的输出电压)成正比；另一种是带电容反馈的电荷放大器，其输出电压与输入电荷量成正比。

图 4.47 所示是使用电压放大器时的传感器-电缆-放大器系统等效电路。放大器的输入电压(也即传感器的输出电压) e_i 为

$$e_i = \frac{q}{C_a + C_c + C_i} \tag{4-56}$$

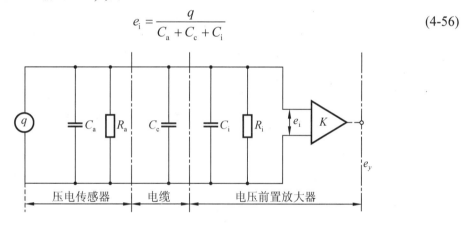

图 4.47　压电传感器-电缆-电压前置放大器等效电路

系统的输出电压为

$$e_y = Ke_i = \frac{qK}{C_a + C_c + C_i} \tag{4-57}$$

式中：K 为放大器的放大倍数。式(4-55)表明测量系统的输出电压对电缆电容 C_c 敏感。当电缆长度变化时，C_c 就变化，使得放大器输出电压 e_y 变化，系统的电压灵敏度也将发生变化，这就增加了测量的困难。

电荷放大器则克服了上述电压放大器的缺点。它是一个高增益带电容反馈的运算放大器。图 4.48 是传感器-电缆-电荷放大器系统的等效电路图。所以当略去传感器的漏电阻 R_a 和电荷放大器的输入电阻 R_i 影响时，有

$$q \approx e_i(C_a + C_c + C_i) + (e_i - e_y)C_f$$
$$= e_iC + (e_i - e_y)C_f \tag{4-58}$$

式中：e_i 为放大器输入端电压；e_y 为放大器输出端电压 $e_y = -Ke_i$；K 为电荷放大器开环放

大倍数；C_f 为电荷放大器反馈电容。将 e_y 代入式(4-56)，可得到放大器输出端电压 e_y 与传感器电荷 q 的关系式：

$$e_y = \frac{-Kq}{(C+C_f)+KC_f} \tag{4-59}$$

当放大器的开环增益足够大时，则有 $KC_f \gg C+C_f$，式(4-59)简化为

$$e_y \approx -\frac{q}{C_f} \tag{4-60}$$

式(4-59)和式(4-60)表明，在一定条件下，电荷放大器的输出电压与传感器的电荷量成正比，而与电缆的分布电容无关，输出灵敏度取决于反馈电容 C_f。所以，电荷放大器的灵敏度调节，都是采用切换运算放大器反馈电容 C_f 的办法。采用电荷放大器时，即使连接电缆长度达百米以上，其灵敏度也无明显变化，这是电荷放大器的主要优点。

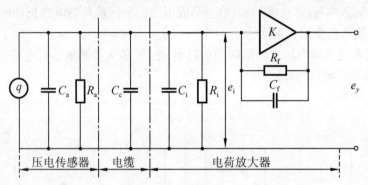

图 4.48 传感器-电缆-电荷放大器系统的等效电路

4.6.4 压电传感器的应用

1. 压电式压力传感器

图 4.49(a)、图 4.49(b)是压电式压力传感器及其特性曲线。当被测力 F(或压力 P)通过外壳上的传力上盖作用在压电晶片上时，压电晶片受力，上下表面产生电荷，电荷量与作用力 F 成正比。电荷由导线引出接入测量电路(电荷放大器或电压放大器)。

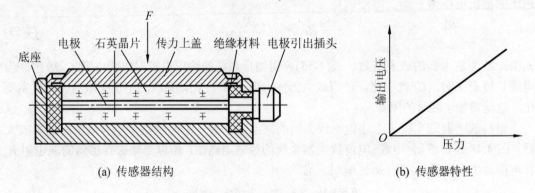

(a) 传感器结构   (b) 传感器特性

图 4.49 压电式压力传感器及其特性

2. 压电式加速度传感器

图 4.50 所示是多种压电式加速度传感器的结构。图中，M 是惯性质量块，K 是压电晶片。压电式加速度传感器实质上是一个惯性力传感器。在压电晶片 K 上，放有质量块 M。当壳体随被测振动体一起振动时，作用在压电晶体上的力 $F = Ma$。当质量 M 一定时，压电晶体上产生的电荷与加速度 a 成正比。

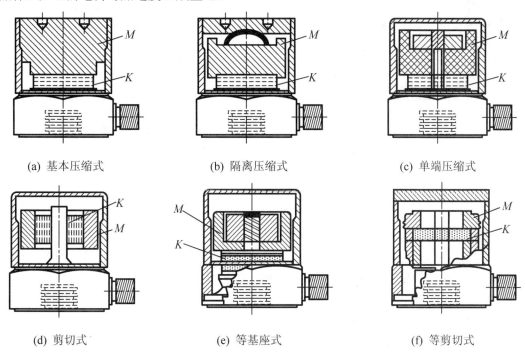

| (a) 基本压缩式 | (b) 隔离压缩式 | (c) 单端压缩式 |

| (d) 剪切式 | (e) 等基座式 | (f) 等剪切式 |

图 4.50   压电式加速传感器结构类型

3. 阻抗头

在对机械结构进行激振试验时(激振试验的内容将在第 7 章中讨论)，为了测量机械结构每一部位的阻抗值(力和响应参数的比值)，需要在结构的同一点上激振并测定它的响应。阻抗头就是专门用来传递激振力和测定激振点的受力及加速度响应的特殊传感器，其结构如图 4.51(a)所示。使用时，阻抗头的安装面与被测机械紧固在一起，激振器的激振力输出顶杆与阻抗头的激振平台紧固在一起。激振器通过阻抗头将激振力传递并作用于被测结构上，如图 4.51(b)所示。激振力使阻抗头中检测激振力的压电晶片受压力作用产生电荷并从激振力信号输出口输出。机械受激振力作用后产生受迫振动，其振动加速度通过阻抗头中的惯性质量块产生惯性力，使检测加速度的晶片受力作用产生电荷，从加速度信号输出端口输出。

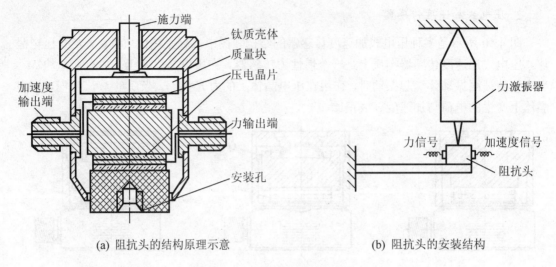

施力端

钛质壳体
质量块
压电晶片

加速度
输出端

力输出端

安装孔

力激振器

力信号

加速度信号
阻抗头

(a) 阻抗头的结构原理示意　　　　　　(b) 阻抗头的安装结构

图 4.51　阻抗头的原理及结构

4. 安全气囊用加速度计

作为汽车的一种安全装置，现在的汽车上都安装了安全气囊，当遇到前后方向碰撞时，它能起到保护驾驶人的作用。如图 4.52 所示，它在汽车前副梁左右两边，各安装一个能够检测前方碰撞的加速度传感器，在液压支架底座连接桥洞的前室内，也安装有两个同样的传感器，前副梁上的传感器一般设置成当受到 12.3g 以上的碰撞时能自动打开气囊开关。12.3g 以上的碰撞，相当于汽车以 16km/h 的速度，与前面障碍物相撞时产生的冲击。此外，室内传感器被设置成当从正面受到 2.3g 以上的冲击时，能自动打开气囊开关。

汽车中使用的加速度传感器，因厂家、车型的不同，分为机械式与电子式两种。

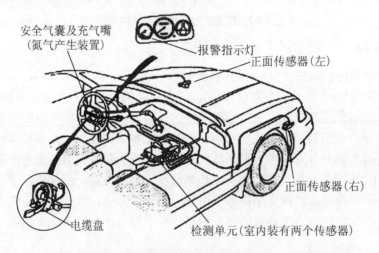

安全气囊及充气嘴
（氮气产生装置）

报警指示灯

正面传感器(左)

电缆盘

检测单元(室内装有两个传感器)

正面传感器(右)

图 4.52　压电式加速度传感器在安全气囊中的应用示意

4.7　磁敏传感器

磁敏传感器原本是用来测量磁场的，但现在更多的是用于检测物体的位置及转动，也常用于检测电流或对开关类等其他物理量的测量及控制。

在磁敏传感器中，主要有半导体霍尔元件、半导体磁敏电阻、磁性体磁敏电阻、电磁感应式磁敏传感器四种器件。对于特殊用途，可采用光纤磁敏传感器。

4.7.1　半导体磁敏传感器(半导体霍尔元件)

半导体磁敏传感器的工作原理是霍尔效应。当半导体中流过电流时，若在与该电流垂直的方向上外加一个磁场，则在与电流及磁场分别成直角的方向上会产生电压。这种现象也称为霍尔效应。

霍尔效应产生的电压与磁场强度成正比。为减小元件的输出阻抗，使其易于与外电路实现阻抗匹配，半导体霍尔元件多数都采用十字形结构，如图 4.53 所示。霍尔元件多采用锑化铟(InSb)以及硅(Si)等半导体材料制成。由于材料本身对弱磁场的灵敏度较低，因此，在使用时要加入磁通密度为数特[斯拉](T)的偏置磁场使元件处于强磁场的范围内工作，从而可以检测微弱的磁场变化。

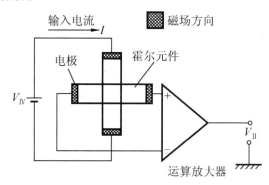

图 4.53　半导体霍尔元件的结构

1. 半导体磁敏电阻

半导体磁敏电阻是一种利用磁场造成的电流偏转使元件阻抗增加这种特点制成的双端磁敏传感器。同霍尔元件不同，这种元件采用缩短电流电极间距离的结构来提高其磁灵敏度。

半导体磁敏电阻采用在半导体中置入多根金属电极的方法，将多个磁敏电阻串联起来(构成蛇形元件)以提高其阻值，如图 4.54 所示。

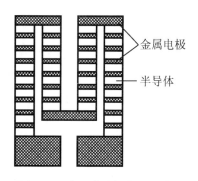

图 4.54　半导体磁敏电阻的结构

2. 磁性体磁敏电阻

磁性体磁敏电阻是一种利用强磁材料的磁场异向性制成的磁敏元件。若在强磁体薄膜易磁化轴的垂直方向上加一个外部磁场，则由于材料内部的磁偏转会使元件内部电阻发生变化，如图 4.55 所示。为了提高元件的输出幅值，磁性体磁敏电阻在结构上采用坡莫合金等强磁材料以增大阻抗。与半导体磁敏电阻相比，这种传感器对弱磁场灵敏度相对较高，但它的线形范围比较小。

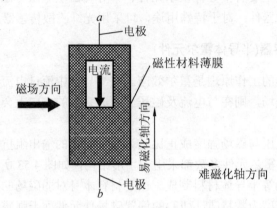

图 4.55　磁性体磁敏电阻的结构

3. 电磁感应型磁敏传感器

在典型的电磁感应型磁敏传感器中，有线圈型磁头及拾音线圈等。这种传感器的灵敏度很高、机械性能好，属通用型磁敏传感器。若线圈内的磁通量发生变化，在线圈的两端就会产生感生电动势。这是一种利用法拉第电磁感应定律制成的传感器。图 4.56 所示为线圈型磁头。由于这种传感器采用高磁导率轭铁聚集磁力线，因此它只能检测交流磁场，不能检测直流磁场。

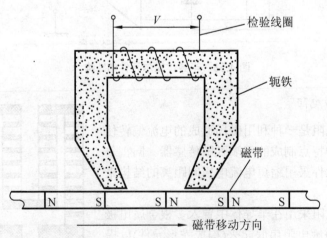

图 4.56　电磁感应型磁敏传感器

4.7.2　磁敏传感器的应用

由于磁敏传感器具有体积小、质量轻的特点，因此在很多方面都有应用。

1. 电流计

图 4.57 所示为卡形电流计，它将导线电流产生的磁场引入到高磁导率的磁路中，通过磁路中插入的霍尔元件对该磁场进行检测，以此测量导线上的电流。这种电流计的测量范围很宽，可以测量从直流到高频的电流。

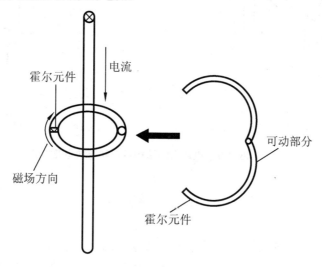

图 4.57　卡形电流计的结构

2. 磁感应开关

它是一种通过改变磁敏传感器与磁铁间的距离，实现开关开、闭的非接触型开关。由于无摩擦，因此具有寿命长、可靠性高等特点。

3. 磁敏电位器

可以为用于测量磁敏电阻与磁铁间直线位移的直线式磁敏电位器和转动式磁敏电位器两种。

4. 霍尔电动机

它是一种采用检测位置的霍尔元件制成的一种无刷电动机，因此具有一个元件可控制两组晶体管的优点而备受青睐，是当今无刷电动机中使用最多的一种电动机。因为无电刷，因此具有体积小以及无噪声等优异的特点，广泛用于盒式录音机、VTR、FDD 等需要进行转动控制的精密机械中，其结构和等效电路图分别如图 4.58(a)、图 4.58(b)所示。

5. 纸币及预付卡识别设备

在对纸币或支票等含有磁性油墨印刷的文字或符号产生的磁场形状进行识别时，通常采用高灵敏度的单晶 InSb 半导体磁敏电阻等器件作为检测传感器。它广泛应用于自动售货机、自动售票机、纸币兑换机及各种预付卡式设备中。

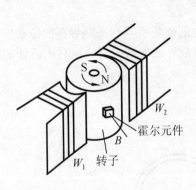

(a) 霍尔电动机的结构示意

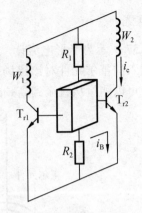

(b) 霍尔电动机等效电路

图 4.58　霍尔电动机的结构示意和等效电路

小　结

　　传感器是测试系统中的第一级，是感受和拾取被测的信号的装置。传感器的性能和特性直接影响到测试系统的测量精度。本章主要讲述传感器的分类以及常用的电阻传感器、电容传感器、电感传感器、压电传感器、磁电传感器、磁敏传感器等各种传感器的工作原理和传感器的输入/输出特性等基本内容，还介绍了大量的各种传感器的应用实例。本章还介绍了一些新型的传感器。

习　题

　　4-1 用图 4.59 所示测力仪去测量力 F，要求用金属丝式应变片组成交流全桥作为其测量电路。

　　(1) 在图中标出应变片的贴片位置；

　　(2) 分析图中的贴片处的应变变化，画出应变图，说明贴片位置一般是否应选在应变大的地方？为什么？

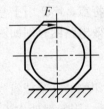

图 4.59　用测力仪测量力 F

　　4-2 说明半导体式应变传感器与金属丝式应变片的特点，它们各适用于什么场合？

　　4-3 说明图 4.60 中的两种传感器的工作原理，指明它们各属于什么传感器？

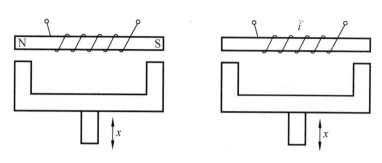

图 4.60　两种传感器工作原理示意

4-4　在图 4.61 中的电容位移传感器由下式描述：

$$C = \frac{0.5A}{\delta}$$

式中：A=300 为传感器探头的横截面积(mm^2)；δ 为空气隙距离(mm)。求空气隙从 0.2mm 变到 0.3mm 时电容值的变化。空气介质的介电常数 ε_a = 1F/m，真空的介电常数 ε_0 =8.85×10^{-12}F/m。

4-5　如图 4.19(a)所示的电容位移传感器由两块面积各为 1290mm^2，宽度为 40mm，相距 0.2mm 的平板组成。假设介质为空气，则 $\varepsilon = \varepsilon_a \varepsilon_0$；其中空气的介电常数 ε_a =1，真空的介电常数 ε_0 =8.85×10^{-12}F/m。求传感器的灵敏度，以 x 方向每变化 0.025mm 的电容值(μF)表示。

4-6　如图 4.61 所示为一矩形的叠加型电容传感器，极板宽度 a= 55mm，长度 b=50mm，极板间距 δ_0=0.3mm，用此传感器测量位移 x，试求此传感器的灵敏度(μF/mm)，并画出此传感器的特性曲线。假设介质为空气，ε_0=8.85×10^{-12}F/m。

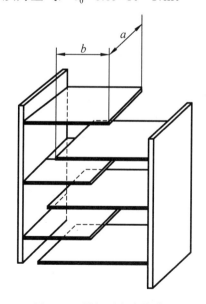

图 4.61　叠加型电容传感器

第5章

信号变换及调理

在机械量的测量中，常将被测机械量转换成电阻、电容、电感等电参数。电桥是将电阻、电容、电感等电参数变成电压和电流信号的电路。

电桥的三种连接方式为半桥单臂、半桥双臂和全桥四臂。

本章重点讲述电桥电路的调幅原理以及同步解调、整流检波和相敏检波解调三种方法。

滤波器是一种选频装置。滤波器分为低通、高通、带通、带阻四种滤波器。

了解信号变换及调理的作用。

掌握电桥的三种连接方式——半桥单臂、半桥双臂和全桥四臂及分析方法。

掌握幅值调制的原理，幅值解调的三种方法——同步解调、整流检波和相敏检波解调。

了解调频及解调的原理和方法。掌握选频装置滤波器的基本特性，学会分析具体问题。

被测物理量经过传感环节后被转换为电阻、电容、电感、电荷、电压或电流等电参数的变化。在测试过程中不可避免地受到各种内、外干扰因素的影响，同时为了使被测信号能够驱动显示仪、记录仪、控制器，或进一步将信号输入到计算机以进行信号分析与处理，需要对传感器的输出信号进行调理、放大、滤波等一系列的变换处理，使变换处理后的信号变为信噪比高、有足够驱动功率的电压或电流信号，从而可以驱动后一级仪器。通常使用各种电路完成上述任务，这些电路称为信号变换及调理电路，电路的转换过程称为信号的变换及调理。

本章主要讨论一些常用的环节，如常用的电桥电路、调制器与解调器、滤波器等，讲述其基本原理及应用方法。

5.1　电　桥

电桥是将电阻 R(应变片)、电感 L、电容 C 等电参数变为电压 ΔU 或电流 ΔI 信号后输出的一种测量电路。其输出既可用于指示仪，也可以送入放大器进行放大。常见的许多传感器都是把某种物理量的变化转换成电阻、电容或电感的变化，因此电桥电路具有很强的实用价值。

电桥出于具有测量电路简单可靠、较高的灵敏度、测量范围宽、容易实现温度补偿等优点，因此在测量装置中被广泛应用。

根据供桥电源性质，电桥可分为直流电桥和交流电桥；按照输出测量方式，电桥又可分为平衡输出电桥(零位法测量)和不平衡输出电桥(偏位法测量)。在静态测试中用零位法测量，在动态测试中大多使用偏位法测量。

5.1.1　直流电桥

采用直流电源的电桥称为直流电桥。图 5.1 所示是一个直流惠斯登电桥(即单臂电桥)，它的四个桥臂由电阻 R_1、R_2、R_3 和 R_4 组成。a、c 两端接直流电源 U_i，称供桥端；b、d 两端接输出电压 U_o，称输出端。当电桥输出端接入仪表或放大器时，电桥输出端可视为开路状态，电流输出为零。此时桥路电流为

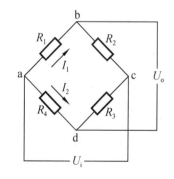

图 5.1　直流电桥

$$I_1 = \frac{U_i}{R_1 + R_2} \qquad I_2 = \frac{U_i}{R_3 + R_4}$$

因此，a、b 之间电位差为

$$U_{ab} = I_1 R_1 = \frac{R_1}{R_1 + R_2} U_i$$

a、d 之间电位差为

$$U_{ad} = I_2 R_4 = \frac{R_4}{R_3 + R_4} U_i$$

电桥输出电压为

$$U_o = U_{ab} - U_{ad} = \left(\frac{R_1}{R_1 + R_2} - \frac{R_4}{R_3 + R_4} \right) U_i = \frac{R_1 R_3 - R_2 R_4}{(R_1 + R_2)(R_3 + R_4)} U_i \tag{5-1}$$

由此可以看出，若电桥平衡，即使输出 U_o=0，则应满足

$$R_1 \cdot R_3 = R_2 \cdot R_4 \tag{5-2}$$

根据式(5-1)和式(5-2)，可以选择桥臂电阻值作为输入，使电桥的输出电压只与被测量引起的电阻变化量有关，而在测量装置没有输入的情况下，电桥不应有输出。

在机械测试中，根据工作电阻值的变化桥臂数把电桥分为半桥和全桥。

1. 半桥单臂连接(一片)

工作中有一个桥臂阻值随被测量而变化，如图 5.2(a)所示，ΔR_1 为电阻 R_1 随被测物理量变化而产生的电阻增量。此时输出电压为

$$U_o = \left(\frac{R_1 + \Delta R_1}{R_1 + \Delta R_1 + R_2} - \frac{R_4}{R_3 + R_4} \right) U_i$$

为了简化设计，令 $R_1 = R_2 = R_3 = R_4 = R_0$，则

$$U_o = \left(\frac{R_1 + \Delta R_1}{R_1 + \Delta R_1 + R_2} - \frac{R_4}{R_3 + R_4} \right) U_i = \left(\frac{R_0 + \Delta R_1}{2R_0 + \Delta R_1} - \frac{R_0}{2R_0} \right) U_i$$

$$= \frac{\Delta R_1}{4R_0 + 2\Delta R_1} U_i$$

因为 $\Delta R_1 \ll R_0$，所以

$$U_o \approx \frac{\Delta R_1}{4R_0} U_i \tag{5-3}$$

由此可知，电桥的输出 U_o 与输入电压 U_i 成正比。在 $\Delta R_1 \ll R_0$ 条件下，电桥的输出也与 $\Delta R_1 / R_0$ 成正比。

电桥的灵敏度定义为

$$S = \frac{\mathrm{d} U_o}{\mathrm{d}(\Delta R_0 / R_0)} \tag{5-4}$$

则半桥单臂的灵敏度为

$$S \approx \frac{1}{4} U_i \tag{5-5}$$

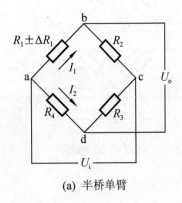 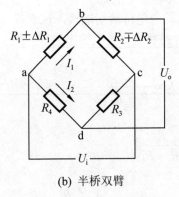 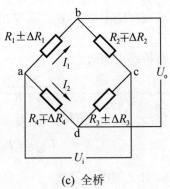

| (a) 半桥单臂 | (b) 半桥双臂 | (c) 全桥 |

图 5.2　直流电桥的连接方式

2. 半桥双臂连接(两片)

工作中有两个桥臂阻值随被测物理量而变化，且阻值变化大小相等而极性相反，即 $R_1 \pm \Delta R_1$，$R_2 \mp \Delta R_2$，如图 5.2(b)所示，该电桥的输出电压(以 $R_1 + \Delta R_1$，$R_2 - \Delta R_2$ 为例)为

$$U_o = \left(\frac{R_1 + \Delta R_1}{R_1 + \Delta R_1 + R_2 - \Delta R_2} - \frac{R_4}{R_3 + R_4} \right) U_i$$

$$= \left(\frac{(R_0 + \Delta R_1)(R_3 + R_4) - (R_1 + \Delta R_1 + R_2 - \Delta R_2)R_4}{(R_1 + \Delta R_1 + R_2 - \Delta R_2)(R_3 + R_4)} \right) U_i$$

由于 $R_1 = R_2 = R_3 = R_4 = R_0$，$\Delta R = \Delta R_1 = \Delta R_2$，所以

$$U_o = \frac{\Delta R}{2R_0} U_i$$

$$= \left(\frac{(R_0 + \Delta R)2R_0 - R_0 2R_0}{2R_0 2R_0} \right) U_i = \frac{2R_0^2 + \Delta R 2R_0 - 2R_0^2}{4R_0^2} U_i \qquad (5\text{-}6)$$

$$= \frac{\Delta R 2R_0}{4R_0^2} U_i = \frac{\Delta R}{2R_0} U_i$$

当输入为 $\dfrac{\Delta R}{R_0}$ 时，半桥双臂连接的灵敏度为

$$S = \frac{1}{2} U_i \qquad (5\text{-}7)$$

3. 全桥四臂连接(四片)

工作中四个桥臂阻值都随被测物理量而变化，相邻的两臂阻值变化大小相等，极性相反，相对的两臂阻值变化大小相等极性相同，即 $R_1 \pm \Delta R_1$、$R_2 \pm \Delta R_2$、$R_3 \pm \Delta R_3$、$R_4 \pm \Delta R_4$，如图 5.2(c)所示，输出电压(以 $R_1 + \Delta R_1$，$R_2 - \Delta R_2$，$R_3 + \Delta R_3$，$R_4 - \Delta R_4$ 为例)为

$$U_o = \left(\frac{R_1 + \Delta R_1}{R_1 + \Delta R_1 + R_2 - \Delta R_2} - \frac{R_4 - \Delta R_4}{R_3 + \Delta R_3 + R_4 - \Delta R_4} \right) U_i$$

当 $R_1 = R_2 = R_3 = R_4 = R_0$，$\Delta R = \Delta R_1 = \Delta R_2 = \Delta R_3 = \Delta R_4$ 时，

$$U_o = \frac{\Delta R}{R_0} U_i \qquad (5\text{-}8)$$

当输入为 $\dfrac{\Delta R}{R_0}$ 时，全桥连接的灵敏度为

$$S = U_i \qquad (5\text{-}9)$$

由此可知，采用不同的桥式接法，输出的电压灵敏度不同，其中全桥的接法在输入量相同的情况下可以获得最大的输出。因此，在实际工作中，当传感器的结构条件允许时，应尽可能采用全桥接法，以便获得高的灵敏度。图 5.3 所示为使用不同电桥测量物体质量的应用实例。其中，可以使用一片、两片或四片电阻应变片作为电桥的一个、两个或四个桥臂，形成半桥单臂、半桥双臂或全桥。电阻应变片电阻值的变化经过电桥就转化为电压的变化，根据输出电压和系统的总灵敏度就可推知物体的质量。

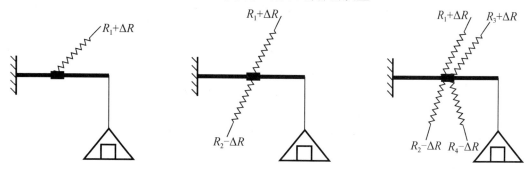

图 5.3　不同数目电阻应变片形成不同电桥测量物体的质量

4. 电桥测量的误差及其补偿

对于电桥来说，误差主要来源于非线性误差和温度误差。

由式(5-3)知，当采用半桥单臂接法时，其输出电压近似正比于 $\Delta R_0/R_0$，这主要是因为输出电压的非线性造成的。减少非线性误差的办法是采用半桥双臂和全桥接法。由式(5-6)和式(5-9)可知，这些接法不仅消除了非线性误差，而且使输出灵敏度也成倍提高。

另一种误差是温度误差，即温度的变化造成上述双臂电桥接法中的 $\Delta R_1 \neq -\Delta R_2$，及全桥接法中的 $\Delta R_1 \neq -\Delta R_2$ 或者 $\Delta R_3 \neq -\Delta R_4$。所以在贴应变片时尽量使各应变片的温度一致，从而有效地减少温度误差。

5. 直流电桥的干扰

由上述可知，电桥输出为 $\Delta R_0/R_0$ 与供桥电压 U_i 的乘积。由于 $\Delta R_0/R_0$ 是一个非常小的量，因此，电源电压不稳定所造成的干扰是不可忽略的。为了抑制干扰，通常采用如下措施：

(1) 电桥的信号引线采用屏蔽电缆。

(2) 屏蔽电缆的屏蔽金属网应该与电源至电桥的负接线端连接，并应该与放大器的机壳、地隔离。

(3) 放大器应该具有高共模抑制比。

5.1.2 交流电桥

交流电桥的供桥电源采用交流电压，电桥的四个臂可为电容、电感或电阻。当四个桥臂为电容 C 或电感 L 时，必须采用交流电桥。因此，电桥的四个臂中除了电阻外还有电抗。如果阻抗、电流及电压都用复数表示，那么关于直流电桥的平衡关系式同样适用于交流电桥中。

把电容、电感或电阻写成矢量形式时，交流电桥平衡的条件为

$$\vec{Z_1}\vec{Z_3} = \vec{Z_2}\vec{Z_4} \tag{5-10}$$

写成复指数的形式，

$$\vec{Z_1} = Z_1 e^{j\varphi_1} \qquad \vec{Z_2} = Z_2 e^{j\varphi_2}$$

$$\vec{Z_3} = Z_3 e^{j\varphi_3} \qquad \vec{Z_4} = Z_4 e^{j\varphi_4}$$

代入式(5-10)，则有

$$Z_1 \cdot Z_3 \cdot e^{j(\varphi_1+\varphi_3)} = Z_2 \cdot Z_4 \cdot e^{j(\varphi_2+\varphi_4)} \tag{5-11}$$

式中：Z_1、Z_2、Z_3、Z_4 为各阻抗的模，而 φ_1、φ_2、φ_3、φ_4 为各阻抗的阻抗角，是各桥臂上电压与电流的相位差。纯电阻时，$\varphi=0$，即电压与电流同相位；电感阻抗时，$\varphi>0$，即电压的相位超前电流；电容阻抗时，$\varphi<0$，即电压的相位滞后电流。

式(5-11)成立的条件为等式两边阻抗的模相等、阻抗角相等，即

$$\begin{cases} Z_1 \cdot Z_3 = Z_2 \cdot Z_4 \\ \varphi_1 + \varphi_3 = \varphi_2 + \varphi_4 \end{cases} \tag{5-12}$$

1. 电容电桥

如图 5.4(a)所示，两相邻桥臂为纯电阻 R_2、R_3，另相邻两臂为电容 C_1、C_4，此时，R_1、

R_4 视为电容介质损耗的等效电阻。桥臂 1 和 4 的等效阻抗为 $R_1 + \dfrac{1}{\mathrm{j}\omega C_1}$，$R_4 + \dfrac{1}{\mathrm{j}\omega C_4}$，根据平衡条件：

$$(R_1 + \frac{1}{\mathrm{j}\omega C_1})R_3 = (R_4 + \frac{1}{\mathrm{j}\omega C_4})R_2 \tag{5-13}$$

则

$$R_1 R_3 + \frac{R_3}{\mathrm{j}\omega C_1} = R_2 R_4 + \frac{R_2}{\mathrm{j}\omega C_4}$$

令实部和虚部相等，则得到电桥平衡方程组：

$$\begin{cases} R_1 \cdot R_3 = R_2 \cdot R_4 \\ \dfrac{R_3}{C_1} = \dfrac{R_2}{C_4} \end{cases} \tag{5-14}$$

比较式(5-14)与式(5-2)可知，式(5-14)的第一式与式(5-2)完全相同，这意味着图 5.4(a) 所示的电容电桥的平衡条件除了电阻满足要求外，电容也必须满足一定的要求。

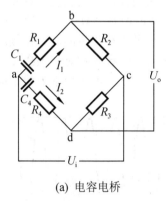　　　　　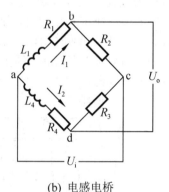

(a) 电容电桥　　　　　　　　　　　　　　　(b) 电感电桥

图 5.4　交流电桥

2. 电感电桥

在图 5.4(b)所示的电感电桥中，两相邻桥臂为电感 L_1、L_4 与电阻 R_2、R_3，根据交流电桥的平衡要求，则

$$(R_1 + \mathrm{j}\omega L_1)R_3 = (R_4 + \mathrm{j}\omega L_4)R_2$$

那么，电感电桥平衡条件为

$$\begin{cases} R_1 R_3 = R_2 R_4 \\ L_1 R_3 = L_4 R_2 \end{cases} \tag{5-15}$$

由交流电桥的平衡条件式(5-10)～式(5-15)，以及电容、电感电桥的平衡条件可以看出，这些平衡条件是只针对供桥电源只有一个频率 ω 的情况下推出的。当供桥电源有多个频率成分时，得不到平衡条件，即电桥是不平衡的。因此，交流电桥要求供桥电源具有良好的电压波动性和频率稳定性。

一般采用 5～10kHz 高频振荡作为供桥电源，以便消掉外界工频干扰。除了通常讨论的电阻、电容、电感等通用电桥外，测量中还使用带有感应耦合臂的电桥等其他形式的电桥。

5.2 调制与解调

5.2.1 概述

一些被测量,如力、位移等,经过传感器变换以后,常常是一些缓变的电信号。从放大处理来看,直流放大有零漂和级间耦合等问题。为此,常把缓变信号先变为频率适当的交流信号,然后利用交流放大器放大,最后再恢复为原来的直流缓变信号。像这样的一种变换过程称为调制与解调,它被广泛用于传感器和测量电路中。

调制是指在时域上用一个低频信号(缓变信号)对人为提供的高频信号的某特征参量(幅值、频率或相位)进行控制,使该特征参量随着该缓变信号的变化而变化。这样,原来的缓变信号就被这个受控制的高频振荡信号所携带,而后可以进行该高频信号的放大和传输,从而得到最好的放大和传输效果。

一般将控制高频振荡信号的缓变信号(低频信号)称为调制信号;载送缓变信号的高频振荡信号称为载波;经过调制后的高频振荡信号称为已调制波。当被控制参量分别为高频振荡信号的幅值、频率和相位时,则相应地分别称为:幅值调制(AM),即调幅;频率调制(FM),即调频;相位调制(PM),即调相。其调制后的波形分别称为调幅波、调频波和调相波。调幅波、调频波和调相波都是已调制波。由于被测信号的频率相对高频载波而言属于低频缓变信号。因此,被测信号在调制中就是调制信号。图 5.5 所示分别为载波信号、调制信号、调幅波及调频波。

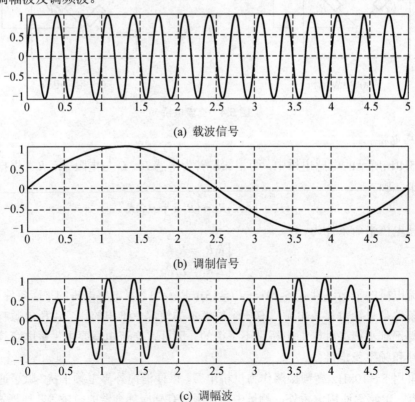

(a) 载波信号

(b) 调制信号

(c) 调幅波

图 5.5 载波信号、调制信号、调幅波及调频波

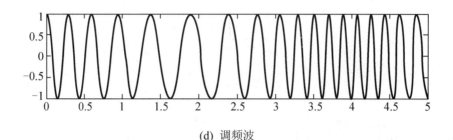

(d) 调频波

图 5.5　载波信号、调制信号、调幅波及调频波(续)

FM 和 PM 在本质上都是具有角度调制的特点，所以在具体处理上具有共同的特点。测试技术中常用的是幅值调制和频率调制。

解调是从已调制波中不失真地恢复原有的测量信号(低频调制信号)的过程。调制与解调是对信号作变换的两个相反过程。

5.2.2　调幅与解调测量电路

1. 调幅的原理

调幅即幅值调制，是将一个高频简谐信号(载波信号)的幅值与被测试的缓变信号 (调制信号)相乘，使载波信号的幅值随测试信号的变化而变化。调幅时，载波、调制信号及已调制波的关系如图 5.6 所示。

设调制信号为被测信号 $x(t)$，其最高频率成分为 f_{m}，载波信号为 $\cos 2\pi f_0 t$，其中要求 $f_0 \gg f_{\mathrm{m}}$，则可得调幅波：

$$x_m(t) = x(t) \cdot \cos 2\pi f_0 t \tag{5-16}$$

如果已知傅里叶变换对 $x(t) \Leftrightarrow X(f)$，根据傅里叶变换的频域卷积特性：两个时域函数乘积的傅里叶变换等于两者傅里叶变换的卷积，即

$$x(t) \cdot y(t) \Leftrightarrow X(f) * Y(f)$$

而余弦函数的频域图形是一对脉冲谱线，即

$$\cos 2\pi f_0 t \Leftrightarrow \frac{1}{2}\delta(f - f_0) + \frac{1}{2}\delta(f + f_0)$$

根据傅里叶变换的频域卷积特性和 δ 函数的卷积特性，可得

$$x(t) \cdot \cos 2\pi f_0 t \Leftrightarrow \frac{1}{2}[X(f) * \delta(f - f_0) + X(f) * \delta(f + f_0)]$$
$$= \frac{1}{2}[X(f - f_0) + X(f + f_0)] \tag{5-17}$$

由单位脉冲函数的性质可知，一个函数与单位脉冲函数卷积的结果就是将其频谱图形由坐标原点平移至该脉冲函数频率处。所以，如果以高频余弦信号作载波，把信号 $x(t)$ 与载波信号相乘，其结果就相当于把原信号 $x(t)$ 的频谱图形由原点平移至载波频率 f_0 处，其幅值减半，如图 5.6 所示。

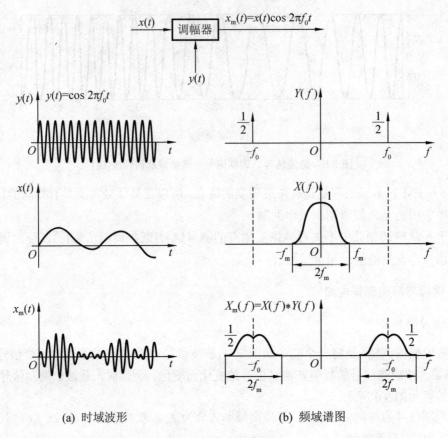

(a) 时域波形   (b) 频域谱图

图 5.6 调幅过程示意

从调制过程看，载波频率 f_0 必须高于原信号中的最高频率 f_m 才能使已调制波仍能保持原信号的频谱图形，不致重叠。为了减少放大电路可能引起的失真，信号的频宽($2f_m$)相对中心频率(载波频率 f_0)越小越好。调幅以后，原信号 $x(t)$ 中所包含的全部信息均转移到以 f_0 为中心、宽度为 $2f_m$ 的频带范围之内，即将原信号从低频区推移至高频区。因为信号中不包含直流分量，可以用中心频率为 f_0，通频带宽是 $\pm f_m$ 的窄带交流放大器放大，然后，再通过解调从放大的调制波中取出原信号。所以，调幅过程相当于频谱"搬移"过程。

综上所述，幅值调制的过程在时域上是调制信号与载波信号相乘的运算；在频域上是调制信号频谱与载波信号频谱卷积的运算，是一个频移的过程。这就是幅值调制得到广泛应用的最重要的理论依据。

幅值调制的频移功能在工程技术上具有重要的使用价值。例如，广播电台把声频信号移频至各自分配的高频、超高频频段上，既便于放大和传递，也可避免各电台之间的干扰。

下面研究图 5.7 所示的利用电桥的幅值调制的实现过程。

由式(5-4)、式(5-6)和式(5-8)可知，不同接法的电桥可表示为

$$U_o = K\frac{\Delta R}{R_0}U_i \tag{5-18}$$

式中：K 为接法系数。当电桥输入 $\Delta R/R_0 = R(t)$ 为被测的缓变信号，交流电源为 $U_i = E_0\cos 2\pi f_0 t$ 时，式(5-18)可表示为

$$U_o = KR(t)E_0 \cos 2\pi f_0 t \qquad (5\text{-}19)$$

可以看出，电桥的输出电压 U_o 随 $R(t)$ 变化而变化，即 U_o 的幅值受 $R(t)$ 的控制，其频率为输入电压信号 U_i 的频率 f_0。

与式(5-13)比较，可以看出：$U_i = E_0 \cos 2\pi f_0 t$ 实际上是载波信号，电桥的输入 $\Delta R/R_0 = R(t)$ 实际上是调制信号，$R(t)$ 对载波信号进行了幅值调制，U_o 是调幅波。这就是说，电桥是一个调幅器。从时域上讲，调幅器是一个乘法器。被测缓变信号 $R(t)$ 经电桥调幅后，信号的频谱产生了频移，移到载波的频率 f_0 处，如图 5.6(b)所示。例如，假设载波频率 f_0 =1kHz，被测信号所包含的频率为 0～5Hz，经过电桥调幅后输出信号的频率为 (1000−5)Hz～(1000+5)Hz，即为 995～1005Hz。可见，经电桥调幅后将低频信号转换成了高频信号，从而可以采用高频交流放大器进行放大，使低频漂移电压的影响以及 50Hz 电源的干扰得以消除。

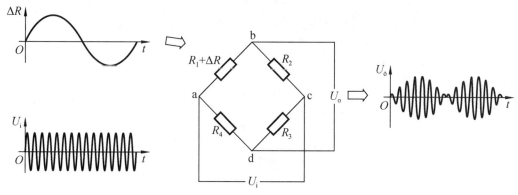

图 5.7　电桥调幅的输入/输出关系

【例 5.1】 设调制信号为 $x(t) = 10e^{(-2t)}$，载波信号为 $y(t) = 2\cos(20\pi t)$，试画出调制信号 $x(t)$、载波信号 $y(t)$、调幅波 $x_m(t)$ 的时域波形及其双边幅频谱。

解： 由题意可知，调制信号 $x(t)$ 为单边指数信号，α =2；载波信号的频率 f_0=10Hz，最大幅值为 2。调幅波表示为 $x_m(t) = x(t) \cdot y(t) = 10e^{(-2t)} \cdot 2\cos(20\pi t) = 20e^{(-2t)} \cdot \cos(2\pi \cdot 10 \cdot t)$，调制信号 $x(t)$、载波信号 $y(t)$、调幅波 $x_m(t)$ 的时域波形如图 5.8(a)、(b)和(c)所示。

由表 2-4 可知，调制信号 $x(t)$ 为单边指数信号，其频谱 $X(jf)$ 为

$$X(jf) = \frac{10}{\alpha + j \cdot 2\pi f} = \frac{10}{2 + j \cdot 2\pi f} = \frac{5}{1 + j \cdot \pi f}$$

载波信号 $y(t)$ 的频谱 $Y(jf)$ 为

$$Y(jf) = 2 \cdot \frac{1}{2}[\delta(f+f_0) + \delta(f-f_0)] = \delta(f+10) + \delta(f-10)$$

则调幅波的频谱 $X_m(jf)$ 为

$$X_m(jf) = 5\left[\frac{1}{1 + j \cdot \pi(f+f_0)} + \frac{1}{1 + j \cdot \pi(f-f_0)} \right]$$

$$= 5\left[\frac{1}{1 + j \cdot \pi(f+10)} + \frac{1}{1 + j \cdot \pi(f-10)} \right]$$

调制信号 $x(t)$、载波信号 $y(t)$、调幅波 $x_m(t)$ 的幅频谱如图 5.8(d)、(e)、(f)所示。

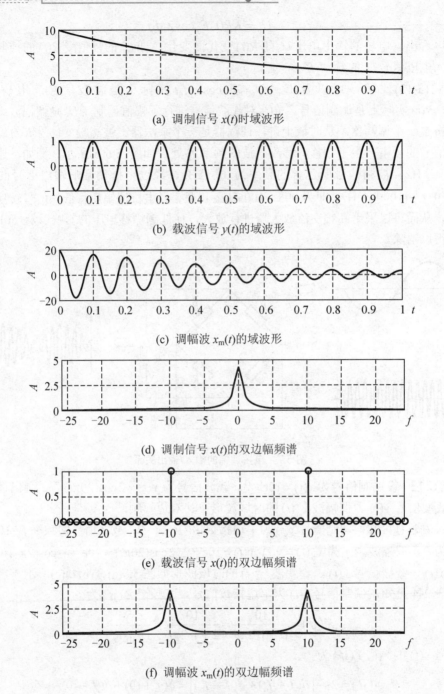

(a) 调制信号 $x(t)$ 时域波形

(b) 载波信号 $y(t)$ 的域波形

(c) 调幅波 $x_m(t)$ 的域波形

(d) 调制信号 $x(t)$ 的双边幅频谱

(e) 载波信号 $x(t)$ 的双边幅频谱

(f) 调幅波 $x_m(t)$ 的双边幅频谱

图 5.8   信号时域波形及双边幅频谱

2. 调幅波的解调

为了从调幅波中将原测量信号恢复出来，就必须对调幅波进行解调。常用的解调方法有同步解调、整流检波解调和相敏检波解调。

1) 同步解调

同步解调是将已调制波与原载波信号再作一次乘法运算，即

$$x(t) \cdot \cos 2\pi f_0 t \cdot \cos 2\pi f_0 t = \frac{1}{2} x(t) + \frac{1}{2} x(t) \cos 4\pi f_0 t \tag{5-20}$$

其傅里叶变换为

$$
F[x(t)\cos 2\pi f_0 t \cos 2\pi f_0 t] = F\left[\frac{1}{2} x(t) + \frac{1}{2} x(t) \cos 2\pi f_0 t\right]
$$
$$
= \frac{1}{2} X(f) + \frac{1}{4} X(f - 2f_0) + \frac{1}{4} X(f + 2f_0) \tag{5-21}
$$

同步解调的信号的频域图形将再一次进行"搬移"，如图 5.9 所示，即将以坐标原点为中心的已调制波频谱搬移到以载波中心 $2f_0$ 处。由于载波频谱与原来调制时的载波频谱相同，第二次搬移后的频谱有一部分搬移到原点处，所以同步解调后的频谱包含两部分，即与原调制信号相同的频谱和附加的高频频谱。与原调制信号相同的频谱是恢复原信号波形所需要的，附加的高频频谱则是不需要的。当用低通滤波器滤去大于 f_m 的成分时，则可以复现原信号的频谱，也就是说在时域恢复了原波形。图 5.9 中高于低通滤波器截止频率 f_c 的频率成分将被滤去。

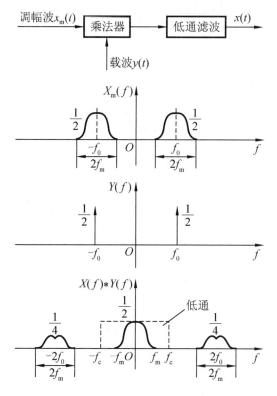

图 5.9　同步解调示意

【例 5.2】　设调制信号为 $x(t) = 10\mathrm{e}^{(-2t)}$，载波信号为 $y(t) = 2\cos(20\pi t)$，试画出调幅波 $x_m(t)$、载波信号 $y(t)$、解调波 $y_2(t)$ 的时域波形及其双边幅频谱。

解：调幅波表示为 $x_m(t) = x(t) \cdot y(t) = 10\mathrm{e}^{(-2t)} \cdot 2\cos(20\pi t) = 20\mathrm{e}^{(-2t)} \cdot \cos(2\pi \cdot 10 \cdot t)$，解调波 $y_2(t)$ 表示为 $y_2(t) = x_m(t) \cdot y(t) = 40\mathrm{e}^{(-2t)} \cdot \cos(2\pi \cdot 10 \cdot t) \cdot \cos(2\pi \cdot 10 \cdot t)$。调幅波 $x_m(t)$、载波信号 $y(t)$、解调波 $y_2(t)$ 的时域波形如图 5.10(a)、(b)、(c)所示，其双边幅频谱分布如图 5.10(d)、 (e)、(f)所示。

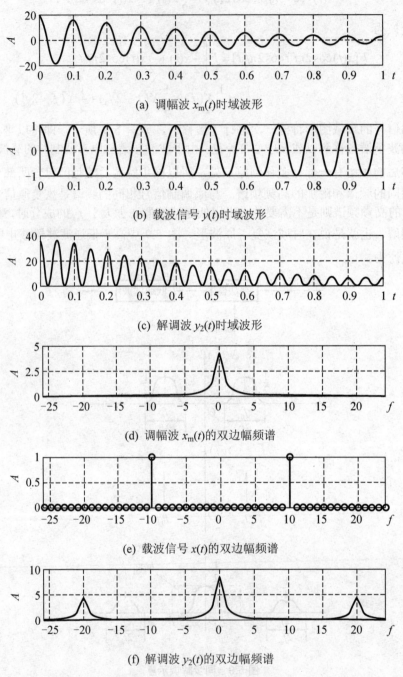

(a) 调幅波 $x_m(t)$ 时域波形

(b) 载波信号 $y(t)$ 时域波形

(c) 解调波 $y_2(t)$ 时域波形

(d) 调幅波 $x_m(t)$ 的双边幅频谱

(e) 载波信号 $x(t)$ 的双边幅频谱

(f) 解调波 $y_2(t)$ 的双边幅频谱

图 5.10　信号时域波形及双边幅频谱

2) 整流检波解调

在时域上，将被测信号即调制信号 $x(t)$ 在进行幅值调制之前，先预加一直流分量 A，使之不再具有正负双向极性，然后再与高频载波相乘得到已调制波，这种解调方式称为整流检波解调。在解调时，只需对已调制波作整流和检波，最后去掉所加直流分量 A，就可以恢复原调制信号，如图 5.11(a)所示。

此方法虽然可以恢复原信号，但在调制解调过程中有一加、减直流分量 A 的过程，由于实际工作中要使每一直流本身很稳定，且使两个直流完全对称是较难实现的，这样原信号波形与经调制解调后恢复的波形虽然幅值上可以成比例，但在分界正、负极性的零点上可能有漂移，从而使得分辨原波形正、负极性上可能有误，如图 5.11(b)所示。而相敏检波解调技术就解决了这一问题。

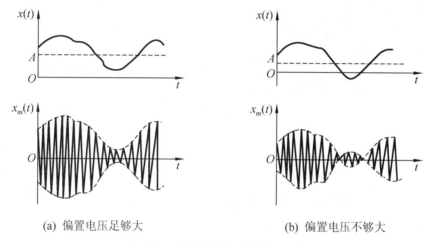

(a) 偏置电压足够大　　　　　　　(b) 偏置电压不够大

图 5.11　调制信号加偏置的调幅波

3) 相敏检波解调

相敏检波解调采用的装置是相敏检波器。常见的二极管相敏检波器的结构和它的输出、输入的关系如图 5.12 所示。

相敏检波器由四个特性相同的二极管 $D_1 \sim D_4$ 沿同一方向串联成一个桥式电路，各桥臂上通过附加电阻将电桥预调平衡。四个端点分别接在变压器 T_1 和 T_2 的次级线圈上，变压器 T_1 的输入信号为调幅波 $x_m(t)$，T_2 的输入信号为载波 $y(t)$，$u_L(t)$ 为输出。要求 T_2 的次级输出远大于 T_1 的次级输出。

相敏检波器是一种既能反映出调制信号的幅值，又能反映出调制信号的极性(相位)的解调器。当调幅波过零线时，它的相位相对于载波的相位变化了 $180°$ [见图 5.12(b)中的 $x_m(t)$ 波形]。相敏检波器就是利用这一特点进行调幅波与载波之间的相位比较，所得到的信号不仅反映了所测量信号的幅值，也反映了测量信号的极性。

下面结合图 5.12(b)和图 5.13 说明相敏检波器的解调过程。

当调制信号 $x(t) > 0$ 时，即图 5.12(b)中 $0 \sim t_1$ 时间内，调幅波 $x_m(t)$ 与载波 $y(t)$ 的每一时刻都同相。在这段时间内，当调幅波 $x_m(t)$ 处于每一周期的前半周期时，$x_m(t) > 0$，$y(t) > 0$。假设此时相敏检波器 T_1、T_2 两个变压器的极性如图 5.13(a)所示，电流回路为 e→g→R_L→f→3→c→D_3→d→2。若规定电流向下流过负载电阻 R_L 时，解调器的输出 u_L 为正，则在图 5.12(b)中 $u_L(t)$ 在 $0 \sim t_1$ 时间内的每一个周期前半周期时，$u_L(t)$ 波形为正，即 $u_L(t) > 0$。

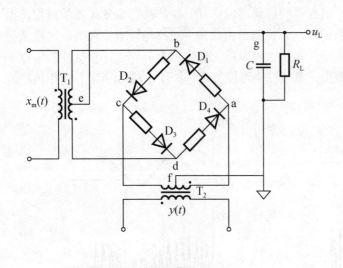

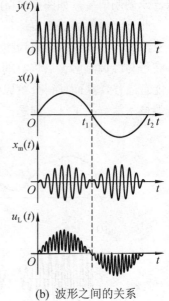

(a) 相敏检波器的结构

(b) 波形之间的关系

图 5.12　二极管相敏检波电路及其输出、输入的关系

在调幅波每一周期的后半周期时，$x_m(t) < 0$，$y(t) < 0$，此时相敏检波器 T_1、T_2 两个变压器的极性与前半周期时相反，如图 5.13(b) 所示。则电流回路为 e→g→R_L→f→4→a→D_1→b→1。流经负载电阻 R_L 时电流方向仍向下，因此，解调器的输出仍 u_L 为正，在 5.12(b) 中 $u_L(t)$ 在 $0\sim t_1$ 时间内的每一个周期后半周期时，$u_L(t)$ 波形为正，即 $u_L(t) > 0$。

由上述过程可知，在调制信号 $x(t) > 0$ 时，无论调幅波是否为正，通过相敏检波器解调后的波形都为正，保持了与原调制信号的极性(相位)一致。

当调制信号 $x(t) < 0$ 时，如图 5.12(b) 中 $t_1\sim t_2$ 时间内，调幅波 $x_m(t)$ 与载波 $y(t)$ 反相。在这段时间内，当调幅波 $x_m(t)$ 处于每一周期的前半周期时，$x_m(t) > 0$，$y(t) < 0$。假设此时相敏检波器 T_1、T_2 两个变压器的极性如图 5.13(c) 所示，则电流回路为 1→b→D_2→c→3→f→R_L→g→e。若规定电流向上流过负载电阻 R_L 时，解调器的输出 u_L 为负，则在 5.12(b) 中 $u_L(t)$ 在 $t_1\sim t_2$ 时间内的每一个周期前半周期时，$u_L(t)$ 波形为负，即 $u_L(t) < 0$。

在调幅波每一周期的后半周期时，$x_m(t) < 0$，$y(t) > 0$，此时相敏检波器 T_1、T_2 两个变压器的极性与前板周期时相反，如图 5.13(d) 所示。则电流回路为 2→d→D_4→a→4→f→R_L→g→e。流经负载电阻 R_L 时电流方向仍向上，因此，解调器的输出仍 u_L 为负，则在 5.12(b) 中 $u_L(t)$ 在 $t_1\sim t_2$ 时间内的每一个周期后半周期时，$u_L(t)$ 波形为负，即 $u_L(t) < 0$。

由上述过程可知，在调制信号 $x(t) < 0$ 时，无论调幅波是否为正，通过相敏检波器解调后的波形都为负，保持了与原调制信号的极性(相位)一致。同时由图 5.12(b) 中 $u_L(t)$ 波形可以看出，解调后的频率比原来调制信号的频率提高了一倍。

相敏滤波器输出波形的包络线即是所需要的信号，因此，必须把它和载波分离。由于被测信号的最高频率 $f_m \leq \left(\dfrac{1}{10}\sim\dfrac{1}{5}\right)f_0$ (载波频率)，所以应在相敏检波器的输出端再接一个适当频带的低通滤波器，即可得到与原信号波形一致但已经放大了的信号，达到解调的目的。

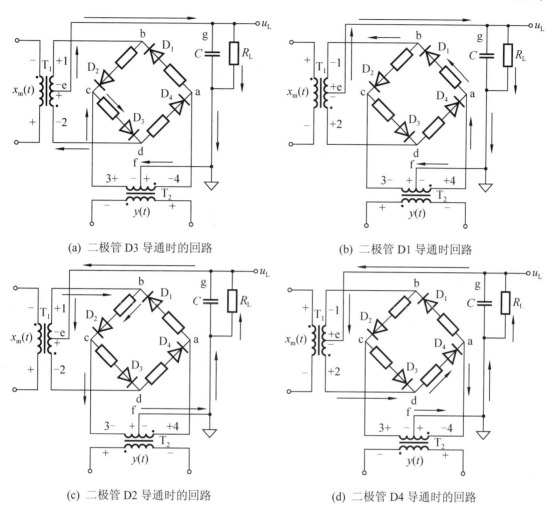

(a) 二极管 D3 导通时的回路　　　　　　(b) 二极管 D1 导通时回路

(c) 二极管 D2 导通时的回路　　　　　　(d) 二极管 D4 导通时的回路

图 5.13　二极管相敏检波器解调原理示意

3. 幅值调制与解调的应用

幅值调制与解调在工程技术上用途很多，下面就常用的 Y6D 型动态应变仪作为一典型实例予以介绍，如图 5.14 所示。

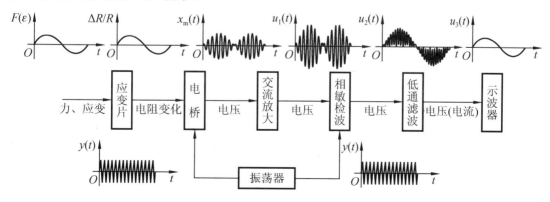

图 5.14　动态电阻应变仪原理框图

交流电桥由振荡器供给高频等幅正弦激励电压源作为载波 $y(t)$，贴在试件上的应变片受力 $F(\varepsilon)$ 等作用，其电阻变化 $\Delta R/R$ 反映试件上的应变 ε 的变化。由于电阻 R 为交流电桥的一桥臂，则电桥有电压输出 $x(t)$。作为原信号的 $x(t)$（电阻变化 $\Delta R/R$），其与高频载波 $y(t)$ 作幅值调制后的调幅波 $x_m(t)$，经放大器后幅值将放大为 $u_1(t)$。$u_1(t)$ 送入相敏检波器后被解调为原信号波形包络线的高频信号波形 $u_2(t)$，$u_2(t)$ 进入低通滤波器后，高频分量被滤掉，则恢复为原来被放大的信号 $u_3(t)$。最后记录器将 $u_3(t)$ 的波形记录下来，$u_3(t)$ 反映了试件应变变化情况，其应变大小及正负都能准确地显示出来。

5.2.3 调频及解调测量电路

调频即频率调制，是用调制信号(缓变的被测信号)去控制载波信号的频率，使其随调制信号的变化而变化。经过调频的被测信号储存在频率中，不易衰落，也不易混乱和失真，使得信号的抗干扰能力得到很大的提高；同时，调频信号还便于远距离传输和采用数字技术。由于调频信号的这些优点使得调频和解调技术在测试技术中得到了广泛应用。

1. 频率调制的基本原理

调频就是利用调制信号的幅值控制一个振荡器产生的信号频率。振荡器输出的是等幅波，其振荡频率变化值和调制信号幅值成比例关系。调制信号幅值为零时，调频波的频率(载波频率)就等于中心频率；调制信号幅值为正值时，调频波的频率升高，负值时则频率降低。所以调频波是随时间变化的疏密不等的等幅波，如图5.15所示。

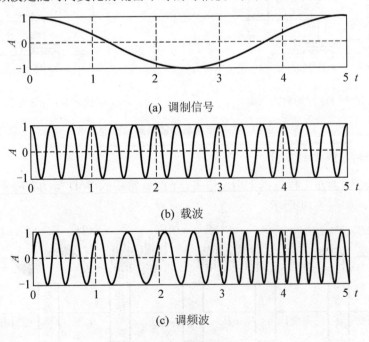

(a) 调制信号

(b) 载波

(c) 调频波

图 5.15 调频波形成

调频波的瞬时频率为

$$f(t) = f_0 \pm \Delta f$$

式中：f_0 为载波频率；Δf 为频率偏移，与调制信号的幅值成正比。

设调制信号 $x(t)$ 是幅值为 X_0、频率为 f_m 的余弦波,其初始相位为零,则有

$$x(t) = X_0 \cos 2\pi f_m t$$

载波信号为

$$y(t) = Y_0 \cos(2\pi f_0 t + \varphi_0)$$

调频时载波的幅值 Y_0 和初相位 φ_0 不变,瞬时频率 $f(t)$ 围绕着 f_0 随调制信号幅值作规律变化,因此

$$f(t) = f_0 + K_f X_0 \cos 2\pi f_m t = f_0 + \Delta f_f \cos 2\pi f_m t \tag{5-22}$$

式中: Δf_f 是由调制信号幅值 X_0 决定的频率偏移, $\Delta f_f = K_f X_0$; K_f 为比例常数,其大小由具体的调频电路决定。

由式(5-22)可知,频率偏移与调制信号的幅值成正比,而与调制信号的频率无关,这是调频波的基本特征之一。

2. 调频及解调电路

实现信号的调频和解调的方法很多,这里主要介绍仪器中最常用的方法。

谐振电路是把电容、电感等电参量的变化转换为电压变化的电路。如图 5.16 所示的谐振电路通过耦合高频振荡器获得电路电源。谐振电路的阻抗值取决于电容、电感的相对值和电源的频率值。当谐振电路如图 5.17 所示时,其谐振频率为

$$f_n = \frac{1}{2\pi\sqrt{LC}}$$

式中: f_n 为谐振电路的固有频率(Hz); L、C 为谐振电路的电感(H)和电容(F)。

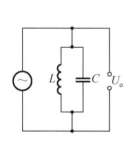
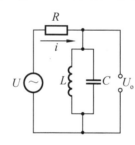
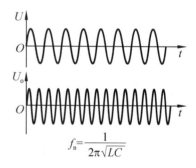

图 5.16　谐振电路　　　　　　　图 5.17　电抗变化转换为电压的转化

在测量系统中,以电感或电容作为传感器感受被测量的变化,传感器的输出作为调制信号的输入,振荡器原有的振荡信号作为载波。当有调制信号输入时,振荡器输出的信号就是被调制后的调频波。在图 5.18 所示的电路中,设 C_1 为电容传感器,初始电容量为 C_0,则电路的谐振频率为

$$f_0 = \frac{1}{2\pi\sqrt{L(C_0 + C)}} \tag{5-23}$$

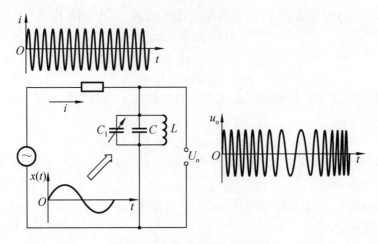

图 5.18　振荡电路用做调频器

若电容 C_0 的变化量为 $\Delta C = K_x C_0 x(t)$，K_x 为比例系数，$x(t)$ 为被测信号，结合式(5-23)，则谐振频率变为

$$f = \frac{1}{2\pi\sqrt{L(C_0 + C + \Delta C)}} = f_0 \frac{1}{\sqrt{1 + \dfrac{\Delta C}{C + C_0}}} \tag{5-24}$$

将式(5-24)按泰勒级数展开并忽略其高阶项，则

$$f \approx f_0 \left(1 - \frac{\Delta C}{2(C + C_0)}\right) = f_0 - \Delta f \tag{5-25}$$

式中：$\Delta f = f_0 \dfrac{\Delta C}{2(C + C_0)} = f_0 \dfrac{K_x C_0 x(t)}{2(C + C_0)} = f_0 K_f x(t)$，$K_f = \dfrac{K_x C_0}{2(C + C_0)}$。

从式(5-25)可知，LC 振荡回路的振荡频率 f 与谐振参数的变化呈线性关系，即振荡频率 f 受控于被测信号 $x(t)$。

谐振电路调频波的解调一般使用鉴频器。调频波通过正弦波频率的变化来反映被测信号的幅值变化，因此，调频波的解调首先把调频波变换成调频调幅波，然后进行幅值检波。鉴频器通常由线性变换电路与幅值检波电路组成，如图 5.19(a)所示。

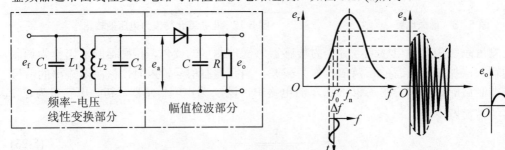

(a) 鉴频器电路　　　　　　　　　　　　　　　(b) 波形图

图 5.19　调频波的解调原理示意

在图 5.19(a)所示电路，调频波 e_f 经过变压器耦合后，加于 L_1、C_1 组成的谐振电路上，

而在 L_2、C_2 并联振荡回路两端获得如图 5.19(b)所示的电压-频率特性曲线。当等幅调频波 e_f 的频率等于回路的谐振频率 f_n 时，线圈 L_1、L_2 中的耦合电流最大，次级输出电压 e_a 也最大。e_f 的频率偏离 f_n，e_a 也随之下降。通常利用特性曲线的次谐振区近似直线的一段实现频率-电压变换。将 e_a 经过二极管进行半波整流，再经过 RC 组成的滤波器滤波，滤波器的输出电压 e_o 与调制信号成正比，复现了被测量信号 $x(t)$，则解调完毕。

5.3 滤 波 器

5.3.1 滤波器的分类

1. 概念

滤波器是一种选频装置，它可以使信号中特定的频率成分通过，同时极大地衰减其他频率成分。正是滤波器的这种筛选功能，滤波器被广泛用于消除干扰噪声和进行系统或装置的频谱分析。

2. 滤波器的种类

信号进入滤波器后，部分特定的频率成分可以通过，而其他频率成分极大地衰减。对于一个滤波器，信号能通过它的频率范围称为该滤波器的频率通带，简称通带。被抑制或极大地衰减的频率范围称为频率阻带，简称阻带。通带与阻带的交界点，称为截止频率。

根据滤波器的不同选频范围，滤波器可分为低通、高通、带通和带阻四种滤波器，如图 5.20 虚线部分所示。

(1) 低通滤波器。在 $0\sim f_2$ 频率之间，幅频特性平直，如图 5.20(a)所示。它可以使信号中低于 f_2 的频率成分几乎不受衰减地通过，而高于 f_2 的频率成分都被衰减掉，所以称为低通滤波器，f_2 称为低通滤波器的上截止频率。

(2) 高通滤波器。与低通滤波器相反，当频率大于 f_1 时，其幅频特性平直，如图 5.20(b)所示。它使信号中高于 f_1 的频率成分几乎不受衰减地通过，而低于 f_1 的频率成分则被衰减掉，所以称为高通滤波器，f_1 称为高通滤波器的下截止频率。

(3) 带通滤波器。它的通频带在 $f_1\sim f_2$ 之间。它使信号中高于 f_1，而低于 f_2 的频率成分可以几乎不受衰减地通过，如图 5.20(c)所示。而其他的频率成分则被极大地衰减，所以称为带通滤波器。f_1、f_2 分别称为此带通滤波器的下、上截止频率。

(4) 带阻滤波器。与带通滤波器相反，阻带在频率 $f_1\sim f_2$ 之间，它使信号中高于 f_2 而低于 f_1 的频率成分被极大地衰减，其余频率成分几乎不受衰减地通过，如图 5.20(d)所示。

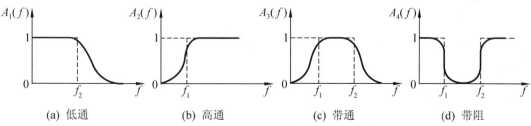

图 5.20 四种滤波器的幅频特性

这四种滤波器的特性之间存在着一定的联系：高通滤波器的幅频特性可以看做为低通滤波器做负反馈而得到的，即 $A_2(f) = 1 - A_1(f)$；带通滤波器的幅频特性可以看做为带阻滤波器做负反馈而获得；带阻滤波器是低通和高通滤波器的组合。

根据构成滤波器的电路性质，滤波器可分为有源滤波器和无源滤波器；根据滤波器所处理信号的性质，可分为模拟滤波器和数字滤波器。这里仅讲述有源滤波器和无源滤波器。

5.3.2 理想滤波器

理想滤波器是一个理想化的模型，在物理上是不能实现的，但它对深入了解滤波器的传输特性是非常有用的。

根据线性系统的不失真测试条件，理想测试系统的频率响应函数为

$$H(f) = A_0 e^{-j2\pi f t_0}$$

式中：A_0，t_0 均为常数。若滤波器的频率响应函数满足

$$H(f) = \begin{cases} A_0 e^{-j2\pi f t_0} & |f| < f_c \\ 0 & \text{其他} \end{cases} \tag{5-26}$$

式中：f_c 为滤波器的截止频率，则该滤波器称为理想低通滤波器，其幅频和相频特性分别为

$$\begin{cases} A(f) = A_0 \\ \varphi(f) = -2\pi f t_0 \end{cases} \quad |f| < f_c \tag{5-27}$$

如图 5.21 所示，幅频特性对称于纵坐标，相频特性中直线过原点且斜率为 $-2\pi t_0$。即，一个理想滤波器在其通带内幅频特性为常数，相频特性为通过原点的直线，在通带外幅频特性值应为零。这样，理想滤波器能使通带内输入信号的频率成分不失真地传输，而在通带外的频率成分全部衰减掉。

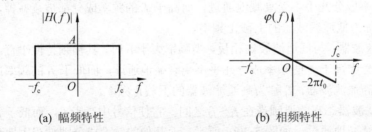

(a) 幅频特性　　　　　　　　(b) 相频特性

图 5.21　理想滤波器的幅频和相频特性

在单位脉冲信号输入的情况下，滤波器的单位脉冲响应函数为

$$h(t) = F^{-1}[H(f)] = \int_{-\infty}^{\infty} H(f) e^{j2\pi f t} df$$

$$= \int_{-f_c}^{f_c} A_0 e^{-j2\pi f t_0} e^{j2\pi f t} df \tag{5-28}$$

$$= 2A_0 f_c \frac{\sin[2\pi f_c(t - t_0)]}{2\pi f_c(t - t_0)}$$

若没有相角滞后，即 $t_0 = 0$，式(5-28)变为

$$h(t) = 2A_0 f_c \frac{\sin(2\pi f_c t)}{2\pi f_c t} \tag{5-29}$$

其图形表达如图 5.22 所示。显然，$h(t)$ 具有对称性，时间 t 的范围从 $-\infty \sim +\infty$。

$h(t)$ 的波形以 $t=0$ 为中心向左右无限延伸。其物理意义：在 $t=0$ 时输入单位脉冲于一理想滤波器，滤波器的输出蔓延到整个时间轴上，不仅延伸到 $t \to +\infty$，并且延伸到 $t \to -\infty$。任一现实的物理系统，响应只可能出现于输入到来之后，不可能出现于输入到来之前。对于上述负的 t 值，其 $h(t)$ 的值不等于零，这是不合理的。因为单位脉冲在时刻 $t=0$ 才作用于系统，而系统的输出 $h(t)$ 在 $t<0$ 时不为零，说明在输入脉冲 $\delta(t)$ 到来之前，这一系统已有响应，这实际上是不可能的。显然，任何滤波器不可能有这种"先知"，滤波器的这种特性是不可实现的。同理，"理想"的高通、带通和带阻滤波器都是不存在的。实际滤波器的幅频特性不可能出现直角锐边(即幅值由 A 突然变为 0 或由 0 变为 A)，也不会在有限频率上完全截止。原则地讲，实际滤波器的幅频特性将延伸到 $|f| \to \infty$，所以一个滤波器对信号通带以外的频率成分只能极大地衰减，却不能完全阻止。

讨论理想滤波器是为了进一步了解滤波器的传输特性，建立滤波器的通频带宽与滤波器稳定输出所需时间之间的关系。虽然在实际中工作难以实现，但它具有一定的理论探讨价值。

设滤波器的传递函数为 $H(f)$，如图 5.23 所示，若给滤波器一单位阶跃 $u(t)$ 输入：

$$x(t) = u(t) = \begin{cases} 1 & t \geqslant 0 \\ 0 & t < 0 \end{cases}$$

则滤波器的输出 $y(t)$ 在时域将是该输入 $u(t)$ 和脉冲响应函数 $h(t)$ 的卷积，即

$$y(t) = u(t) * h(t) = \int_{-\infty}^{\infty} u(\tau)h(t-\tau)\mathrm{d}\tau$$

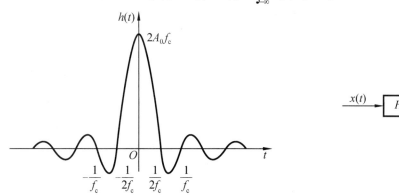 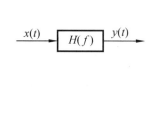

图 5.22　脉冲响应函数　　　　图 5.23　滤波器框图

$y(t)$ 的图形表达如图 5.24 所示。可以看出，若不考虑前后皱波，输出响应从零点(a 点)到稳定值 A_0(b 点)需要一定的建立时间 $T_e = t_b - t_a$。时移只影响输出曲线 $y(t)$ 的右移，不影响 $(t_b - t_a)$ 值，

滤波器对阶跃输入的响应有一定的建立时间，这是因为其脉冲响应函数 $h(t)$ 的图形主瓣有一定的宽度 $1/f_c$。可以想象，如果滤波器的通带很宽，即 f_c 很大，那么 $h(t)$ 的图形将很陡峭，响应建立时间 $(t_b - t_a)$ 将很小。反之，如频带较窄，f_c 较小，则建立时间较长。计算积分式表明：

$$T_e = t_b - t_a = \frac{0.61}{f_c}$$

式中：f_c 为低通滤波器的截止频率。如果将理论响应值的 0.1～0.9 作为计算建立时间的标准，则

$$T_e = t'_b - t'_a = \frac{0.45}{f_c}$$

由此可以得出，低通滤波器对阶跃响应的建立时间 T_e 和带宽 B(即通带的宽度，对于低通滤波器，$B = f_c - 0 = f_c$)成反比，即

$$T_e \cdot B = 常数 \tag{5-30}$$

这一结论对其他类型的滤波器也适用。

另一方面，滤波器的带宽表示着它的频率分辨力(见下一节)，通带越窄，则分辨力越高。因此，滤波器的高分辨能力和测量时快速响应的要求是相互矛盾的。当采用滤波器从信号选取某一频率成分时，就需要有足够的时间。如果建立时间不够，就会产生虚假的结果，而过长的测量时间也是没有必要的。一般 $T_e \cdot B = 5～10$ 就够了。

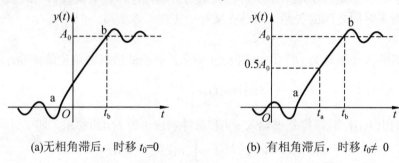

(a)无相角滞后，时移 $t_0 = 0$　　　　　(b) 有相角滞后，时移 $t_0 \neq 0$

图 5.24　理想低通滤波器对单位阶跃输入的响应

5.3.3　实际 RC 滤波器

1. 实际滤波器的基本参数

实际带通滤波器的幅频特性如图 5.25 所示。虚线表示理想带通滤波器的幅频特性曲线，其尖锐、陡峭，通带为 $f_{c1}～f_{c2}$，通带内的幅值为常数 A_0，通带之外的幅值为零。实际滤波器的幅频特性曲线如实线所示，其不如理想滤波器的幅频特性曲线那么尖锐、陡峭，没有明显的转折点，通带与阻带部分也不是那么平坦，通带内幅值也并非为常数。因此，需要用更多的参数来描述实际滤波器的特性。

1) 截止频率

幅频特性值为 $A_0/\sqrt{2}$ 时所对应的频率称为滤波器的截止频率。如图 5.25 所示，以 $A_0/\sqrt{2}$ 作平行于横坐标的直线与幅频特性曲线相交两点的横坐标值为 f_{c1}、f_{c2}，分别称为滤波器的下截止频率和上截止频率。若以 A_0 为参考值，则 $A_0/\sqrt{2}$ 相对于 A_0 衰减 -3dB。

$\left(20\lg\dfrac{A_0/\sqrt{2}}{A_0} = -3\text{dB}\right)$

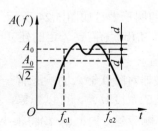

图 5.25　理想和实际带通滤波器的幅频特性

2) 带宽

滤波器上、下两截止频率之间的频率范围称为滤波器的带宽，单位为 Hz。带宽决定着滤波器分离信号中相邻频率成分的能力——频率分辨力。根据带宽的类型，滤波器一般做成恒带宽滤波器和恒带宽比滤波器。

对恒带宽滤波器，其带宽 B 为

$$B = f_{c2} - f_{c1} \tag{5-31}$$

对恒带宽比滤波器，其截止频率满足

$$f_{c2} = 2^n f_{c1} \tag{5-32}$$

式中：n 为倍频程数。当 $n=1$ 时，称为倍频程滤波器；当 $n=1/3$ 时，称为 1/3 倍频程滤波器。这类滤波器的带宽 B 为

$$B = f_{c2} - f_{c1} = 2^n f_{c1} - f_{c1} = f_{c1}(2^n - 1) \tag{5-33}$$

因为 $A_0 / \sqrt{2}$ 相对于 A_0 衰减 -3dB，故称实际带宽为"负三分贝带宽"，以 $B_{-3\text{dB}}$ 表示。

3) 中心频率

对于恒带宽滤波器，其中心频率定义为

$$f_0 = \frac{f_{c1} + f_{c2}}{2} \tag{5-34}$$

对于恒带宽比滤波器，其中心频率定义为

$$f_0 = \sqrt{f_{c1} \cdot f_{c2}} \tag{5-35}$$

4) 品质因数 Q

中心频率 f_0 和带宽 B 之比称为滤波器的品质因数，即

$$Q = \frac{f_0}{B} \tag{5-36}$$

5) 波纹幅度 d

实际的滤波器在通带内可能出现波纹变化,其波动幅度 d 与幅频特性的稳定值 A_0 相比，越小越好，一般应远小于 -3dB，即 $d \ll A_0 / \sqrt{2}$。

6) 倍频程选择

在两截止频率外侧，实际滤波器有一个过渡带，这个过渡带的幅频曲线倾斜程度表明了幅频特性衰减的快慢，它决定着滤波器对带宽外频率成分衰减的能力。通常用倍频程选择性来表征。倍频程选择性，是指在上截止频率 f_{c2} 与 $2f_{c2}$ 之间，或者在下截止频率 f_{c1} 与 $f_{c1}/2$ 之间幅频特性的衰减值，即频率变化一个倍频程时的衰减量，以 dB 表示。显然，衰减越快，滤波器的选择性越好。

7) 滤波器因数(或矩形系数)

滤波器选择性的另一种表示方法是用滤波器幅频特性的 -60dB 带宽与 -3dB 带宽的比值 $\lambda = \frac{B_{-60\text{dB}}}{B_{-3\text{dB}}}$ 来表示。

理想滤波器 $\lambda=1$，通常使用的滤波器 $\lambda=1\sim5$。有些滤波器因器件影响(例如电容漏阻等)阻带衰减倍数达不到 -60dB，则以标明的衰减倍数(如 -40dB 或 -30dB)带宽与 -3dB 带宽之比来表示其选择性。

2. RC 滤波器的基本特性

RC 滤波器具有电路简单、抗干扰性能强，有较强的低频性能，电阻、电容元件标准、易于选择的特点。因此，在测试系统中，常常选用 RC 滤波器。

1) 一阶 RC 低通滤波器

RC 低通滤波器的典型电路如图 5.26(a)所示。设滤波器的输入信号电压为 u_x，输出信号电压为 u_y，电路的微分方程式为

$$RC\frac{\mathrm{d}u_y}{\mathrm{d}t} + u_y = u_x \tag{5-37}$$

令 $\tau = RC$，称为时间常数，对式(5-37)进行傅里叶变换，得到其频响函数：

$$H(\mathrm{j}\omega) = \frac{1}{\mathrm{j}\tau\omega + 1} \tag{5-38}$$

其幅频、相频特性分别为

$$A(\omega) = \frac{1}{\sqrt{1 + (\omega\tau)^2}} \tag{5-39}$$

$$\varphi(\omega) = -\arctan\omega\tau \tag{5-40}$$

这是一个典型的一阶系统，其幅频、相频特性如图 5.26(b)、(c)所示。

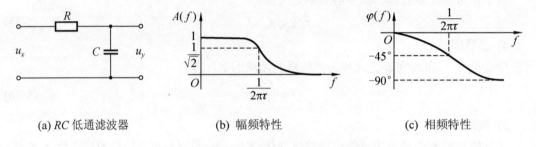

(a) RC 低通滤波器　　　　(b) 幅频特性　　　　(c) 相频特性

图 5.26　RC 低通滤波器及其幅频、相频特性

由特性曲线可知：当 $f \ll \dfrac{1}{2\pi RC}$ 时，$A(f) \approx 1$，信号几乎不受衰减地通过，并且 $\varphi(f) \sim f$ 相频特性也近似于一条通过原点的直线。因此，可以认为，在此情况下，RC 低通滤波器是一个不失真传输系统。

当 $f = \dfrac{1}{2\pi RC}$ 时，$A(f) = \dfrac{1}{\sqrt{2}}$，即幅频特性值为-3dB 点，滤波器上的截止频率为

$$f_{c2} = \frac{1}{2\pi RC} \tag{5-41}$$

RC 值决定着滤波器的上截止频率。因此，适当改变 RC 参数就可以改变滤波器的截止频率。

当 $f \gg \dfrac{1}{2\pi RC}$ 时，输出 u_y 与输入 u_x 的积分成正比，即

$$u_y = \frac{1}{RC}\int u_x \mathrm{d}t \tag{5-42}$$

此时 RC 低通滤波器起着积分器的作用，对高频成分的衰减为-20dB/10 倍频程(或-6dB/

倍频程)。如果要加大衰减率,应提高低通滤波器的阶数。但 n 个一阶低通滤波器串联使用后,后一级的滤波电阻、滤波电容对前一级电容起并联作用,产生负载作用,需要进行处理。

2) RC 高通滤波器

RC 高通滤波器如图 5.27(a)所示。设输入信号电压为 u_x,输出信号电压为 u_y,则微分方程为

$$u_y + \frac{1}{RC}\int u_y \mathrm{d}t = u_x \tag{5-43}$$

同样,令 $RC = \tau$ 代入,然后作傅里叶变换,得到频响函数:

$$H(\mathrm{j}\omega) = \frac{\mathrm{j}\omega\tau}{1 + \mathrm{j}\omega\tau} \tag{5-44}$$

其幅频、相频特性分别为

$$A(\omega) = \frac{\omega\tau}{\sqrt{1 + (\omega\tau)^2}} \tag{5-45}$$

$$\varphi(\omega) = -\arctan\frac{1}{\omega\tau} \tag{5-46}$$

这是另一类的一阶系统,其幅频、相频特性如图 5.27(b)、(c)所示。

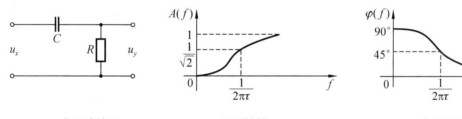

(a) RC 高通滤波器　　　　　(b) 幅频特性　　　　　(c) 相频特性

图 5.27　RC 高通滤波器及其幅频、相频特性

当 $f = \dfrac{1}{2\pi RC}$ 时,$A(f) = \dfrac{1}{\sqrt{2}}$,即滤波器的 -3dB 截止频率为

$$f_{c1} = \frac{1}{2\pi RC} \tag{5-47}$$

当 $f \gg \dfrac{1}{2\pi RC}$ 时,$A(f) \approx 1$,$\varphi(f) \approx 0$,即当 f 相当大时,幅频特性接近于 1,相频特性趋于零,这时 RC 高通滤波器可视为不失真传输系统。

同样,当 $f = \dfrac{1}{2\pi RC}$ 时,输出 u_y 与输入 u_x 的微分成正比,即

$$u_y = \frac{1}{RC}\frac{\mathrm{d}u_x}{\mathrm{d}t} \tag{5-48}$$

RC 高通滤波器起着微分器的作用。

3) RC 带通滤波器

RC 带通滤波器的幅频特性可以看成低通和高通两个滤波器串联而成,如图 5.28 所示。串联所得的带通滤波器以原高通滤波器的截止频率为上截止频率,即 $f_{c1} = \dfrac{1}{2\pi\tau_1}$;相应地其

下截止频率为原低通滤波器的下截止频率，即 $f_{c2} = \dfrac{1}{2\pi\tau_2}$。分别调节高、低通环节的时间常数($\tau_1$，$\tau_2$)，就可得到不同的上、下截止频率和带宽的带通滤波器。

带通滤波器的频率响应函数为

$$H(j\omega) = H_1(j\omega) \cdot H_2(j\omega) \tag{5-49}$$

其幅频、相频特性分别为

$$A(j\omega) = A_1(j\omega) \cdot A_2(j\omega) \tag{5-50}$$

$$\varphi(j\omega) = \varphi_1(j\omega) + \varphi_2(j\omega)$$

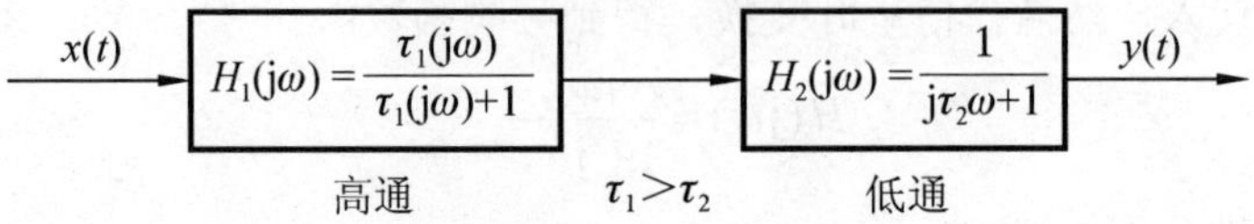

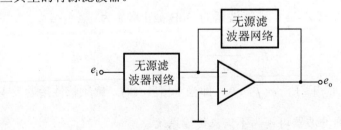

图 5.28　带通滤波器

值得注意的是高、低通两级串联时，应消除两级耦合时的相互影响，因为后一级成为前一级的"负载"，而前一级又是后一级的信号源内阻。实际上，两级间常用射极输出器或者选用运算放大器的阻抗变换特性进行隔离。因此，实际的带通滤波器常常是有源的。

3. 有源滤波器

运算放大器可以用来搭建滤波器电路，从而避免了电感的使用和输出负载所带来的问题。这些有源滤波器具有非常陡峭的下降带，任意平直的通带，甚至可调的截止频率。有源滤波器是一个内容丰富的题目，一系列的教科书都致力于对它们的设计。

图 5.29 所示为基本的有源滤波器。无源滤波器网络连接到一个运算放大器上，此放大器用来提供能量并改善阻抗特性。无源网络仅由电阻和电容组成，电感的特性可由电路来模拟。由于输出阻抗一般较低，这些滤波器可以提供输出电流而不降低电路的性能。图 5.30 所示为一些典型的有源滤波器。

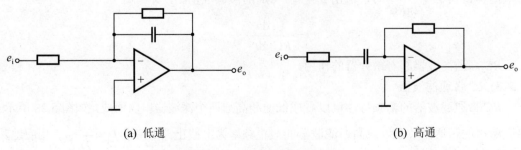

图 5.29　基本有源滤波器电路

(a) 低通　　　　　　　　　　　　　　　(b) 高通

图 5.30　一阶有源滤波器电路

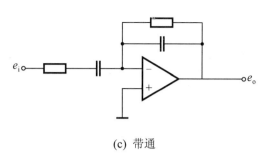

(c) 带通

图 5.30   一阶有源滤波器电路(续)

5.3.4   恒带宽比滤波器和恒带宽滤波器

为了对信号频谱分析，或者需要摘取信号中某些特性频率成分，可将信号通过放大倍数相同而中心频率不同的多个带通滤波器，各个滤波器的输出主要反映信号中在该通带频率范围内的量值。通常有两种做法：

(1) 使用带通滤波器的中心频率是可调的，通过改变 RC 调谐参数而使其中的频率跟随所需要测量(处理)的信号频段。由于受到可调参数的限制，其可调范围是有限的。

(2) 使用一组各自中心频率固定，但又按一定规律参差相隔的滤波器组。如图 5.31 所示的谱分析装置是将中心频率如图中所表明的各滤波器依次接通。如果信号经过足够的功率放大，各滤波器的输入阻抗也足够高(只从信号源取电压信号而取很小的输入电流)，那么也可以把该滤波器组并联在信号源上，各滤波器的输出同时显示或记录，这样就能瞬时获得信号的频谱结构。这就成为"实时"的谱分析。

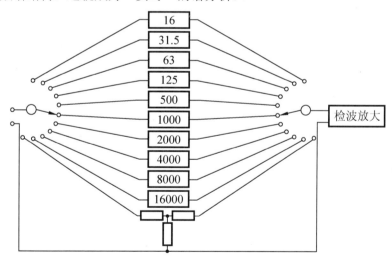

图 5.31   倍频程频谱分析装置

对用于谱分析的滤波器组，各滤波器的通带应该相互连接，覆盖整个感兴趣的频率范围，这样才不致使信号中的频率成分"丢失"。通常做法是前一个滤波器的-3dB 上截止频率(高端)是后一个滤波器的-3dB 下截止频率(低端)。当然，滤波器组应具有同样的放大倍数(对其各个中心频率)。这样一组滤波器将覆盖整个频率范围，将是"邻接的"。

1. 恒带宽比滤波器

由式(5-41)可知，品质因数 Q 为中心频率 f_0 和带宽 B 之比，若采用具有相同 Q 值的调谐式滤波器做成邻接式滤波器，则滤波器组是恒带宽比的滤波器构成的。因此，中心频率 f_0 越大，其带宽 B 也越大，频率分辨力越低。

从恒带宽比滤波器的截止频率 f_{c1}、f_{c2} 和中心步骤 f_0 的关系式(5-32)和式(5-35)可推得：

$$f_{c2} = 2^{\frac{n}{2}} f_0$$
$$f_{c1} = 2^{-\frac{n}{2}} f_0$$

因此

$$f_{c2} - f_{c1} = B = f_0/Q$$
$$\frac{1}{Q} = \frac{B}{f_n} = 2^{\frac{n}{2}} - 2^{-\frac{n}{2}} \tag{5-51}$$

对于不同的倍频程，其滤波器的品质因数分别为

倍频程 n	1	1/3	1/5	1/10
品质因数 Q	1.41	4.32	7.21	14.42

对一组邻接的滤波器组，利用式(5-32)和式(5-35)可以推得后一个滤波器的中心频率 f_{02} 与前一个滤波器的中心频率 f_{01} 之间也有下列关系：

$$f_{02} = 2^n f_{01} \tag{5-52}$$

因此，根据式(5-51)和式(5-52)，只要选定 n 值就可设计覆盖给定频率范围的邻接式滤波器组。例如，对于 $n=1$ 的倍频程滤波器将是

中心频率/Hz	16	31.5	63	125	250	…
带宽/Hz	11.31	22.27	44.55	88.39	176.78	…

对于 $n=1/3$ 的倍频程滤波器将是：

中心频率/Hz	12.5	16	20	25	31.5	40	50	63	…
带宽/Hz	2.9	3.7	4.6	5.8	7.3	9.3	11.6	14.6	…

2. 恒带宽滤波器

上述利用 RC 调谐电路做成的调谐式带通滤波器都是恒带宽比的。对这样一组增益相同的滤波器，若基本电路选定以后，也将具有共同接近的 Q 值及带宽比。显然，其滤波性能在低频区较好，而在高频区则由于带宽增加而使分辨力下降。

为使滤波器在所有频段都具有同样良好的频率分辨力，可采用恒带宽的滤波器。如图 5.32 所示为恒带宽比和恒带宽滤波器的特性对照图。图中滤波器的特性都画成理想的。

为了提高滤波器的分辨力，带宽应越窄越好，但这样为覆盖整个频率范围所需要的滤波器数量就很大，因此恒带宽滤波器就不宜做成固定中心频率的。一般利用一个定带宽、定中心频率的滤波器，同时使用可变参考频率的差频变换，来适应各种不同中心频率的定带宽滤波的需要。参考信号的扫描速度应能满足建立时间的要求，尤其在滤波器带宽很窄

的情况，参考频率变化不能太快。实际使用中，只要对扫频的速度进行限制，使它不大于 $(0.1\sim0.5)B^2$，单位为 Hz/s，就能获得相当精确的频谱图。

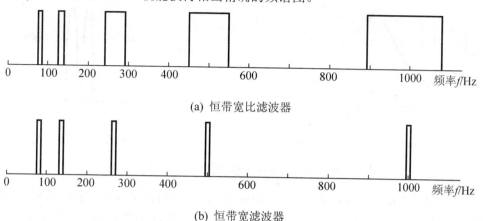

(a) 恒带宽比滤波器

(b) 恒带宽滤波器

图 5.32　理想的恒带宽比恒带宽滤波器的特性对照

常用的恒带宽滤波器有相关滤波器和变频跟踪滤波两种，这两种滤波器的中心频率都能自动跟踪参考信号的频率。

下面举例说明滤波器的带宽和分辨力。

【例 5.3】　设有一信号是由幅值相同而频率分别为 $f=940$Hz 和 $f=1060$Hz 的两正弦信号合成，其频谱如图 5.33(a)所示。现用恒带宽比的倍频程滤波器和恒带宽跟踪滤波器分别对它作频谱分析。

图 5.33(b)是用 1/3 倍频程滤波器(倍频程选择接近于 25dB，$B/f_0=0.23$)分挡测量结果；图 5.33(c)是用相当于 1/10 倍频程滤波器(倍频程选择 45dB，$B/f_0=0.06$)测量并用笔式记录仪连续走纸记录的结果；图 5.33(d)为用恒带宽跟踪滤波器(-3dB 带宽 3Hz，-60dB 带宽 12Hz，滤波器因数 $\lambda=4$)的测量结果。

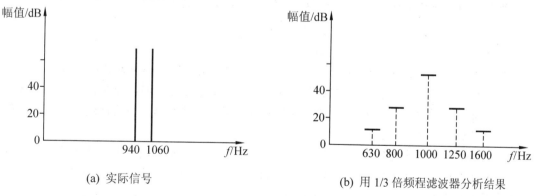

(a) 实际信号

(b) 用 1/3 倍频程滤波器分析结果

图 5.33　三种滤波器测量结果比较

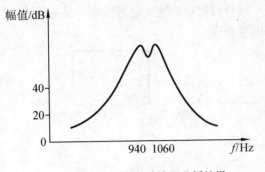

(c) 用1/10倍频程滤波器分析结果

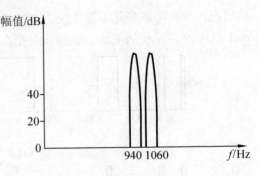

(d) 用恒带宽滤波器分析结果

图 5.33   三种滤波器测量结果比较(续)

比较三种滤波器测量结果可知：1/3 倍频程滤波器分析效果最差，它的带宽太大(如在 1000Hz 时，B=230Hz)，无法确切分辨出两频率成分的频率和幅值。同时由于其倍频程选择性较差，以致将中心频率改为 800Hz 和 1250Hz 时，尽管信号已不在滤波器的通带中，滤波器输出仍然有相当大的幅值。因此这时仅就滤波器的输出，人们是无法辨别这个输出究竟是来源于通带内的频率成分还是通带外的频率成分。相反，恒带宽跟踪滤波器的带宽窄，选择性好，足以消除上述两方面的不确定性，达到良好的频谱分析效果。

小   结

在机械量的测量中，常将被测机械量转换成电阻、电容、电感电参数。电信号的处理可以用于多种目的：将传感器的输出转换为更容易使用的形式，将信号进行放大或变成高频信号便于传送，从信号中去除不需要的频率分量，或者使信号能够驱动输出装置。

(1) 电桥是将电阻、电容、电感电参数变成电压和电流信号的电路，它分直流电桥和交流电桥。直流电桥的平衡条件是 $R_1 \cdot R_3 = R_2 \cdot R_4$；交流电桥的平衡条件是

$$\begin{cases} Z_1 \cdot Z_3 = Z_2 \cdot Z_4 \\ \varphi_1 + \varphi_3 = \varphi_2 + \varphi_4 \end{cases}$$

电桥的连接方式分为半桥单臂、半桥双臂和全桥四臂。全桥四臂的灵敏度最大。

(2) 调制是将缓变信号通过调制变成高频信号以便于传送。调制分为调幅、调频和调相。解调是调制的逆过程。本章主要讲解调幅的原理，同步解调、整流检波和相敏检波解调三种方法。介绍了调频原理和解调的方法。

(3) 滤波器是一种选频装置。滤波器分为低通、高通、带通和带阻四种滤波器。理想滤波器和实际滤波器之间的差别，实际滤波器的基本参数。RC 基本滤波器的特点。恒带宽比滤波器和恒带宽滤波器的基本构成和应用。

习　题

1. 填空题

5-1　直流电桥平衡条件是_____，交流电桥平衡条件是_____和_____。

5-2　从电桥输出的线性来看，半桥单臂为_____；双臂为_____，全桥为_____。

5-3　交流电桥的平衡条件为_____和_____，因此当桥路相邻两臂为电阻时，则另外两个桥臂应接入_____性质的元件才能平衡。

5-4　对交流电桥，当桥路相对两臂为电阻时，则另外两个桥臂应接入_____性质的元件才能平衡，其原因是_____。

5-5　载波为 $E_0 \sin \omega t$ 的电桥，当单臂输入调制信号为 $\varepsilon = \varepsilon_0 \sin \Omega t$ 时，其输出调幅波 e_y 的幅值为_____，周期为_____，相位为_____（$\Omega < \omega$）。

5-6　100Hz 信号与 10kHz 信号叠加是一个_____信号，100Hz 信号与 10kHz 信号相乘后是一个_____信号。

5-7　由电桥调幅器输出的调幅波的包络线与调制信号的波形不一样，这是因为_____，因此应采用_____来解调。

5-8　调幅过程相当于频率"搬移"过程，即 $x(t) \cdot \cos 2\pi f_0 t =$_____，同步解调相当于频域图形再次"搬移"即 $x(t) \cdot \cos 2\pi f_0 t \cdot \cos 2\pi f_0 t =$_____其频谱为_____。

5-9　调幅波经相敏检波后，既能反映出调制信号电压的_____，又能反映其_____。

5-10　相敏检波器输出的方向取决于_____，输出信号的幅值取决于_____，极性取决于_____。

5-11　RC 低通滤波器中 RC 值越大，则上限频率越_____。

5-12　滤波器的带宽越_____，信号达到稳定所需的时间越_____。

5-13　带通滤波器截止频率是表示_____，其中心频率与截止频率的关系是_____，中心频率的数值表示_____所在。

5-14　用下列三种滤波器组分别邻接成谱分析仪：

(1) 倍频程滤波器；

(2) 1/10 倍频程滤波器；

(3) 1/3 倍频程滤波器。若覆盖范围一定，则第_____组频率分辨率最高，第_____组所用的滤波器数量最少。

5-15　RC 微分电路实际上是一种_____滤波器，RC 积分电路实际上是一种_____滤波器。

2. 问答题

5-16　用 4 个应变片接成一测力用的交流电桥，如图 5.34 所示。设在不受力的初始状态时桥路平衡，试分析在待测力作用下，桥路的输出电压的表达式，并根据该表达式简单说明交

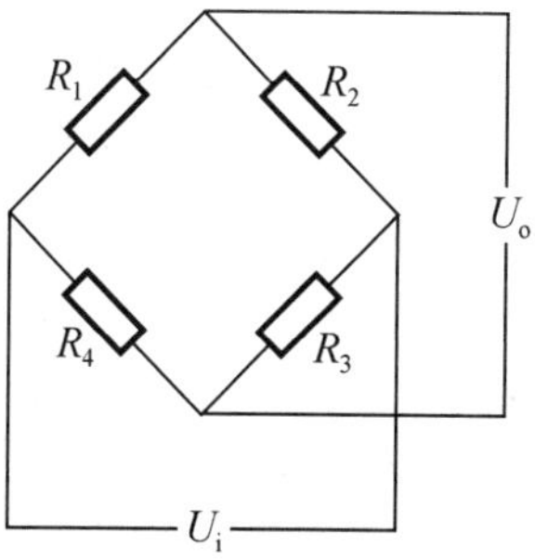

图 5.34　测力用交流电桥

测试技术基础(第2版)

流电阻电桥的调幅作用。

5-17 试选择适当的中间转换器,补充完整图 5.35 中动态电阻应变仪框图,并在各图上绘出相应点的波形图。

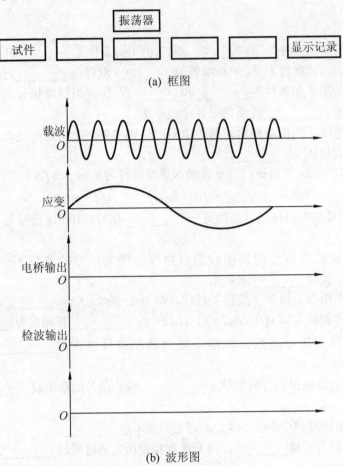

图 5.35 动态电阻应变仪

5-18 图 5.36 所示为差动电感式传感器的桥式测量电路,L_1、L_2 为传感器的两差动电感线圈的电感,其初始值均为 L_0,R_1、R_2 为标准电阻,e_i 为供桥电源。试写出输出电压 e_i 与传感器电感变化量 ΔL 间的关系(提示:可取 $R_1=R_2=R$,进而简化为 $R/\omega L_0 =1$)。

5-19 若调制信号是一个限带信号(最高频率 f_m 为有限值),载波频率为 f_0,那么 f_m 与 f_0 应满足什么关系?为什么?

5-20 如图 5.37 所示为滤波器的幅频特性图,则:

(1) 它们各属于哪一种滤波器?

(2) 上、下截止频率如何确定?在图上描出对应的上、下截止频率点,并说明取点的根据。

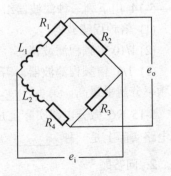

图 5.36 传感器的桥式测量电路

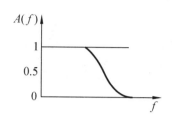 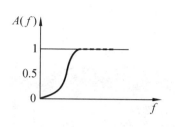 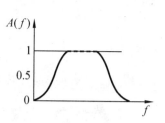

图 5.37　滤波器的幅频特性

3. 计算题

5-21　已知直流电桥 $R_1=9725\Omega$，$R_2=8820\Omega$，$R_3=8550\Omega$，$R_4=9875\Omega$，若激励电压 $U_i=24V$，试求输出电压 U_o，若 R_4 可调，试求电桥平衡时的 R_4 值。

5-22　选用电阻值 $R=100\Omega$，灵敏度 $S=2.5$ 的电阻应变片与阻值 $R=100\Omega$ 的固定电阻组成电桥，供桥电压为 10V，当应变片应变为 1000 $\mu\varepsilon$ 时，若要使输出电压大于 10mV，则可采用何种接桥方式？计算输出电压值(设输出阻抗为无穷大)，并画出接线图。

5-23　以阻值100Ω，灵敏度 $S=2$ 的电阻应变片与阻值100Ω的固定电阻组成电桥，供桥电压为 4V，并假定负载电阻无穷大，当应变片上的应变分别为 1 $\mu\varepsilon$ 和 1000 $\mu\varepsilon$ 时，半桥单臂、半桥双臂及全桥的输出电压，并比较三种情况下的灵敏度。

5-24　设一滤波器的传递函数 $H(s)=\dfrac{1}{0.0036s+1}$，(1)试求上、下截止频率；(2)画出其幅频特性示意图。

5-25　将图 5.38 所示的周期性方波信号通过一理想带通滤波器，该滤波器的增益为 0dB、带宽 $B=30Hz$、中心频率 $f_0=20Hz$，试求滤波器输出波形的幅频谱及均值 μ_x。

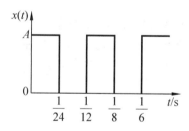

图 5.38　周期性方波信号

第6章

随机信号相关和功率谱分析

 教学提示

本章重点讲述随机信号的基本概念和主要特征参数；随机信号的幅值域分析及其应用；随机信号在时域中的相关分析，在频域的功率谱分析及其应用。

教学要求

掌握随机信号的基本概念和主要特征参数，掌握随机信号的幅值域分析方法。
熟练掌握自相关和互相关分析方法，掌握自谱和互谱的概念，会分析基本问题。

测试工作的目的是获取反映被测对象的状态和特征的信息。第 2 章中着重论述了信号的频谱分析方法。然而信号的分析方法远不止频谱分析一种方法，本章将介绍几种其他的信号分析方法。另外，通过测试所获得的信号往往混有各种噪声。噪声的来源可能是由于测试装置本身的不完善，也可能是由于系统中混入其他的输入源。含有各种噪声的信号使得所需要的特征不明显、不突出，甚至难以直接识别和利用。只有在排除干扰并经过必要的处理和分析，消除和修正系统误差之后，才能比较准确地提取信号中所含的有用信息。一般来说，通常把研究信号的构成和特征值的过程称为信号分析，把对信号进行必要的变换以获得所需信息的过程称为信号处理，信号的分析与处理过程是相互关联的。因此，信号分析和处理的过程包括：分离信号与噪声，提高信噪比；从信号中提取有用的特征信号。

近年来，信号分析发展迅猛，已经形成一门新兴的学科。它对测试技术的发展也产生了极大的推动作用，大幅度地提高了近代测试系统的性能，并扩大了测试技术的应用范围。

第 2 章介绍了信号的频谱分析，本章主要介绍幅值域分析、相关分析和功率谱密度分析三个方面的内容。此外，对其他信号分析技术也作了简单的介绍。

6.1　随机信号的基本概念

6.1.1　概述

随机信号是非确定性信号，具有随机性，每次观测的结果都不尽相同，任一观测值只是在其变动范围中可能产生的结果之一，因此不能用明确的数学关系式来描述。但其变动服从统计规律，只能用概率和统计的方法来描述。

1. 样本函数、样本记录、随机过程

对随机信号按时间历程所作的各次长时间的观测记录称作样本函数，记作 $x_i(t)$。如图 6.1 所示。而在有限区间内的样本函数称作样本记录。在同等试验条件下，全部样本函数的集合(总体)就是随机过程，记作 $\{x(t)\}$，即

$$\{x(t)\} = \{x_1(t)，x_2(t)，\cdots，x_i(t)，\cdots\} \tag{6-1}$$

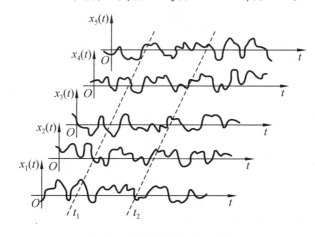

图 6.1　随机过程与样本函数

2. 集合平均和时间平均

随机过程的某个统计参数，如均值、方差、方均值和方均根值等，是按随机过程 $\{x(t)\}$ 中所有样本函数 $x_i(t)$ 在 t_i 时刻的观测值进行运算再取其平局对方法，称为集合平均。如求随机过程中 t_1 时刻的均值

$$\mu_x(t_1) = \lim_{N \to \infty} \frac{1}{N} \sum_{i=1}^{N} x_i(t_1) \tag{6-2}$$

式中：N 为观测次数。

求取某随机过程在 t_1 时刻的方均值

$$\mu_x^2(t_1) = \lim_{N \to \infty} \frac{1}{N} \sum_{i=1}^{N} x_i^2(t_1) \tag{6-3}$$

与集合平均不同，中计算随机过程的某个统计参数时，仅利用随机过程 $\{x(t)\}$ 中第 i 个样本函数 $x_i(t)$，当观测时间 $T \to \infty$ 时，对所有观测值进行运算再取其平均的方法称为时间平均。如求取随机过程的均值

$$\mu_x(i) = \lim_{T \to \infty} \frac{1}{T} \int_0^T x_i(t) \mathrm{d}t \tag{6-4}$$

求取随机过程对方均值

$$\mu_x^2(i) = \lim_{T \to \infty} \frac{1}{T} \int_0^T x_i^2(t) \mathrm{d}t \tag{6-5}$$

3. 随机过程的分类

(1) 平稳随机过程和非平稳随机过程　若某随机过程对集合平均统计参数不随时间变化，则该随机过程称为平稳随机过程，反之称为非平稳随机过程。

(2) 各态历经随机过程和非各态历经随机过程　在平稳随机过程中，若任一单个样本函数的时间平均统计特性等于该过程的集合平均统计特性，则称该平稳随机过程为各态历经随机过程，反之称为非各态历经随机过程。

各态历经随机过程一定是平稳随机过程，但平稳随机过程不一定就是各态历经随机过程。

显然，引入各态历经随机过程能大大简化随机过程描述的问题，同时为实际工作中处理随机信号提供了可能。这是由于：在各态历经随机过程中，任意样本函数均包括了该随机过程对全部特征，故可通过对某个样本函数的分析得到该随机过程的全部特征信息，以单个样本函数的时间平均统计特征值代替集合平均统计特征值，从而减少了观测次数。其次，在各态历经随机过程中，也满足了时间平均统计特征参数不随时间变化的条件，故可在某随机过程的单个样本函数中取若干样本记录，用该样本记录的时间平均统计特征来估计整个随机过程。因此，在实际工作中减少对某随机过程的观测时间后，也可以获得该随机过程的特征信息。由于在实际工程中的随机过程绝大多数具有各态历经性，或可在某一范围内具有各态历经性质，因此本书所涉及的随机过程均指各态历经随机过程。

6.1.2　随机信号的主要特征参数

描述各态历经随机过程的主要特征参数有：

(1) 均值 μ_x、方均值 ψ_x^2、方差 σ_x^2——描述信号在幅值域中强度方面的特征；

(2) 概率密度函数——描述信号在幅值域中的特征；

(3) 自相关函数——描述信号在时延域中的特征；

(4) 功率谱密度函数——描述信号在频域中的特征。

在实际的信号分析中，往往还需要描述两个或两个以上各态历经随机信号之间的相互依赖程度，通过下面的联合统计特性参数来描述。

(1) 联合概率密度函数；

(2) 互相关函数；

(3) 互谱密度函数和相干函数。

6.2　幅值域分析

对各态历经随机过程，其幅值域分析主要用均值、方均值、方差等统计特征参数和概率密度函数来描述。

6.2.1　统计特征参数

1) 均值 μ_x

$$\mu_x = \lim_{T \to \infty} \frac{1}{T} \int_0^T x(t)\mathrm{d}t \tag{6-6}$$

式中，$x(t)$ 为 $\{x(t)\}$ 中对一个样本函数；T 为观测时间。

均值反映了随机过程中稳定分量的大小。

2) 方均值 ψ_x^2

$$\psi_x^2 = \lim_{T \to \infty} \frac{1}{T} \int_0^T x^2(t)\mathrm{d}t \tag{6-7}$$

方均值反映了随机过程的强度，即平均功率。

3) 方均根值

$$x_{\mathrm{rms}} = \sqrt{\frac{1}{T} \int_0^\infty x^2(t)\mathrm{d}t} = \psi_x \tag{6-8}$$

它也是随机信号的平均能量(功率)的一种表达。对方均值开根号，就是方均根值，也称为有效值。

4) 方差 σ_x^2

$$\sigma_x^2 = \lim_{T \to \infty} \frac{1}{T} \int_0^T [x(t) - \mu_x]^2 \mathrm{d}t \tag{6-9}$$

方差 σ_x^2 描述随机信号的波动分量(交流分量)，它是 $x(t)$ 偏离均值 μ_x 的平方的均值。

由式(6-9)可得均值、方差和方均值之间的关系

$$\sigma_x^2 = \psi_x^2 - \mu_x^2 \tag{6-10}$$

当均值 $\mu_x = 0$ 时，则 $\sigma_x^2 = \psi_x^2$，即方差等于方均值。

为便于分析处理，可以从不同角度将信号分解为简单的信号分量之和。如图 6.2 所示，信号 $x(t)$ 可分解为直流分量 $x_{\mathrm{D}}(t)$ 和交流分量 $x_{\mathrm{A}}(t)$ 之和。直流分量通过信号的均值描述，而交流分量可通过信号的方差或其正平方根即标准差来描述。

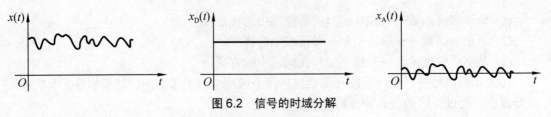

图 6.2　信号的时域分解

在实际测试中，以有限长的样本函数来估计总体的特性参数，其估计值通过在符号上方加注"^"来区分，均值、方差和方均值的估计值为

$$\hat{\mu}_x = \frac{1}{T}\int_0^T x(t)\mathrm{d}t \tag{6-11}$$

$$\hat{\sigma}_x^2 = \frac{1}{T}\int_0^T [x(t)-\mu_x]^2\,\mathrm{d}t \tag{6-12}$$

$$\widehat{\psi}_x^2 = \frac{1}{T}\int_0^T x^2(t)\mathrm{d}t \tag{6-13}$$

6.2.2　概率密度函数

随机信号的概率密度函数表示信号幅值落在指定区间内的概率。例如，图 6.3 所示信号 $x(t)$ 的幅值落在 $[x,x+\Delta x]$ 区间内的时间为 T_x，则

$$T_x = \Delta t_1 + \Delta t_2 + \Delta t_3 + \cdots + \Delta t_n = \sum_{i=1}^N \Delta t_i \tag{6-14}$$

当样本函数 $x(t)$ 的记录时间 T 趋于无穷大时，T_x/T 的比值就是幅值落在 $[x,x+\Delta x]$ 区间内的概率，即

$$P[x < x(t) \leqslant (x+\Delta x)] = \lim_{T\to\infty}\frac{T_x}{T} \tag{6-15}$$

定义随机信号的概率密度函数 $p(x)$ 为

$$p(x) = \lim_{\Delta x\to 0}\frac{P[x<x(t)\leqslant x+\Delta x]}{\Delta x} = \lim_{\Delta x\to 0}\frac{1}{\Delta x}\lim_{T\to\infty}\frac{T_x}{T} \tag{6-16}$$

而有限时间记录 T 内的概率密度函数可由下式估计

$$p(x) = \frac{T_x}{T\cdot\Delta x} \tag{6-17}$$

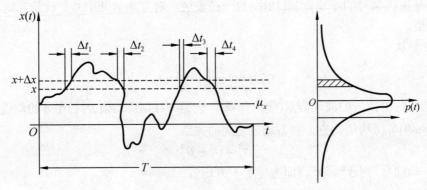

图 6.3　概率密度函数的说明

概率密度函数反映了信号的瞬时值落在指定幅值区间内的概率。在全部 x 值变化范围内取值，可画出 $p(x) \to x$ 曲线，称为概率密度函数曲线，它的一种可能形式如图 6.3 所示，这是一条正态分布曲线。

概率密度函数恒为正实数。概率密度曲线 $p(x)$ 与 x 之间的面积为 1，表示该随机信号的的幅值落在无穷区间内的总概率为 100%。

6.2.3　概率密度函数的工程应用

利用概率密度函数的定义和性质，可定义出概率分布函数

$$P(x) = P[x(t) \leqslant x] = \int_{-\infty}^{x} p(t)\mathrm{d}x \tag{6-18}$$

信号 $x(t)$ 的取值落在区间 (x_1, x_2) 内对概率为

$$P[x_1 \leqslant x(t) \leqslant x_2] = \int_{x_1}^{x_2} p(t)\mathrm{d}x \tag{6-19}$$

利用概率密度函数也可完成各态历经随机过程的均值、方均值和方差数字特征的计算

$$\mu_r = \int_{-\infty}^{+\infty} x p(x)\mathrm{d}x \tag{6-20}$$

$$\psi_x^2 = \int_{-\infty}^{+\infty} x^2 p(x)\mathrm{d}x \tag{6-21}$$

$$\sigma_x^2 = \int_{-\infty}^{+\infty} \left[x(t) - \mu_x \right]^2 p(x)\mathrm{d}x \tag{6-22}$$

因此，获得了概率密度函数也就得到了有关的数字特征参数。

在工程实际中，信号的概率密度分析主要应用于以下几个方面：

(1) 判别信号的性质。工程中测得的动态信号往往是由周期信号、非周期信号和随机信号混合而成，通过分析概率密度函数图形的特征，可定性地判断原信号中是否含有周期成分，以及周期成分在整个信号中占的比重多少。例如，在图 6.4 所示的函数图形中，若该信号是初相位随机变化的周期信号，其 $p(x) \to x$ 曲线 6.4(b)所示，原信号中含有的周期成分越多，周期成分占的比重越大，则 $p(x) \to x$ 曲线的"马鞍形"现象就越明显[见图 6.4(c)]；若原信号是一包含频率范围很宽的纯随机信号，则 $p(x) \to x$ 曲线是标准的正态分布曲线[见图 6.4(e)]。

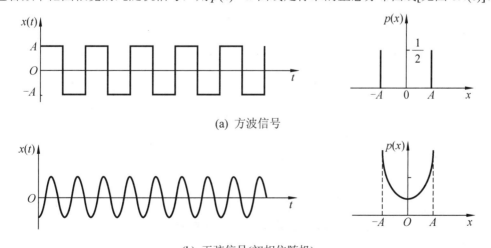

(a) 方波信号

(b) 正弦信号(初相位随机)

图 6.4　五种随机信号及其概率密度函数图形

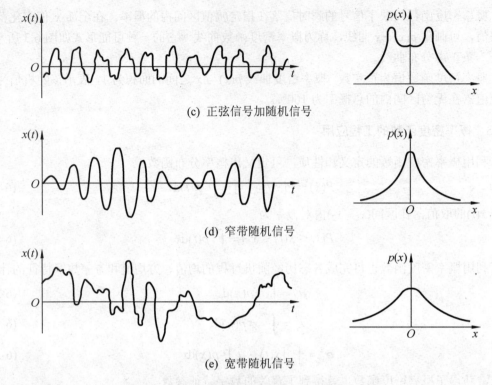

(c) 正弦信号加随机信号

(d) 窄带随机信号

(e) 宽带随机信号

图 6.4　五种随机信号及其概率密度函数图形(续)

(2) 概率密度函数的计算与试验数据可作为产品设计的依据，也可以用于机械零部件疲劳寿命的估计和疲劳试验。

(3) 概率密度函数可用于机器的故障诊断。其基本做法是将机器正常与不正常两种状态 $p(x)$→x 曲线进行比较，判断它的运行状态。如图 6.5 所示为某车床主轴箱新旧两种状态的噪声声压的概率密度函数。显然，该主轴箱在新的时候运行正常，产生的噪声是由大量的、无规则的、量值较小的随机冲击引起的，因而其声压幅值的概率密度分布比较集中[见图 6.5(a)]，冲击能量的方差较小。当主轴箱使用较长时间而出现运转不正常时，在随机噪声中出现了有规律的、周期性的冲击，其量值也比随机冲击大得多，因而使噪声声压幅值的概率密度曲线的形状改变，方差值增大，声压幅值分散度增大[见图 6.5(b)]。

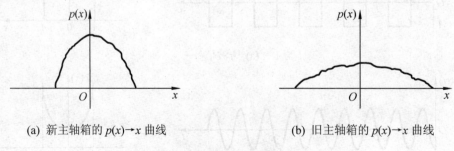

(a) 新主轴箱的 $p(x)$→x 曲线　　　(b) 旧主轴箱的 $p(x)$→x 曲线

图 6.5　车床变速箱噪声声压的概率密度分布曲线

6.3 相关分析及其应用

在测试结果的分析中，相关分析法是一个非常重要的概念。描述相关概念的相关函数，有着许多重要的性质，这些重要的性质使得相关函数在测试工程技术得到了广泛应用，形成了专门的相关分析的研究和应用领域。

6.3.1 相关的概念

所谓相关，是指变量之间的线性关系。对于确定性信号来说，两个变量之间可以用函数关系来描述，两者之间一一对应并为确定的数值。然而两个随机变量之间就不能用函数关系来表达，也不具有确定的数学关系。但如果两个随机变量之间具有某种内在的物理联系，那么，通过大量的统计还是可以发现它们之间存在着某种虽然不精确、但却具有相应的、表征其特性的近似关系。

如人的身高与体重两变量之间不能用确定的函数式来表达，但通过大量数据统计便可以发现一般的规律是，身材高的人体重常常也大些，这两个变量之间确实存在着一定的线性关系。

图 6.6 所示由两个随机变量 x 和 y 组成的数据点的分布情况。图 6.6(a)显示两变量 x 和 y 有较好的线性关系；图 6.6(b)显示两变量虽无确定关系，但从总体上看，两变量间具有某种程度的相关关系；图 6.6(c)各点分布很散乱，可以说变量 x 和 y 之间是无关的。

6.3.2 相关系数与相关函数

1. 相关系数与相关函数

对于两变量 x、y 之间的相关程度可以采用相关系数 ρ_{xy} 表示，相关系数定义为

$$\rho_{xy} = \frac{E\left[(x-\mu_x)(y-\mu_y)\right]}{\sigma_x \sigma_y} \tag{6-23}$$

式中：E 为数学期望；μ_x、μ_y 分别为随机变量 $x(t)$ 和 $y(t)$ 的均值，$\mu_x = E[x(t)]$，

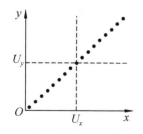

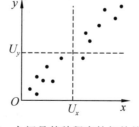

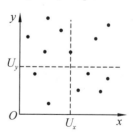

(a) x 和 y 之间是线性关系　　(b) x 和 y 之间是某种程度的相关关系　　(c) x 和 y 之间是无关

图 6.6 变量 x 与变量 y 的相关性

$\mu_y = E[y(t)]$；σ_x、σ_y 分别为随机变量 $x(t)$ 和 $y(t)$ 的标准差，且

$$\sigma_x^2 = E\left\{[x(t)-\mu_x]^2\right\}$$

$$\sigma_y^2 = E\left\{\left[y(t) - \mu_y\right]^2\right\}$$

根据柯西-许瓦兹不等式

$$E\left\{\left[x(t) - \mu_x\right]\left[y(t) - \mu_y\right]\right\}^2 \leqslant E\left\{\left[x(t) - \mu_x\right]^2\right\} E\left\{\left[y(t) - \mu_y\right]^2\right\}$$

故知 $\left|\rho_{xy}\right| \leqslant 1$。

当 $\left|\rho_{xy}\right| = 1$ 时，所有的数据都落在 $\left[y(t) - \mu_y\right] = m\left[x(t) - \mu_x\right]$ 的直线上，说明 $x(t)$、$y(t)$ 两变量是理想的线性关系。$\rho_{xy} = -1$ 时也是理想的线性相关，只不过直线的斜率为负值。

当 $\left|\rho_{xy}\right| = 0$ 时，则说明两个变量之间完全无关。

为了表达随机变量 $x(t)$ 和 $y(t)$ 之间是否存在着一定的线性关系，还可以采用变量 $x(t)$ 和 $y(t)$ 在不同时刻的乘积平均来描述，称为相关函数，用 $R_{xy}(\tau)$ 来表示，即

$$R_{xy}(\tau) = \lim_{T \to \infty} \frac{1}{T} \int_0^T x(t) y(t+\tau) \mathrm{d}t \tag{6-24}$$

式中，$\tau \in (-\infty, \infty)$，是与时间变量 t 无关的连续时间变量，称为"时间延迟"，简称"时延"。所以，相关函数是时间延迟 τ 的函数。

设 $y(t+\tau)$ 是 $y(t)$ 时延 τ 后的样本，对于 $x(t)$ 和 $y(t+\tau)$ 的相关系数 $\rho_{x(t)y(t+\tau)}$，简写为 $\rho_{xy}(\tau)$，由式(6-23)和式(6-24)得相关系数和相关函数的关系为

$$\rho_{xy}(\tau) = \frac{R_{xy}(\tau) - \mu_x \mu_y}{\sigma_x \sigma_y} \tag{6-25}$$

2. 相关函数的意义

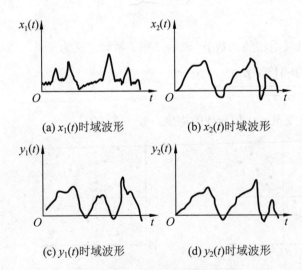

(a) $x_1(t)$时域波形　　　(b) $x_2(t)$时域波形

(c) $y_1(t)$时域波形　　　(d) $y_2(t)$时域波形

图6.7　四种波形的相似比较

如图 6.7 所示，在时域上有四个信号。若要比较它们的相似程度，可用肉眼观测进行比较，得到如下结论：$x_2(t)$ 与 $y_2(t)$ 之间很相似；$x_1(t)$ 与 $x_2(t)$、$y_1(t)$、$y_2(t)$ 之间中的任何一个都不相似。如果要进一步比较 $x_2(t)$ 与 $y_1(t)$、$y_2(t)$ 中的哪一个更相似，仅仅靠观察就很难得出结论了。因此，希望寻找一种定量的方法来比较波形的相似程度。

设两个信号 $x(t)$ 与 $y(t)$，如图 6.8 所示，把两个信号等间隔地分成 N 个离散值。把同一横坐标上对应的两个纵坐标值之差的平方之和除以离散点数 N，记为

$$Q_{xy} = \frac{1}{N} \sum_{i=1}^{N} (x_i - y_i)^2 \tag{6-26}$$

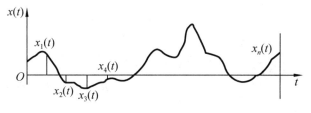

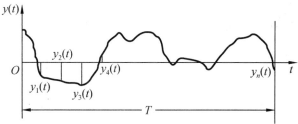

图 6.8　波形相似程度分析

显然，如果 $Q=0$，则两信号波形完全相等；如果 Q 的数值小，表示两个信号波形差别不大而相似；如果 Q 的数值大，表示两个信号波形差别大而不相似。采用两者之差的平方 $(x_i-y_i)^2$，是因为两者相减会出现正负值，直接求和可能互相抵消。

将式(6-26)展开得

$$Q_{xy} = \frac{1}{N}\sum_{i=1}^{N}x_i^2 + \frac{1}{N}\sum_{i=1}^{N}y_i^2 - \frac{2}{N}\sum_{i=1}^{N}x_i y_i \tag{6-27}$$

前两项表示信号的方均值，即信号的总能量，如果被比较的信号的总能量相等，则两个信号波形相似程度完全取决于第三项的大小，取其一半记为

$$R = \frac{1}{N}\sum_{i=1}^{N}x_i y_i \tag{6-28}$$

显然，R 的数值大，Q 就小，其意义表示两个信号的相似性较好，反之则相似性差。这种方法在比较两信号波形相似时没有考虑信号时间的起始点，如余弦信号时移 90° 的波形与正弦信号是完全相似的。因此，可以在其中一个信号中引入时间平移 τ，则式(6-28)变为

$$R(\tau) = \frac{1}{N}\sum_{i=1}^{N}x_i y_{i+\tau} \tag{6-29}$$

可以用式(6-29)来定量地评价两波形在不同时刻的相似程度。

比较式(6-29)和式(6-24)可以看出，式(6-29)实际上是式(6-24)的离散化表示，因此相关函数 $R_{xy}(\tau)$ 描述来两随机信号(变量)$x(t)$ 和 $y(t)$ 在时间延迟 τ 下的相似程度。

6.3.3　自相关函数及其应用

1. 自相关函数的定义

由式(6-24)，若 $x(t)=y(t)$，则 $y(t+\tau)\to x(t+\tau)$，则得到 $x(t)$ 的自相关函数 $R_x(\tau)$ 为

$$R_x(\tau) = \lim_{T\to\infty}\frac{1}{T}\int_0^T x(t)x(t+\tau)\mathrm{d}t \tag{6-30}$$

由式(6-25)得 $x(t)$ 的自相关系数

$$\rho_x(\tau) = \frac{R_x(\tau)-\mu_x^2}{\sigma_x^2} \tag{6-31}$$

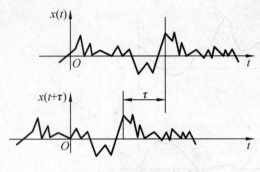

图 6.9　$x(t)$ 和 $x(t+\tau)$ 的波形

图 6.9 所示为 $x(t)$ 和 $x(t+\tau)$ 的波形图。

对于有限时间序列的自相关函数，用下式进行估计

$$\hat{R}_x(\tau) = \frac{1}{T}\int_0^T x(t)x(t+\tau)\mathrm{d}t \tag{6-32}$$

2. 自相关函数的性质

(1) $R_x(\tau)$ 为实偶函数，即 $R_x(\tau)=R_x(-\tau)$。由于

$$
\begin{aligned}
R_x(-\tau) &= \lim_{T\to\infty}\int_0^T x(t+\tau)x(t+\tau-\tau)\mathrm{d}(t+\tau)\\
&= \lim_{T\to\infty}\int_0^T x(t+\tau)x(t)\mathrm{d}(t+\tau)\\
&= \lim_{T\to\infty}\int_0^T x(t)x(t+\tau)\mathrm{d}t\\
&= R_x(\tau)
\end{aligned}
$$

即 $R_x(\tau)=R_x(-\tau)$，又因为 $x(t)$ 为实函数，所以自相关函数 $R_x(\tau)$ 为实偶函数。

(2) 时延 τ 值不同，$R_x(\tau)$ 不同。当 $\tau=0$ 时，$R_x(\tau)$ 的值最大，并等于信号的方均值 ψ_x^2。

$$R_x(0) = \lim_{T\to\infty}\frac{1}{T}\int_0^T x(t)x(t+0)\mathrm{d}t = \lim_{T\to\infty}\frac{1}{T}\int_0^T x^2(t)\mathrm{d}t = \sigma_x^2 + \mu_x^2 = \psi_x^2 \tag{6-33}$$

则

$$\rho_x(0) = \frac{R_x(0)-\mu_x^2}{\sigma_x^2} = \frac{\mu_x^2+\sigma_x^2-\mu_x^2}{\sigma_x^2} = \frac{\sigma_x^2}{\sigma_x^2} = 1 \tag{6-34}$$

这说明随机变量 $x(t)$ 与其本身在同一时刻的记录样本完全成线性关系，是完全相关的，其自相关系数为 1。

(3) $R_x(\tau)$ 值的范围为 $\mu_x^2-\sigma_x^2 \leqslant R_x(\tau) \leqslant \mu_x^2+\sigma_x^2$。由式(6-31)得

$$R_x(\tau) = \rho_x(\tau)\sigma_x^2 + \mu_x^2 \tag{6-35}$$

同时，由式 $|\rho_{xy}|\leqslant 1$ 得

$$\mu_x^2-\sigma_x^2 \leqslant R_x(\tau) \leqslant \mu_x^2+\sigma_x^2 \tag{6-36}$$

(4) 当 $\tau\to\infty$ 时，$x(t)$ 和 $x(t+\tau)$ 之间不存在内在联系，彼此无关，即

$$\rho_x(\tau\to\infty)\to 0 \tag{6-37}$$

$$R_x(\tau\to\infty)\to \mu_x^2 \tag{6-38}$$

如果均值 $\mu_x=0$，则 $R_x(\tau)\to 0$。

根据以上性质，自相关函数 $R_x(\tau)$ 的可能图形如图 6.10 所示。

(5) 当信号 $x(t)$ 为周期函数时，自相关函数 $R_x(\tau)$ 也是同频率的周期函数。

若周期函数为 $x(t)=x(t+nT)$，则其自相关函数为

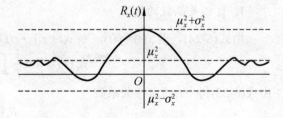

图 6.10　自相关函数的性质

$$R_x(\tau + nT) = \frac{1}{T}\int_0^T x(t+nT)x(t+nT+\tau)\mathrm{d}(t+nT)$$

$$= \frac{1}{T}\int_0^T x(t)x(t+\tau)\mathrm{d}t \tag{6-39}$$

$$= R_x(\tau)$$

【例6.1】 求正弦函数 $x(t) = x_0\sin(\omega t + \varphi)$ 的自相关函数。初始相角 φ 为一随机变量。

解：该正弦函数是一个零均值的各态历经随机过程，由于存在周期性，其数字特征可以用一个周期内的平均值计算。

根据自相关函数的定义

$$R_x(\tau) = \lim_{T\to\infty}\frac{1}{T}\int_0^T x(t)x(t+\tau)\mathrm{d}t = \frac{1}{T_0}\int_0^{T_0} x_0^2\sin(\omega t + \varphi)\sin[\omega(t+\tau)+\varphi]\mathrm{d}t$$

$$= \frac{x_0^2}{2T_0}\int_0^{T_0}\left\{\cos[\omega(t+\tau)+\varphi-(\omega t + \varphi)] - \cos[\omega(t+\tau)+\varphi+(\omega t + \varphi)]\right\}\mathrm{d}t$$

$$= \frac{x_0^2}{2T_0}\int_0^{T_0}[\cos\omega\tau - \cos(2\omega t + \omega\tau + 2\varphi)]\mathrm{d}t$$

$$= \frac{x_0^2}{2T_0}\int_0^{T_0}\cos\omega\tau\mathrm{d}t - \frac{x_0^2}{T_0}\int_0^{T_0}\cos(2\omega t + \omega\tau + 2\varphi)\mathrm{d}t$$

$$= \frac{x_0^2}{2}\cos\omega\tau$$

式中：T_0 为正弦函数的周期，$T_0 = 2\pi/\omega$，即

$$R_x(\tau) = \frac{x_0^2}{2}\cos\omega\tau \tag{6-40}$$

可见，正弦函数的自相关函数是一个余弦函数，在 $\tau = 0$ 时具有最大值 $\dfrac{x_0^2}{2}$，如图 6.11 所示。它保留了变量 $x(t)$ 的幅值信息 x_0 和频率 ω 信息，但丢掉了初始相位 φ 信息。

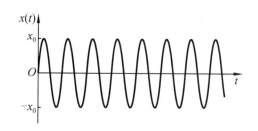 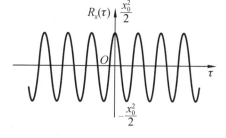

(a) 正弦函数   (b) 正弦函数的自相关函数

图 6.11 正弦函数及其自相关函数

如图 6.12 所示四种典型信号的自相关函数，稍加对比就可以看到自相关函数是区别信号类型的一个非常有效对手段。只要信号中含有周期成分，其自相关函数在 τ 很大时都不衰减，并具有明显对周期性。不包含周期成分的随机信号，当 τ 稍大时自相关函数就将趋于零。带宽随机噪声的自相关函数很快衰减到零，窄带随机噪声的自相关函数则有较慢对衰减特征。

时间历程 自相关函数图

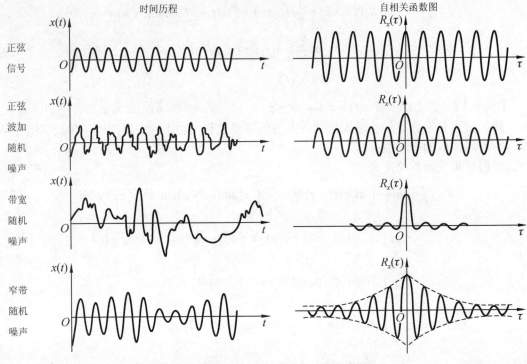

图 6.12 四种典型信号及其自相关函数(续)

【例 6.2】 如图 6.13 所示,用轮廓仪对一机械加工表面的粗糙度检测信号 $a(t)$ 进行自相关分析,得到了其相关函数 $Ra(\tau)$。试根据 $Ra(\tau)$ 分析造成机械加工表面的粗糙度的原因。

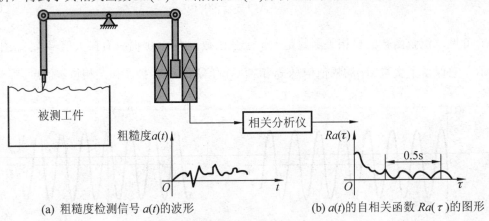

(a) 粗糙度检测信号 $a(t)$ 的波形　　　(b) $a(t)$ 的自相关函数 $Ra(\tau)$ 的图形

图 6.13 表面粗糙度的相关检测法

解:观察 $a(t)$ 的自相关函数 $Ra(t)$,发现 $Ra(t)$ 呈周期性,这说明造成粗糙度的原因之一是某种周期因素。从自相关函数图可以确定周期因素的频率为

$$f = \frac{1}{T} = \frac{1}{0.5/3} = 6\mathrm{Hz}$$

根据加工该工件的机械设备中的各个运动部件的运动频率(如电动机的转速,拖板的往复运动次数,液压系统的油脉动频率等),通过测算和对比分析,运动频率与 6Hz 接近的部件的振动,就是造成该粗糙度的主要原因。

6.3.4 互相关函数及其应用

1. 互相关函数的定义

在式(6-24)中，若 $x(t)$、$y(t)$ 为两个不同的信号 $x(t)$ 和 $y(t)$，则把 $R_{xy}(\tau)$ 称为函数 $x(t)$ 与 $y(t)$ 的互相关函数，即

$$R_{xy}(\tau) = \lim_{T \to \infty} \frac{1}{T} \int_0^T x(t) y(t+\tau) \mathrm{d}t \tag{6-41}$$

根据式(6-25)，相应的互相关系数为

$$\rho_{xy}(\tau) = \frac{R_{xy}(\tau) - \mu_x \mu_y}{\sigma_x \sigma_y} \tag{6-42}$$

对于有限序列的互相关函数，用下式进行估计

$$\hat{R}_{xy}(\tau) = \frac{1}{T} \int_0^T x(t) y(t+\tau) \mathrm{d}t \tag{6-43}$$

2. 互相关函数的性质

(1) 互相关函数是可正、可负的实函数。因为 $x(t)$ 和 $y(t)$ 均为实函数，$R_{xy}(\tau)$ 也应当为实函数。在 $\tau=0$ 时，由于 $x(t)$ 和 $y(t)$ 可正、可负，故 $R_{xy}(\tau)$ 的值可正、可负。

(2) 互相关函数是非奇函数、非偶函数，而且 $R_{xy}(\tau) = R_{yx}(-\tau)$。对于平稳随机过程，在 t 时刻从样本采样计算的互相关函数应与 $t-\tau$ 时刻从样本采样计算的互相关函数一致，即

$$\begin{aligned}
R_{xy}(\tau) &= \lim_{T \to \infty} \frac{1}{T} \int_0^T x(t) y(t+\tau) \mathrm{d}t = \lim_{T \to \infty} \frac{1}{T} \int_0^T x(t-\tau) y(t-\tau+\tau) \mathrm{d}(t-\tau) \\
&= \lim_{T \to \infty} \frac{1}{T} \int_0^T x(t-\tau) y(t) \mathrm{d}t = \lim_{T \to \infty} \frac{1}{T} \int_0^T y(t) x\big[t+(-\tau)\big] \mathrm{d}t \\
&= R_{yx}(-\tau)
\end{aligned} \tag{6-44}$$

式(6-44)表明，互相关函数不是偶函数，也不是奇函数，$R_{xy}(\tau)$ 与 $R_{yx}(-\tau)$ 在图形上对称于纵坐标轴，如图 6.14 所示。

(3) $R_{xy}(\tau)$ 的峰值不在 $\tau=0$ 处。$R_{xy}(\tau)$ 的峰值偏离原点的位置 τ_0 反映了两信号时移的大小，相关程度最高，如图 6.15 所示。在 τ_0 时，$R_{xy}(\tau)$ 出现最大值，它反映 $x(t)$、$y(t)$ 之间主传输通道的滞后时间。

(4) 互相关函数的取值范围：由式(6-42)得

$$R_{xy}(\tau) = \mu_x \mu_y + \rho_{xy}(\tau) \sigma_x \sigma_y \tag{6-45}$$

结合 $|\rho_{xy}| \leqslant 1$，可得图 6.15 所示的互相关函数的取值范围是

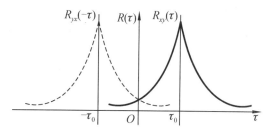

图 6.14 互相关函数的对称性

$$\mu_x \mu_y - \sigma_x \sigma_y \leqslant R_{xy}(\tau) \leqslant \mu_x \mu_y + \sigma_x \sigma_y \tag{6-46}$$

(5) 两个统计独立的随机信号，当均值为零时，则 $R_{xy}(\tau)=0$。将随机信号 $x(t)$ 和 $y(t)$ 表示为其均值和波动分量之和的形式，即

$$x(t) = \mu_x + \Delta x(t) \quad y(t) = \mu_y + \Delta y(t)$$

则

$$y(t + \tau) = \mu_y + \Delta y(t + \tau)$$

$$R_{xy}(\tau) = \lim_{T \to \infty} \frac{1}{T} \int_0^T x(t) y(t + \tau) \mathrm{d}t = \lim_{T \to \infty} \frac{1}{T} \int_0^T [\mu_x + \Delta x(t)][\mu_y + \Delta y(t + \tau)] \mathrm{d}t$$

$$= \lim_{T \to \infty} \frac{1}{T} \int_0^T [\mu_x \mu_y + \mu_x \Delta y(t + \tau) + \mu_y \Delta x(t) + \Delta x(t) \Delta y(t + \tau)] \mathrm{d}t$$

$$= R_{\Delta x \Delta y}(\tau) + \mu_x \mu_y$$

因为信号 $x(t)$ 与 $y(t)$ 是统计独立的随机信号，所以 $R_{\Delta x \Delta y}(\tau) = 0$。所以 $R_{xy}(\tau) = \mu_x \mu_y$。当 $\mu_x = \mu_y = 0$ 时，$R_{xy}(\tau) = 0$。

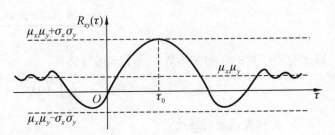

图 6.15　互相关函数的性质

(6) 两个不同频率的周期信号的互相关函数为零。由于周期信号可以用谐波信号合成，故取两个周期信号中的两个不同频率的谐波成分

$$x(t) = A_0 \sin(\omega_1 t + \theta), \quad y(t) = B_0 \sin(\omega_2 t + \theta + \varphi)$$

进行相关分析，则

$$R_{xy}(\tau) = \lim_{T \to \infty} \frac{1}{T} \int_0^{T_0} x(t) y(t + \tau) \mathrm{d}t$$

$$= \frac{1}{T_0} \int_0^{T_0} A_0 B_0 \sin(\omega_1 t + \theta) \sin[(\omega_2(t + \tau) + \theta - \varphi] \mathrm{d}t$$

$$= \frac{A_0 B_0}{2 T_0} \int_0^{T_0} \{\cos[(\omega_2 - \omega_1)t + (\omega_2 \tau - \varphi)] - \cos[(\omega_2 + \omega_1)t + (\omega_2 \tau + 2\theta - \varphi)]\} \mathrm{d}t$$

$$= 0$$

即 $R_{xy}(\tau) = 0$。

(7) 两个不同频率正余弦函数不相关。证明同上。

(8) 周期信号与随机信号的互相关函数为零。由于随机信号 $y(t+\tau)$ 在时间 $t \to t+\tau$ 内并无确定的关系，它的取值显然与任何周期函数 $x(t)$ 无关，因此，$R_{xy}(\tau) = 0$。

【例 6.3】　求 $x(t) = x_0 \sin(\omega t + \theta)$，$y(t) = y_0 \sin(\omega t + \theta + \varphi)$ 的互相关函数 $R_{xy}(\tau)$。

解：

$$R_{xy}(\tau) = \lim_{T \to \infty} \frac{1}{T} \int_0^T x(t) y(t + \tau) \mathrm{d}t$$

$$= \frac{1}{T_0} \int_0^{T_0} x_0 y_0 \sin(\omega t + \theta) \sin[\omega(t + \tau) + \theta - \varphi] \mathrm{d}t \qquad (6\text{-}47)$$

$$= \frac{x_0 y_0}{2} \cos(\omega \tau - \varphi)$$

由此可见，与自相关函数不同，两个同频率的谐波信号的互相关函数不仅保留了两个

信号的幅值 x_0、y_0 信息、频率 ω 信息，而且还保留了两信号的相位差 φ 信息，当一个信号的相位已知时，即可确定另一个信号的相位，因此也可以说保留了两信号的相位信息。

3. 典型信号间的互相关函数的曲线图形

对图 6.16 所示的几种典型信号的互相关函数的结果进行观察和分析可以得到：

(1) 图 6.16(a)所示是同频率的谐波信号间的互相关函数曲线。谐波 1 的频率 $f_1=150\text{Hz}$，谐波 2 的频率 $f_2=150\text{Hz}$，两者的相位不同。相关以后的函数频率 $f_{12}=150\text{Hz}$，这表明同频率的正弦波与正弦波相关，仍旧得到同频率的正弦波，同时保留了相位差 φ。

(2) 图 6.16(b)所示是当一个 $f_1=150\text{Hz}$ 的正弦波与基波频率为 50Hz 的方波做相关时，相关图形仍旧是正弦波。这是因为，通过傅里叶变换可知，方波是由 1、3、5、…无穷次谐波叠加构成，当基波频率为 50Hz，其 3 次谐波频率为 150Hz，因此可与正弦波相关。这也可以解释为什么图 6.16(c)中正弦波与三角波相关后也是正弦波的现象。

(3) 图 6.16(d)是不同频率的两个信号的相关结果。随机函数白噪声与正弦信号不相关，其互相关函数为零。

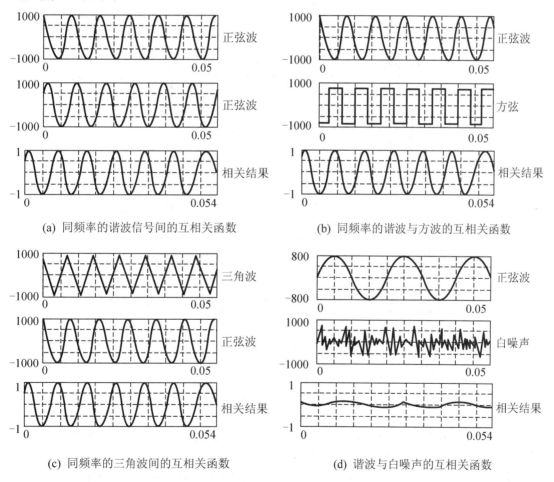

(a) 同频率的谐波信号间的互相关函数　　(b) 同频率的谐波与方波的互相关函数

(c) 同频率的三角波间的互相关函数　　(d) 谐波与白噪声的互相关函数

图 6.16　典型信号的互相关函数的结果

4. 互相关函数的应用

互相关函数的上述性质在工程中具有重要的应用价值。

(1) 在混有周期成分的信号中提取特定的频率成分,其主要应用在如下两方面。

【例 6.4】 在噪声背景下提取有用信息。

对某一线性系统(如图 6.17 所示的机床)进行激振试验,所测得的振动响应信号中常常会含有很强的噪声干扰。根据线性系统的频率保持特性,只有与激振频率相同的频率成分才可能是由激振引起的响应,其他成分均是干扰。为了在噪声背景下提取有用信息,只需将激振信号和所测得的响应信号进行互相关分析,并根据互相关函数的性质,就可得到由激振引起的响应的幅值和相位差,消除噪声干扰的影响,其工作原理如图 6.17 所示。如果改变激振频率,就可以求得相应的信号传输通道构成的系统的频率响应函数。

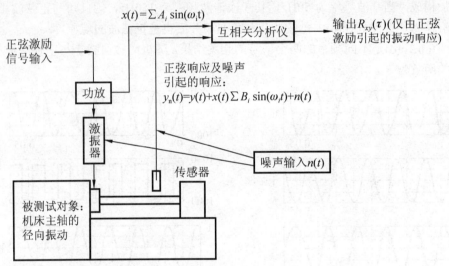

图 6.17 利用互相关分析仪消除噪声的机床主轴振动测试系统框图

【例 6.5】 用相关分析法分析复杂信号的频谱。

相关分析法分析复杂信号的频谱的工作原理如图 6.18 所示。

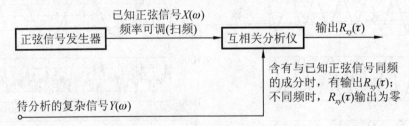

图 6.18 利用相关分析法分析信号频谱的工作原理框图

根据测试系统的频谱定义 $H(\omega)=\dfrac{Y(\omega)}{X(\omega)}=\dfrac{Y_0 \mathrm{e}^{\mathrm{j}(\omega t+\varphi)}}{Z_0 \mathrm{e}^{\mathrm{j}\omega t}}$ 可知,当改变送入到测试系统(这里就是指互相关分析仪)的已知正弦信号 $X(\omega)$ 的频率(由低频到高频进行扫描)时,其相关函数输出就表征了被分析信号所包含的频率成分及所对应的幅值大小,即获得了被分析信号的频谱。

(2) 线性定位和相关测速。

【例6.6】 用相关分析法确定深埋地下的输油管裂损位置，以便开挖维修。

如图 6.19 所示。漏损处 K 可视为向两侧传播声音的声源，在两侧管道上分别放置传感器 1 和 2。因为放置传感器的两点相距漏损处距离不等，则漏油的声响传至两传感器的时间就会有差异，在互相关函数图上 $\tau = \tau_m$ 处有最大值，这个 τ_m 就是时差。设 s 为两传感器的安装中心线至漏损处的距离，v 为音响在管道中的传播速度，则

$$s = \frac{1}{2} v \tau_m$$

用 τ_m 来确定漏损处的位置，即线性定位问题，其定位误差为几十厘米，该方法也可用于弯曲的管道。

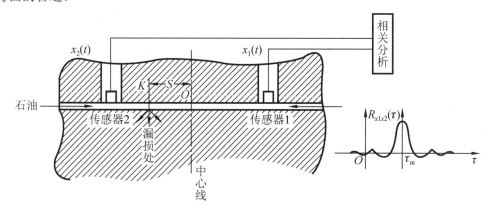

图 6.19　利用相关分析进行线性定位实例

【例6.7】 用相关法测试热轧钢带运动速度。

图 6.20 所示是利用互相关分析法在线测量热轧钢带运动速度的实例。在沿钢板运动的方向上相距 L 处的下方，安装两个凸透镜和两个光电池。当热轧钢带以速度 v 移动时，热轧钢带表面反射光经透镜分别聚焦在相距 L 的两个光电池上。反射光强弱的波动，通过光电池转换成电信号。再把这两个电信号进行互相关分析，通过可调延时器测得互相关函数出现最大值所对应的时间 τ_m，由于钢带上任一截面 P 经过 A 点和 B 点时产生的信号 $x(t)$ 和 $y(t)$ 是完全相关的，可以在 $x(t)$ 与 $y(t)$ 的互相关曲线上产生最大值，则热轧钢带的运动速度为 $v = \dfrac{1}{\tau_m}$。

【例6.8】 利用互相关函数进行设备的不解体故障诊断。

若要检查一小汽车驾驶人座位的振动是由发动机引起的，还是由后桥引起的，可在发动机、驾驶人座位、后桥上布加速度传感器，如图 6.21 所示，然后将输出信号放大并进行相关分析。可以看到，发动机与驾驶人座位的相关性较差，而后桥与驾驶人座位的互相关较大，因此，可以认为驾驶人座位的振动主要由汽车后桥的振动引起的。

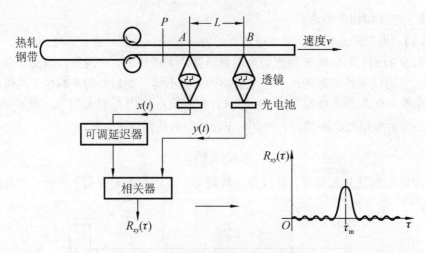

图 6.20 利用相关分析法进行相关测速

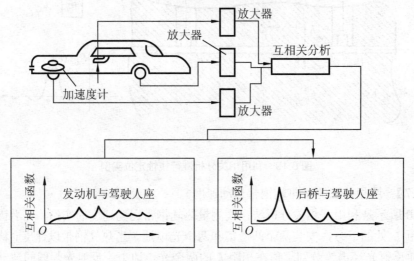

图 6.21 车辆振动传递途径的识别

6.4 功率谱分析及其应用

在第 2 章中讨论了周期信号和瞬态信号的时域波形与频域的幅频谱及相频谱之间的对应关系，并了解到频域描述可反映信号频率结构组成。然而对于随机信号，由于其样本曲线的波形具有随机性，而且是时域无限信号，不满足傅里叶变换条件，因而从理论上讲，随机信号不能直接进行傅里叶变换作幅频谱和相频谱分析，而是应用具有统计特征的功率谱密度函数在频域内对随机信号作频谱分析，它是研究平稳随机过程的重要方法。功率谱密度函数分自谱和互谱两种形式。

6.4.1 巴塞伐尔(Paseval)定理

巴塞伐尔定理中，在时域中计算的信号总能量等于在频域中计算的信号总能量，即

$$\int_{-\infty}^{\infty} x^2(t)\mathrm{d}t = \int_{-\infty}^{\infty} |X(\mathrm{j}f)|^2\,\mathrm{d}f \tag{6-48}$$

该定理可以用傅里叶变换的卷积来证明。设有傅里叶变换对

$$x_1(t) \Leftrightarrow X_1(\mathrm{j}f)，\quad x_2(t) \Leftrightarrow X_2(\mathrm{j}f)$$

根据信号的频域卷积特性，有

$$\int_{-\infty}^{\infty} x_1(t)x_2(t)\mathrm{e}^{-2\pi f_0 t}\mathrm{d}t = \int_{-\infty}^{\infty} X_1(\mathrm{j}f)X_2(f_0 - \mathrm{j}f)\mathrm{d}f$$

令 $f_0=0$，$x_1(t)=x_2(t)=x(t)$，则

$$\int_{-\infty}^{\infty} x^2(t)\mathrm{d}t = \int_{-\infty}^{\infty} X(\mathrm{j}f)X(-\mathrm{j}f)\mathrm{d}f$$

式中，$x(t)$ 是实函数，则 $X(-\mathrm{j}f)=X^*(\mathrm{j}f)$，所以

$$\int_{-\infty}^{\infty} x^2(t)\mathrm{d}t = \int_{-\infty}^{\infty} X(\mathrm{j}f)\cdot X^*(\mathrm{j}f)\mathrm{d}f = \int_{-\infty}^{\infty} |X(\mathrm{j}f)|^2\mathrm{d}f$$

式中，$|X(\mathrm{j}f)|^2$ 称为能谱，是沿频率轴的能量分布密度。

6.4.2　功率谱分析及其应用

1. 功率谱密度函数的定义

对于平稳随机信号 $x(t)$，若其均值为零且不含周期成分，则其自相关函数 $R_x(\tau \to \infty)=0$，满足傅里叶变换条件

$$\int_{-\infty}^{\infty} |R_x(\tau)|\,\mathrm{d}\tau < \infty \tag{6-49}$$

于是存在如下关于 $R_x(\tau)$ 的傅里叶变换对：

$$S_x(\mathrm{j}f) = \int_{-\infty}^{\infty} R_x(\tau)\mathrm{e}^{-\mathrm{j}2\pi f\tau}\mathrm{d}\tau \tag{6-50}$$

$$R_x(\tau) = \int_{-\infty}^{\infty} S_x(f)\mathrm{e}^{\mathrm{j}2\pi f\tau}\mathrm{d}f \tag{6-51}$$

定义 $S_x(\mathrm{j}f)$ 为随机信号 $x(t)$ 的自功率谱密度函数，简称自谱或自功率谱。$R_x(\tau)$ 是对信号 $x(t)$ 的时延域分析，$S_x(\mathrm{j}f)$ 是在频域分析，它们所包含的信息是完全相同的。

而对于平稳随机信号 $x(t)$、$y(t)$，在满足傅里叶变换条件下存在如下关于 $R_{xy}(\tau)$ 的傅里叶变换对：

$$S_{xy}(\mathrm{j}f) = \int_{-\infty}^{\infty} R_{xy}(\tau)\mathrm{e}^{-\mathrm{j}2\pi f\tau}\mathrm{d}\tau \tag{6-52}$$

$$R_{xy}(\tau) = \int_{-\infty}^{\infty} S_{xy}(\mathrm{j}f)\mathrm{e}^{\mathrm{j}2\pi f\tau}\mathrm{d}f \tag{6-53}$$

定义 $S_{xy}(\mathrm{j}f)$ 为随机信号 $x(t)$、$y(t)$ 的互谱密度函数，简称互谱或互功率谱。$S_{xy}(\mathrm{j}f)$ 保留了 $R_{xy}(\tau)$ 的全部信息。

$R_x(\tau)$ 为实偶函数，故 $S_x(\mathrm{j}f)$ 也为实偶函数。互相关函数 $R_{xy}(\tau)$ 为非奇非偶函数，因此 $S_{xy}(\mathrm{j}f)$ 具有虚、实两部分。$S_x(\mathrm{j}f)$ 是 $(-\infty，\infty)$ 频率范围内的自功率谱，所以称为双边自谱。由于 $S_x(\mathrm{j}f)$ 为实偶函数，而在实际应用中频率不能为负值，因此，用在 $(0，\infty)$ 频率范围内的单边自谱 $G_x(\mathrm{j}f)$ 表示信号的全部功率谱(见图6.22)，即

$$G_x(\mathrm{j}f) = 2S_x(\mathrm{j}f) \tag{6-54}$$

2. 功率谱密度函数的物理意义

当 $\tau=0$ 时，根据式(6-51)，有

$$R_x(0)=\int_{-\infty}^{\infty} S_x(\mathrm{j}f)\mathrm{d}f \qquad (6\text{-}55)$$

而根据自相关函数的定义式(6-30)，则

$$R_x(0)=\lim_{T\to\infty}\frac{1}{T}\int_0^T x(t)x(t+0)\mathrm{d}t$$
$$=\lim_{T\to\infty}\int_0^T \frac{x^2(t)}{T}\mathrm{d}t \qquad (6\text{-}56)$$

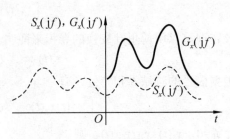

图 6.22　单边自谱和双边自谱

比较上述两式，则

$$\int_{-\infty}^{\infty} S_x(\mathrm{j}f)\mathrm{d}f=\lim_{T\to\infty}\int_0^T \frac{x^2(t)}{T}\mathrm{d}t \qquad (6\text{-}57)$$

在机械系统中，如果 $x(t)$ 是位移-时间历程，$x^2(t)$ 就反映蓄积在弹性体上的势能；而如果 $x(t)$ 是速度-时间历程，$x^2(t)$ 就反映系统运动的动能。因此，$x^2(t)$ 可以看作信号的能量，$x^2(t)/T$ 表示信号 $x(t)$ 的功率，而 $\lim_{T\to\infty}\int_0^T \frac{x^2(t)}{T}\mathrm{d}t$ 则为信号 $x(t)$ 的总功率。由式(6-57)可知，$S_x(\mathrm{j}f)$ 曲线下的总面积与 $x^2(t)/T$ 曲线下的总面积相等。故 $S_x(\mathrm{j}f)$ 曲线下的总面积就是信号的总功率。它是由无数不同频率上的功率元 $S_x(\mathrm{j}f)\mathrm{d}f$ 组成，$S_x(\mathrm{j}f)$ 的大小表示总功率在不同频率处的功率分布。因此，$S_x(\mathrm{j}f)$ 表示信号的功率密度沿频率轴的分布，故又称 $S_x(\mathrm{j}f)$ 为功率谱密度函数，如图 6.23 所示。用同样的方法，可以解释互谱密度函数 $S_{xy}(\mathrm{j}f)$。

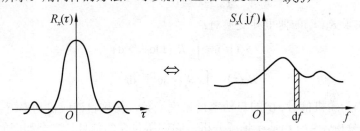

图 6.23　自功率谱的图形解释

3. 自功率谱密度函数 $S_x(\mathrm{j}f)$ 和幅频谱 $X(\mathrm{j}f)$ 的关系

由巴塞伐尔定理，即式(6-48)，信号的平均功率表示为

$$\tilde{P}_{\mathrm{av}}=\psi_x^2=\lim_{T\to\infty}\frac{1}{T}\int_0^T x^2(t)\mathrm{d}t=\int_{-\infty}^{\infty}\lim_{T\to\infty}\frac{1}{T}|X(\mathrm{j}f)|^2\mathrm{d}f \qquad (6\text{-}58)$$

由式(6-56)和式(6-57)，式(6-58)变为

$$\tilde{P}_{\mathrm{av}}=\psi_x^2=\int_{-\infty}^{\infty} S_x(\mathrm{j}f)\mathrm{d}f=\int_0^{\infty} G_x(\mathrm{j}f)\mathrm{d}f \qquad (6\text{-}59)$$

因此，自谱(双边、单边)$S_x(\mathrm{j}f)$、$G_x(\mathrm{j}f)$ 和幅频谱 $X(\mathrm{j}f)$ 的关系为

$$S_x(\mathrm{j}f)=\lim_{T\to\infty}\frac{1}{T}|X(\mathrm{j}f)|^2 \qquad (6\text{-}60)$$

$$G_x(\mathrm{j}f)=\lim_{T\to\infty}\frac{1}{T}|X(\mathrm{j}f)|^2 \qquad (6\text{-}61)$$

利用这一关系，通常就可以对时域信号直接作傅里叶变换来计算其功率谱。

4. 功率谱的估计

在实际测试中，观测只能在有限的时间区域$[T_1,T_2]$内，因而所得到的平均功率只是近似值。根据功率谱密度函数的定义，信号的自谱估计应当先根据原始信号计算出其相关函数，然后对自相关函数作傅里叶变换。在实际自谱估计时，往往采用更为方便可行的方法。

在用模拟分析方法作自谱估计时，通常采用窄带滤波器和适当的模拟电路来实现。用中心频率为f、带宽为B的带通滤波器对时域信号进行滤波，可得中心频率为f处信号的平均功率为

$$\psi_x^2(f,B) = \lim_{T \to \infty} \frac{1}{T} \int_0^T x^2(t,f,B)\mathrm{d}t \tag{6-62}$$

显然，它是f处带宽B的函数。由于自谱表示信号的功率密度沿频率轴的分布，即单位频率上的平均功率。因此

$$G_x(\mathrm{j}f) = \lim_{B \to 0} \frac{\psi_x^2(f,B)}{B} = \lim_{\substack{T \to \infty \\ B \to 0}} \frac{1}{BT} \int_0^T x^2(t,f,B)\mathrm{d}t \tag{6-63}$$

由此，白谱的估计为

$$\widehat{G}_x(\mathrm{j}f) = \frac{1}{BT} \int_0^T x^2(t,f,B)\mathrm{d}t \tag{6-64}$$

在模拟分析过程中，自动或手动调节可调中心频率的带通滤波器的中心频率f，对信号依次进行扫频、滤波、平方、积分和除法运算，最后由记录仪得到$\widehat{G}_x(\mathrm{j}f)\text{-}f$图，其原理框图如图 6.24 所示。

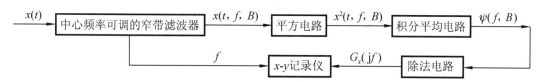

图 6.24   自谱的模拟分析原理框图

类似地，模拟信号的互谱估计为

$$\widehat{S}_{xy}(\mathrm{j}f) = \frac{1}{T} X^*(\mathrm{j}f)Y(\mathrm{j}f) \tag{6-65}$$

上述功率谱估计的方法都是基于模拟分析的方法，它受模拟分析仪记录时间 T、滤波器带宽等参数的影响，是一种近似估计。由于模拟分析仪电路复杂、价格昂贵，目前较实用、有效的方法是基于数字信号处理技术，通过 FFT 来进行功率谱估计。

根据式(6-61)，离散随机序列$x(n)$的自功率谱密度为

$$G_x(k) = \lim_{T \to \infty} \frac{1}{N} |x(k)|^2 \tag{6-66}$$

因此，自谱的估计为

$$\widehat{G}_x(k) = \frac{1}{N} |x(k)|^2 \tag{6-67}$$

而由式(6-65)，互谱的估计为

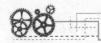

$$\hat{S}_{xy}(k) = \frac{1}{N} X^*(k)Y(k) \tag{6-68}$$

离散序列 $\{x(n)\}$ 的傅里叶变换 $X(K)$ 具有周期函数的性质，因而这种功率谱估计的方法称为周期图法。这是一种最简单、最常用的功率谱估计算法。

5. 功率谱的应用

1) 获取系统的频率结构特性

与幅频谱 $X(f)$ 相似，自谱 $S_x(\mathrm{j}f)$ 也反映信号的频率结构。由于自谱 $S_x(\mathrm{j}f)$ 反映的是信号幅值的平方，因而其频率结构特性更为明显，如图 6.25 所示。

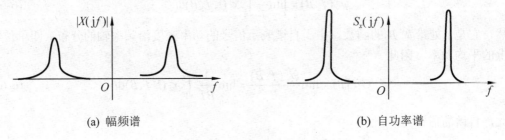

(a) 幅频谱　　　　　　　　　　　　　　　(b) 自功率谱

图 6.25　幅值谱和自功率谱

若有一线性系统如图 6.26 所示，其输入为 $x(t)$，输出为 $y(t)$，系统的频率响应函数为 $H(\mathrm{j}f)$，则 $Y(\mathrm{j}f)=H(\mathrm{j}f) \cdot X(\mathrm{j}f)$。

根据自谱和幅值谱的关系可以证明

$$S_y(\mathrm{j}f)=|H(\mathrm{j}f)|^2 \cdot S_x(\mathrm{j}f) \tag{6-69}$$

$$G_y(\mathrm{j}f)=|H(\mathrm{j}f)|^2 \cdot G_x(\mathrm{j}f) \tag{6-70}$$

$$S_{xy}(\mathrm{j}f)=H(\mathrm{j}f) \cdot S_x(\mathrm{j}f) \tag{6-71}$$

图 6.26　理想单输入/输出系统

式(6-69)和式(6-70)表明，通过输入/输出的自谱分析，就能得出系统的幅频特性。但由于自谱是自相关函数的傅里叶变换，而自相关函数丢失了相位信息，因而自谱分析同样丢掉了相位信息，利用自谱分析仅仅能获得系统的幅频特性，而不能得到系统的相频特性。

由式(6-71)可知，从输入的自谱和输入/输出的互谱可以得到系统的频率响应函数，该式与式(6-69)和式(6-70)不同的是，所得到的 $H(\mathrm{j}f)$ 不仅含有幅频特性而且含有相频特性，这是因为互相关函数中包含着相位信息。

【例 6.9】　应用互功率谱从受外界干扰的信息中获取测试系统频率响应函数。

图 6.27 所示的测试系统受外界干扰，$n_1(t)$ 为输入噪声，$n_2(t)$ 为加在系统中间环节的噪声，$n_3(t)$ 为加在输出端的噪声。该系统的输出 $y(t)$ 为

$$y(t) = x'(t) + n_1'(t) + n_2'(t) + n_3(t) \tag{6-72}$$

式中，$x'(t)$、$n_1'(t)$、$n_2'(t)$ 分别为系统对 $x(t)$、$n_1(t)$、$n_2(t)$ 的响应。

输入 $x(t)$ 和输出 $y(t)$ 的互相关函数为

$$R_{xy}(\tau) = R_{xx'}(\tau) + R_{xn_1'}(\tau) + R_{xn_2'}(\tau) + R_{xn_3}(\tau) \tag{6-73}$$

由于输入 $x(t)$ 和噪声 $n_1(t)$、$n_2(t)$、$n_3(t)$ 是独立无关的，故互相关函数 $R_{xn_1'}(\tau)$、$R_{xn_2'}(\tau)$、$R_{xn_3}(\tau)$ 均为零，所以

$$R_{xy}(\tau) = R_{xx'}(\tau) \tag{6-74}$$

$$S_{xy}(\mathrm{j}f) = S_{xx'}(\mathrm{j}f) = H(\mathrm{j}f)S_x(\mathrm{j}f) \tag{6-75}$$

式中，$H(\mathrm{j}f) = H_1(\mathrm{j}f) \cdot H_2(\mathrm{j}f)$ 为系统的频率响应函数。

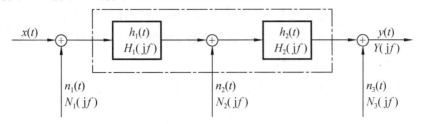

图 6.27　受外界干扰的系统

可见，利用互相关函数分析可排除噪声的影响，这是互相关函数分析方法的突出优点。然而应当注意到，利用式(6-74)求线性系统的频率响应函数 $H(\mathrm{j}f)$ 时，尽管其中的互谱可以不受噪声的影响，但是输入信号的自谱仍然无法排除输入端测量噪声的影响，从而形成测量误差。

2) 测定系统的滞后时间

互谱分析可用来测定滞后时间。一个系统输入 $x(t)$ 和输出 $y(t)$ 的互谱中的幅角 $Q_{xy}(\mathrm{j}f)$ 表示了系统输出与输入在频率 f 处的相位差，因此，在任一频率 f 上通过系统的滞后时间为

$$\tau = \frac{Q_{xy}(\mathrm{j}f)}{2\pi f}$$

3) 利用功率谱分析对设备进行故障诊断

【例 6.10】 图 6.28 所示是由汽车变速箱上测取的振动加速度信号经功率谱分析处理后所得的功率谱。一般地，正常运行的机器其功率谱是稳定的，而且各谱线对应零件不同运转状态的振源。在机器运行不正常时，例如，转系的动不平衡、轴承的局部损伤、齿轮的不正常等，都会引起谱线的变化。图 6.28(b)中，在 9.2Hz 和 18.4Hz 两处出现额外峰谱，这显示了机器的某些不正常，而且指示了异常功率消耗所在的频率。这就为寻找与此频率相对应的故障部位提供了依据。

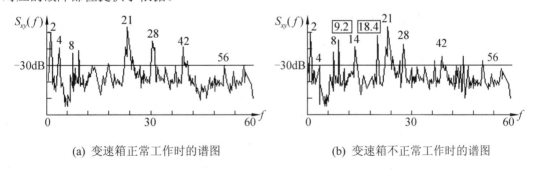

(a) 变速箱正常工作时的谱图　　　　　(b) 变速箱不正常工作时的谱图

图 6.28　汽车变速箱的振动功率谱

6.4.3　相干函数

相干函数是用来评价测试系统的输入信号与输出信号之间的因果关系的函数。即通过相干函数判断系统中输出信号的功率谱中有多少是所测输入信号所引起的响应。其定义为

$$\gamma_{xy}^2(\mathrm{j}f) = \frac{|S_{xy}(\mathrm{j}f)|^2}{S_x(\mathrm{j}f)S_y(\mathrm{j}f)} \qquad 0 \leq \gamma_{xy}^2(f) \leq 1 \tag{6-76}$$

当 $\gamma_{xy}^2(\mathrm{j}f)=0$，表示输出信号与输入信号不相干；当 $\gamma_{xy}^2(\mathrm{j}f)=1$，表示输出信号与输入信号完全相干。而 $\gamma_{xy}^2(\mathrm{j}f)$ 在 0～1 之间时，则可能测试系统有外界噪声干扰，或输出 $y(t)$ 是输入 $x(t)$ 和其他输入的综合输出，或者联系 $x(t)$ 和 $y(t)$ 线性系统是非线性的。

若系统为线性系统，根据式(6-69)和式(6-70)可得

$$\gamma_{xy}^2(\mathrm{j}f) = \frac{|S_{xy}(\mathrm{j}f)|^2}{S_x(\mathrm{j}f)S_y(\mathrm{j}f)} = \frac{|H(\mathrm{j}f)S_x(\mathrm{j}f)|^2}{S_x(\mathrm{j}f)S_y(\mathrm{j}f)} = \frac{S_y(\mathrm{j}f)S_x(\mathrm{j}f)}{S_x(\mathrm{j}f)S_y(\mathrm{j}f)} = 1 \tag{6-77}$$

式(6-76) 表明，对于线性系统，输出完全是由输入引起的响应。

【例6.11】 船用柴油机润滑油泵压油管振动和压力脉动间的相干分析。图 6.29 所示是船用柴油机润滑油泵压油管振动 $x(t)$ 和压力脉动间 $y(t)$ 的相干分析结果。其中，润滑油泵转速为 $n=781\mathrm{r/min}$，油泵齿轮的齿数为 $Z=14$，测得油压脉动信号和压油管振动信号 $y(t)$，压油管压力脉动的基频为

$$f_0 = \frac{nz}{60} = 182.24\mathrm{Hz}$$

由图6.23可以看到，当 $f=f_0=182.24$ Hz 时，$\gamma_{xy}^2(f)\approx0.9$；当 $f=2f_0=361.12\mathrm{Hz}$ 时，$\gamma_{xy}^2(f)\approx0.37$；当 $f=3f_0=546.54\mathrm{Hz}$ 时，$\gamma_{xy}^2(f)\approx0.8$；当 $f=4f_0=722.24\mathrm{Hz}$ 时，$\gamma_{xy}^2(f)\approx0.75$；……齿轮引起的各次谐频对应的相干函数值都很大，而其他频率对应的相干函数值都很小，由此可见，油管的振动主要是由油压脉动引起的。从 $x(t)$ 和 $y(t)$ 的自谱图也明显可见油压脉动的影响。

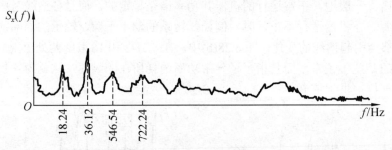

(a) 油压脉动 $x(t)$ 的自谱图

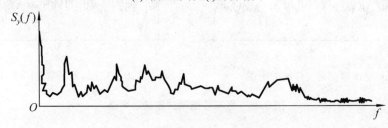

(b) 油管振动 $y(t)$ 的自谱图

图 6.29　油压脉动与油管振动的相干分析

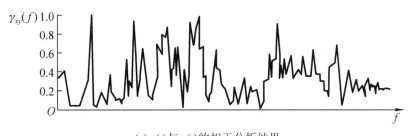

(c) $x(t)$ 与 $y(t)$ 的相干分析结果

图 6.29　油压脉动与油管振动的相干分析(续)

小　结

信号分析与处理主要研究信号的构成和特征值以及进行必要的变换用以获得所需要的信息。幅值域分析、相关分析和功率谱分析是随机信号分析处理的重要手段。本章主要包括如下内容:

(1) 随机信号的基本概念及其主要特征参数。

(2) 随机信号的幅值域分析方法。

(3) 自相关概念及性质, 自相关函数; 互相关的概念及性质, 互相关函数。

(4) 随机信号的功率谱分析分为自谱和互谱; 二者的概念和应用。

(5) 相干函数的定义及取值含义。

习　题

1. 填空题

6-1　在各态历经随机信号的统计参数中方均值表示_____; 均值表示_____;方差表示_____。

6-2　在相关分析时, $R_x(\tau)$ 保留了_____信息, $R_{xy}(\tau)$ 保留了_____信息。

6-3　自相关函数 $R_x(\tau)$ 是一个周期函数, 则原信号是一个_____, 而自相关函数 $R_x(\tau)$ 是一个脉冲信号, 则原信号将是_____。

6-4　均值为零、角频率为 ω、幅值为 x_0、初相角为随机变量的正弦函数 $x_0\sin(\omega t+\varphi)$ 的自相关函数是_____。

6-5　已知某信号的自相关函数 $R_{xy}(\tau)=100\cos 50\pi t$, 则该信号的方均值 φ_x^2 为_____。

6-6　信号 $x(t)$ 和信号 $y(t)$ 的互相关函数 $R_{xy}(\tau)$ 的傅里叶变换称为它们的_____。

6-7　互相关函数在工业中的主要应用有_____, _____, _____。

6-8　两同频正弦周期信号的互相关函数包含下列信息_____, 而不同频的正弦信号的互相关函数值为_____。

6-9　随机信号没有数学表达式, 可通过对_____的傅里叶变换获得_____, 用它表示信号平均功率关于频率的分布, 以获得信号的频率结构。

2. 问答题

6-10 如果一个信号 $x(t)$ 的自相关函数 $R_x(\tau)$ 含有不衰减的周期成分，那说明 $x(t)$ 含有什么样的信号？

6-11 图 6.30 所示为某信号的自相关函数图形，试确定该信号是什么类型信号，并在图中表示 $\psi_x^2 = ?$ ，$\mu_x = ?$

6-12 信号 $x(t)$ 送入信号分析仪绘得自相关函数的图形如图 6.31 所示(均值为零)，完成下列题目：

(1) 根据图形判断 $x(t)$ 中包含哪些类型的信号。

(2) 根据坐标值估算所含信号的特征参数(即主要信息值)的大小。

6-13 两个同频率周期信号 $x(t)$ 和 $y(t)$ 的互相关函数中保留着这两个信号中哪些信息？

6-14 测得某一信号的相关函数图形如图 6.32 所示，试问：

(1) 是 $R_x(\tau)$ 图形，还是 $R_{xy}(\tau)$ 图形？说明其原因。

(2) 可以获得该信号的哪些信息？

6-15 不进行数学推导，试分析周期相同($T=100$ms)的方波和正弦波的互相关函数是什么结果。

3. 计算题

6-16 已知某信号的自相关函数 $R_x(\tau) = 500\cos\pi\tau$ 。试求：

(1) 该信号的均值 μ_x ；

(2) 方均值 ψ_x^2 ；

(3) 自功率谱 $S_x(f)$ 。

6-17 求自相关函数 $R_x(\tau) = e^{-2a\tau}\cos 2\pi f_0\tau (a>0)$ 的自谱密度函数，并画出它们的图形。

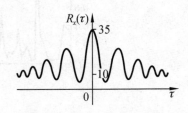

图 6.30　自相关函数示意(1)

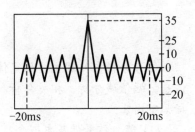

图 6.31　自相关函数示意(2)

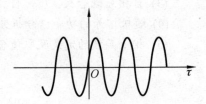

图 6.32　相关函数示意

第 7 章
记录及显示仪

教学提示

记录和显示装置是测试系统不可缺少的重要环节。

本章主要讲解光线示波器、笔式记录仪和数字显示系统的工作原理和各自的使用特点。

教学要求

主要掌握光线示波器工作原理，振动子特性及选用要求。

了解笔式记录仪和数字显示系统的原理。

7.1 概　　述

本书前面的章节已经介绍了信号的定义、获取、变换和调理等内容。那么，如何显示、打印或输出这些信号呢？另外，由于测试系统的对象和要求不一样，其需要的记录和显示仪可能也不一样，这就要求我们对信号的记录和显示装置有所了解。

信号、记录和显示装置是测试系统不可缺少的重要环节。实际上，人们总是通过显示器提供的数值和记录器记录的数据或变成视觉所能接受的各种波形来了解、分析和研究测量结果。有时在现场实测时，需要将当时被测信号记录或存储起来，然后随时重放，以供后续仪器对所测信号进行分析、处理。此外，记录器可以很方便地对记录曲线的时间坐标进行放大，因此对研究那些短暂的瞬态过程提供了很大的方便。这就充分表明记录和显示装置在测试中占有重要的作用。

显示和记录仪器一般包括指示和显示仪表、记录仪器。从记录信号的性质来分，显示和记录仪又可分为模拟型和数字型两大类。

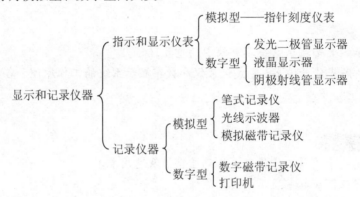

应该指出，有的记录装置，如磁带记录仪，不能直接观察到记录下来的信号，只起存储信号的作用。

显示、记录是测试系统的最后一个环节，其性能同样直接决定了测试结果的可信度。因而必须对其工作原理、特性有所了解，以便正确选用。下面主要介绍最常用的显示和记录仪器：光线示波器、记录仪和数字显示系统等。

7.2 光线示波器

光线示波器是一种常用的模拟式记录器，由电、磁、光和机械系统综合组成。主要用于模拟量的数据记录，它将信号调整仪输入的电信号转换为光信号并记录在感光纸或胶片上，从而得到试验变量与时间的关系曲线。与其他记录仪相比，光线示波器的工作频率较高，可达 10 000Hz，而一般笔式记录仪不超过 100Hz，喷射式记录仪也不超过 1000Hz。它还具有较高的电流灵敏度、较低的记录误差和仪器轻、小等优点，还能制成同时记录几个或几十个不同参数的多线示波器，但波形图经一定处理后才能显现，且所用的记录纸较贵。

总的来说，光线示波器具有以下特点：

(1) 由于光线示波器采用光学放大系统，使用高质量磁系统及高灵敏度的振动子，因此可获得很高的灵敏度；

(2) 动圈式振动子的自振频率可高达上万赫兹，因此记录信号的频率可达数千赫兹，这是笔式记录仪的十几倍；

(3) 能同时记录多个信号，光线笔不会相互干扰、碰撞，可实现交叉记录，能最大限度地利用记录纸；

(4) 使用调整方面，能够得到曲线形式的资料，并且直观性好。

光线示波器的不足之处主要有以下几个方面：

(1) 工作频率还不够宽；

(2) 记录曲线不能利用数字分析仪器或计算机进行处理；

(3) 感光记录纸价格较贵，且不能重复使用。

7.2.1　光线示波器的工作原理和结构组成

第一台光线示波器出现于 20 世纪初。从 60 年代开始采用紫外线直接记录纸，大大简化了波形图的显现处理过程，使示波器的操作更为方便可靠。一般来讲，光线示波器主要由振动子、光学系统、磁系统、机械传动装置、记录材料和时标装置组成，内部结构示意如图 7.1 所示。其中，振动子是核心部件，它由线圈、张丝构成。图 7.2 所示为光线示波器的构成示意。

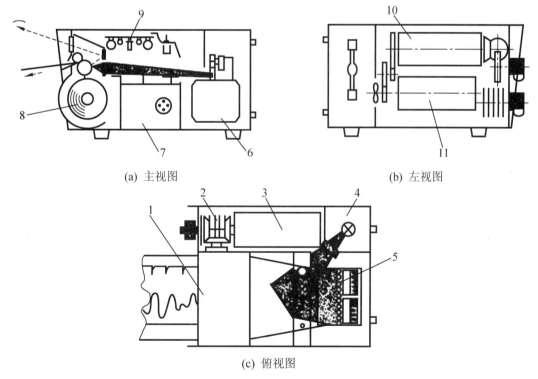

(a) 主视图　　　　　　　　　　(b) 左视图

(c) 俯视图

图 7.1　光线示波器的内部结构示意

1—拍摄部分；2—控制部分；3—传动部分；4—光源部分；5—振动子；

6—磁系统；7—电源部分；8—记录纸；9—晶体管时标；10—变速器；11—电动机

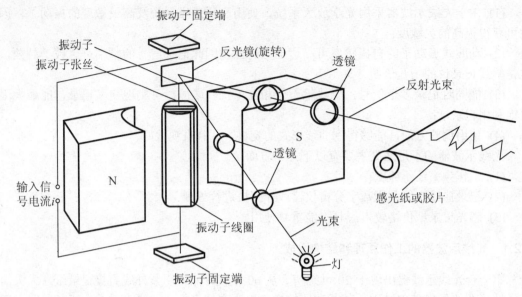

图 7.2　光线示波器的构成示意

当振动信号的电流输入到振动子线圈时，在固定磁场内的振动子线圈就发生偏转，与线圈连着的小镜片及其反射的光线也随之偏转，偏转的角度大小和方向与输入的信号电流相对应，光线射在匀速前进着的感光记录纸上即留下所测信号的波形，与此同时在感光记录纸上用频闪灯打上时间标记。光线示波器可以同时记录若干条波形曲线，同时它还可以用于静力试验的数据记录。

对光线示波器记录的试验结果进行数据处理，与记录仪相同，要用尺直接在曲线上量取大小，根据标定值按比例换算得到代表试验结果的数值；关于时间的数值，可用记录纸上的时间标记与仪器时标的选定挡位(如 0.01s，0.1s，1s)确定。

7.2.2　振动子特性

振动子系统是光线示波器的主要部件，它包括振动子、磁系统和恒温装置。目前光线示波器大多数采用共磁式动圈振动子，即许多振动子插入一个公共的磁系统中。磁系统上设有调节振动子俯仰角和水平位置转角的调节装置，以便振动子获得最佳位置。为了保证振动子的基本持性不受或少受环境温度的影响，磁系统上还装有自动控制的电热器，以保证振动子处于恒温（45℃±5℃)环境中。

SC16 型光线示波器是一种使用方便的记录示波器，可供记录电量变化过程以及转换成电量的非电量的变化过程，主要适用于电气、电信、航空、造船、铁道、车辆、机械、土木、勘测、医学、化学等工矿企业及研究单位。在电量方面，可测量直流电流、电压、交流电流、瞬态过程、频率及波形分析等；在非电量方面，通过转换器，可以测量应力、压力、位移、振动、转矩、速度、加速度、流量、心电波等。SC16 型光线示波器的主要特点是记录线数较多，记录速度范围广，纸容量大，采用紫外线直接记录、记录纸不经过暗室冲洗手续就能很快显示波形，振动子具有较高的灵敏度及较宽的工作频率范围，记录速度可以在记录过程中任意变换，磁系统装有恒温装置，因此能适应我国各地气候变化所带来的影响，在实验室、野外、运输工具上经常使用。

202

下面就以常用的 SC16 型光线示波器(见图 7.2)为例，来讨论振动子的特性。SC16 型光线示波器使用 FC6 系列振动子——一套灵敏度和频率响应各不相同的振动子，以供选用。该示波器的磁系统可供 16 个振动子同时工作，即可同时记录 16 路信号。磁系统保证磁极之间具有稳定的磁场，并具有恒温装置，以使振动子保持在(45±5)℃的条件下工作。

图 7.3　SC16 型光线示波器

另外为了减小由于纸速变化所带来的时间标尺变化的影响，用定时闪光装置在纸带上描出时间标线，相邻时标线之间的时间间隔相当于 1s、0.1s、0.01s 等。

振动子是把电信号变换成光线摆动信号的核心部件，因此可以说它是光线示波器的心脏。其性能直接影响着记录结果，为了正确选用振动子，有必要了解其工作原理及特性。实际上，振动子是典型的二阶测量系统，它会给测量带来误差。只有掌握振动子的特性，正确地选择和使用振动子，才能把该误差控制在最小限度内。下面对它的原理及特性作简单介绍。

1. 振动子的力学模型

在实际测量过程中，当信号电流通过振动子的线圈时，振动子转动部分受到下列几个力矩的作用：

(1) 与信号电流 $i(t)$ 成正比的电磁转矩 M_i 计算公式。

$$M_i = WBA_i = k_i i(t) \tag{7-1}$$

式中：k_i 为比例系数；W 为线圈匝数；A_i 为线圈面积；B 为磁场强度；$i(t)$ 为信号电流。

(2) 大小与张丝转角 θ 成正比，方向与张丝转角相反的张丝弹性反抗力矩 M_G 计算公式。

$$M_G = G\theta \tag{7-2}$$

式中：G 为张丝扭转刚度。

(3) 大小与振子角速度成正比、方向与振子角速度相反的阻尼转矩计算公式。

$$M_C = C\frac{\mathrm{d}\theta}{\mathrm{d}t} \tag{7-3}$$

式中：M_C 为阻尼转矩；C 为扭转阻尼系数。

(4) 大小与振子角加速度成正比，方向与振子角加速度方向相反的惯性力矩计算公式。

$$M_a = J\frac{\mathrm{d}^2\theta}{\mathrm{d}t^2} \tag{7-4}$$

式中：M_a 为惯性力矩；J 为振动子转动部分的转动惯量。

根据牛顿第二定律可以得到：

$$M_a + M_G + M_C = M_i \tag{7-5}$$

于是，振动子转动部分的动力学微分方程为

$$J\frac{\mathrm{d}^2\theta}{\mathrm{d}t^2} + C\frac{\mathrm{d}\theta}{\mathrm{d}t} + G\theta = k_i i(t) \tag{7-6}$$

2. 振动子的静态特性

振动子的静态特性是描述振动子在输入恒定电流 I 时，输入与输出间的关系。由于测量时振子的角速度、角加速度都为 0，则镜片输出的转角为

$$\theta = \frac{k_i}{G} I = SI \tag{7-7}$$

式中：S 为振动子的电流灵敏度。

S 表示单位电流流过振动子时，光点在记录纸上移动的距离(即振动子直流电流灵敏度)。流过单位电流光点移动距离越大，灵敏度越高，反之移动距离小者灵敏度低。当偏转角相同时，由振动子镜片到记录纸面的光路长不同时，光点移动的距离也不同。所以，振动子技术数据中给出的灵敏度，都指明某一定值光路长。有时为了便于比较，都折算光路长为 1m、电流 1mA 时，光点在记录纸上移动的距离。式(7-7)表明，当偏转角 θ 很小时，光点位移与电流 I 成正比。由光点位移的大小就可知电流的大小。

3. 振动子的动态特性

振动子的动态特性直接反映了光线示波器的动态特性。当光线示波器用于记录测试的动态过程时，要使记录下来的信号真实地反映原信号，则要求记录不产生失真，就需认真研究光线示波器的动态特性，即振动子的动态特性。由振动子的运动方程式(7-6)可直接获得振动子的频率响应函数：

$$H(j\omega) = \frac{k_i}{-\omega^2 J + jC\omega + G} = \frac{k_i/G}{1 - \left(\frac{\omega}{\omega_n}\right)^2 + 2j\xi\left(\frac{\omega}{\omega_n}\right)} \tag{7-8a}$$

而幅频特性 $A(\omega)$ 和相频特性 $\psi(\omega)$ 分别为

$$\begin{cases} A(\omega) = \dfrac{k_i/G}{\sqrt{\left[1 - \left(\frac{\omega}{\omega_n}\right)^2\right]^2 + 4\xi^2\left(\frac{\omega}{\omega_n}\right)^2}} \\ \psi(\omega) = -\arctan 2\xi\left(\frac{\omega}{\omega_n}\right) \Big/ \sqrt{1 - \left(\frac{\omega}{\omega_n}\right)^2} \end{cases} \tag{7-8b}$$

式中：ω 为信号电流的角频率；ω_n 为振动子扭转系统的固有频率，$\omega_n = \sqrt{G/J}$；ξ 为振动子扭转系统的阻尼率，$\xi = C/2\sqrt{GJ}$。

根据二阶系统动态测试不失真要求，应采用阻尼率 $\xi = 0.6 \sim 0.8$，$\omega/\omega_n < 0.5 \sim 0.6$ 的振动子，以确保测量精度。

4. 振动子的固有频率选择

使用光线示波器时，应根据被测信号变化的频率，选择合适的固有频率的振子。

1) 被测信号为正弦信号

根据光线示波器振子的结构原理知道，当其相对阻尼系数 $\xi = 0.6 \sim 0.8$ 时，要使振子的幅值误差小于 $\pm 5\%$，则振子的相对频率比应取 $\eta = 0.4 \sim 0.45$($\eta = f/f_0$，f 是被测信号频率，

而 f_0 是振子的固有频率），这主要是因为阻尼液使振子的可动部分的有效质量加大所致。

2) 被测信号为脉冲、非周期和随机过程

一般要求振子的固有频率越高越好，而固有频率越高其灵敏度就越低，所以过高是不可能的。实际上，在这些信号的频谱中，振子的固有频率应大于幅值低于基频分量 5% 的高频分量中的最低频率的两倍。

3) 振子使用频率范围的扩展

目前国内光线示波器常用振子的固有频率最高为 10kHz，但有时需要振子的固有频率更高。为此可在振子与被测信号之间串接校正网络，调整可变电阻改变 Q 值，使谐振峰值补偿振子幅频特性曲线在高于固有频率的部分有下降的趋势，因而使其直线部分延长，以扩展振子的使用频率范围。

5. 振动子的阻尼

振动子的阻尼是影响其动态特性的一个重要参数。理论上最佳阻尼比为 $\xi = 0.707$，一般选用阻尼比在 0.6～0.8 范围内。振动子的阻尼通常采用油阻尼和电磁阻尼两种阻尼方式。一般对于固有频率大于 400Hz 的较高频的振动子常采用油阻尼方式；而对于固有频率 $\leqslant$ 400Hz 的较低频的振动子常采用电磁阻尼方式。振动子阻尼调整的具体过程如下：

1) 电磁阻尼振动子的阻尼比调整

首先采用低频正弦信号作为输入，采用阻值可调的外接电阻，其阻值调到说明书指定值左右，然后输入 20mV、10Hz 的正弦信号，从示波器观察窗口观察光点的幅值，以此作为基准，然后再输入幅值相等（20mV、78Hz）的正弦信号再观察光点的幅值，若此时光点幅值大于基准（10Hz）时光点的幅值，则说明阻尼比 $\xi < 0.707$，必须减小外接电阻的阻值；若小于基准光点的幅值则说明阻尼比 $\xi > 0.707$，应增大外接电阻阻值；反复调整外接电阻的阻值，直至两次光点的幅值基本相等，说明阻尼比 $\xi \approx 0.707$，已在最佳状态。

2) 油阻尼振动子的阻尼比调整

先输入 20mV、10Hz 的正弦信号，从示波器观察窗口观察光点的幅值，以此作为基准，然后再输入幅值相等（20mV、860Hz）的正弦信号再观察光点的幅值，若此时光点幅值小于基准（10Hz）时的光点幅值，说明仪器预热时间不够未达到 45℃，硅油的黏度较大导致阻尼比 $\xi > 0.707$，过几分钟后再试，直至两次光点的幅值基本相等，说明阻尼比 $\xi \approx 0.707$ 已在最佳状态。

6. 振动子的选用原则

使用光线示波器很重要的一个问题就是如何选择振动子。如果振动子选择不合适，则会使得测量误差增大。选择振动子的原则是根据对被测信号的频率、电流值的初步估计和振动子的各项性能参数，使记录的波形尽可能满足误差要求，如实反映被测信号，并且有足够大的记录幅度，以利于分辨。一般有以下几个原则：

(1) 振动子固有频率的选择。为了将所测量的信号不失真地记录下来，所选择的振动子固有频率至少应为记录信号最高频率的 1.72(1/0.58) 倍，这样可将幅度误差控制在 5% 之内。

(2) 灵敏度的选择。振动子的灵敏度与其固有频率相互制约，高灵敏度的振动子常具有比较低的固有频率。在选择振动子时往往是在满足固有频率的要求下尽量选取高灵敏度的振动子。

(3) 振动子最大允许电流值的选定。要特别注意防止由于引入过大信号电流而损坏振动子。当信号电流较大时，可以利用光线示波器内提供的并联分流电阻进行分流，或者在回路中加入串、并联电阻。

在满足以上条件的前提下，还要有适当的光点偏移。对于通过放大器输出的信号电流，选用振动子时要做到阻抗匹配。使用振动子时，还要注意振动子的正确安装，使圆弧误差最小。

7.2.3 光线示波器的种类和选用

光线示波器按供电方式不同分为交流供电示波器、直流供电示波器和交直流两用光线示波器。交流供电示波器，如国产 SC-16、SC-18、SC-60 等机型，一般用于有交流电的实验室内或工作现场；直流供电示波器，如国产 SC-9、SC-17、SC-19 和 SC-22 等机型，体积小、质量小，适用于没有交流电源的场合；交直流两用光线示波器，如国产的 SC-10、SC-11 等机型，兼有以上两类示波器的特点，既能用紫外光直接记录，又能用白炽灯源进行暗记录。

按记录方式的不同可分为直接记录和暗记录两种。直接记录在普通光线下能使图像显示，因此可直接看到记录图像，暗记录只须一般的光源，但需在暗室中显影和定影，因此在试验过程中不能直接看到记录图像，这类光线示波器主要有 SC-17、SC-19 和 SC-22 等。

按磁系统的不同可分为单磁式和共磁式两种。单磁式示波器的每个振动子本身有一个磁钢，如 SC-1 型光线示波器。共磁式示波器的全部振动子只有一个共同的磁钢，振动子插入磁钢的各个孔中，目前多数示波器采用共磁式。使用时可根据测试要求和条件合理选择。

7.3 记 录 仪

记录仪是将一个或多个变量随时间或另一变量变化的过程转换为可识别和读取的信号仪器。它能保存所记录的信号变化以便分析处理。记录仪的最大特点是能自动记录周期性或非周期性多路信号的慢变化过程和瞬态电平变化过程。

根据输入/输出信号的种类，记录仪可分为模-数、数-模、模-模、数-数等形式，它们的主体电路根据输出形式的不同而有所区别。当输出为数字信号时，其主要电路是能存储数字信息的存储器电路，它能随时将数字信号送给磁带机、穿孔机或其他设备，或经适当变换用示波器观察模拟波形，如数字存储器和波形存储器。当输出为模拟信号时，记录仪主体电路是没有存储功能的模拟放大驱动电路，必须立即用适当记录装置和方法将信号记录到纸、感光胶片或磁带上，才能保存信息，便于进一步分析处理，如各种笔录仪、光线记录器、绘图仪、磁带记录仪等。

记录仪的主要技术指标为工作频率、输入信号动态范围、记录线性度、分辨度、失真度、响应时间、走纸准确度和稳定度。对用作计算机外围设备的磁带机还需要有复杂的电路和机构。下面主要讨论笔录记录仪、磁带记录仪和新型记录仪。

7.3.1　笔式记录仪

笔式记录仪是用笔尖(墨水笔、电笔等)在记录纸上描绘被测量相对于时间或某一参考量之间函数关系的一种记录仪器。一般按照记录笔的驱动方式可分为检流计式笔录仪与函数记录仪。

1. 检流计式笔录仪

检流计式笔录仪的原理和结构如图 7.4 所示。待记录信号电流输入线圈，受电磁力矩的作用线圈产生偏转。此时游丝产生与转角成正比的弹性恢复力矩与电磁力矩相平衡。一定的电流幅值对应于一定的转角，从而使安装在线圈轴上的记录笔在记录纸上作放大幅值的偏斜，记录纸匀速走纸，笔就在纸上给出被记录信号的波形。

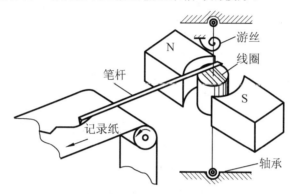

图 7.4　检流计式笔式记录仪

这种仪器主要是记录电流信号，当用它来记录电压信号时，必须保持电路中电阻值的恒定。另外，还应考虑到当记录仪在工作中温度发生变化时，线圈的电阻、游丝的刚度及磁场强度都会发生变化。解决的办法是在电路中串联一个由锰铜合金制成的温度补偿电阻，以弥补由上述原因造成的温度误差。再者，在使用中应对仪器预热一定时间，来减少工作中较大的温度变化。

笔式记录仪由于转动部分具有一定的转动惯量，因而其工作频率不高。笔尖幅值在10mm 范围之内时，其最高工作频率可达 125Hz。另外，由于笔尖与纸接触所引起的摩擦力矩较大，因而造成较大的误差。

2. 函数记录仪

函数记录仪是一种自动平衡式仪表，它能高精度地自动显示和记录已转化成电压的信号，最常用的是闭环零位平衡系统的伺服记录仪。

伺服记录仪系统的原理框图如图 7.5 所示。若待记录的直流信号电压 u_i 与电位计的比较电压 u_o 不相等，则有电压 u_e 输出。电压 u_e 经调制、放大、解调后驱动伺服电动机，电动机轴的转动通过传动带(或钢丝)等传动机构带动记录笔作直线运动，实现信号的记录，同时与记录笔相连的电位器的电刷也随着移动，从而改变着 u_o 的值。当 $u_o=u_i$ 时，$u_e=0$，后续电路没有输出，伺服电动机停转，记录笔不动。信号电压 u_i 不断变化，记录笔就跟踪运动。由于电位器是线性变化的，所以记录笔的运动幅值与 u_i 的幅值成正比。由于采用零位平衡原理，记录的幅值准确性高，一般误差小于全量程的±0.2%。但是，由于传动机构的机械惯性大，频率响应通常在10Hz以下，所以只能记录变化缓慢的信号。

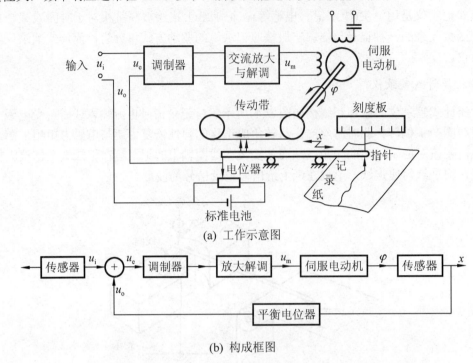

(a) 工作示意图

(b) 构成框图

图 7.5　伺服记录仪的闭环零位平衡系统

如果将记录纸固定不动，使用两个互相垂直的记录笔，它们分别由两套零位平衡伺服系统驱动，那么在记录纸上描绘出两个被测量的关系曲线，这就是 x-y 函数记录仪的工作原理。其结构框图如图 7.6 所示。

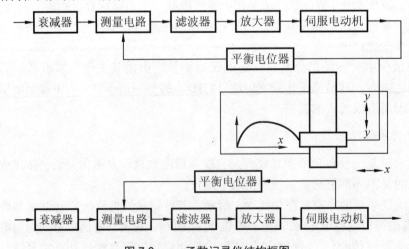

图 7.6　x-y 函数记录仪结构框图

x-y 函数记录仪是一种最常用的通用笔式记录仪。其 x、y 轴各由一套独立的随动系统驱动，使记录笔能在幅面宽大的记录纸上精确记录函数曲线。在加载速率比较缓慢的力学性能试验中是测量和记录负荷-变形曲线的理想设备。

随动系统由输入端、平衡电桥、衰减器、放大器和伺服电动机组成(见图7.6)。输入电压 ΔU 经过适当衰减，调整到合适的灵敏度，与平衡电桥输出电压合成 ΔE，经放大器推动电动机转动。它拖动滑线电阻 R_3 和 R_4 变化，使得平衡电桥输出电压改变，直至合成电压 $\Delta E=0$ 时停止。在这个调节过程中，与滑线电位器上的滑动触点同步的记录笔随之而动，它记录了输入电压 ΔU 变化的全部过程。如果 $\Delta E=0$ 时手动调节电位器，改变 R_1 和 R_2，也会迫使电机拖动记录笔移动，改变 R_3 和 R_4，使得 $\Delta E=0$，这就是记录仪上手动调节记录笔位置的工作原理，如图7.7所示。

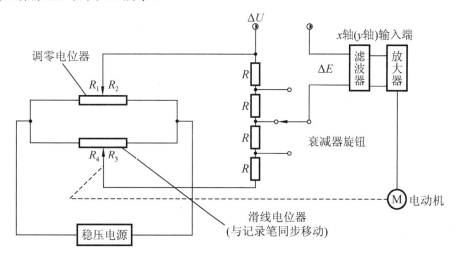

图 7.7　x-y 函数记录仪驱动原理示意

数字式 x-y 记录仪也用作计算机的外围设备——数字式绘图仪。如果配置多路通道，就可组成多笔函数记录仪，这种仪器可同时描绘几个因变量与自变量之间的关系，即 $y_1=f(x_1)$, $y_2=f(x_2)$, $y_3=f(x_3)$, …，以便进行分析对比。因此，x-y 记录仪的用途很广，常用来记录磁性材料的 B-H 曲线、电子器件的频率特性曲线等。如配上相应传感器，便可用来显示和描绘温度、压力、流量、液位、力矩、速度、应变、位移、振动等的两变量间的函数关系曲线或变量的时间历程曲线。

7.3.2　磁带记录仪

磁带记录仪是利用铁磁性材料的磁化进行记录的仪器。

1. 磁带记录仪的特点

磁带记录仪具有以下特点：

(1) 记录频带宽，可记录 0～2MHz 的信号，适用于高频交变信号的记录；

(2) 能同时进行 1～42 路信息及更多信息的记录，并能保证这些信息之间的时间和相位关系；

(3) 具有改变时基的能力，可对高频信息采用快速记录，慢速重放。对低频信号可慢速记录，快速重放，便于分析研究信息；

(4) 特别适用于长时间连续记录，并可将信息长时间保存在磁带中，在需要时重放。它适用于需要反复研究信息的情况。信息不需要时，又可抹去；再记录新的信息，因而使用方便且经济；

(5) 记录的信息精度高、失真小、线性好；

(6) 磁带记录器前面可加放大器，后面可直接与数据处理设备连接，可实现整个测试系统自动化，大大节约测试时间。

2. 磁带记录仪的构成与工作原理

磁带记录仪主要由三部分组成。第一部分是放大器，包括记录放大器和重放放大器。前者将输入信号放大，并变换为最适于记录的形式供给记录磁头，后者将重放磁头检测到的信号进行放大和变换，然后输出。第二部分是磁头，包括记录磁头与重放磁头。前者将电信号转换为磁带的磁化状态，实现电-磁转换，而后者把磁带的磁化状态变换为电信号，实现磁-电转换。第三部分是磁带传动机构，它保证磁带以一定的运动速度进行记录或重放。

磁带是一种坚韧的塑料薄带，一面涂有磁性材料，通常用适当的粘合剂把氧化铁粉末粘到塑料带上。

磁头是一个环形铁心，其上绕有线圈。在与磁带附件的前端面有一很窄的缝隙，一般为几个微米，称为工作间隙。

当信号电流通过记录磁头的线圈时，铁心中产生随信号电流而变化的磁通，由于工作间隙的磁阻较高，大部分磁力线便经磁带上的磁性涂层回到另一磁极而构成闭合回路。磁极下面的那段磁带上所通过的磁通和其方向随瞬态间电流而变。当磁带以一定的速度离开磁极，磁带上的剩余磁化图像就反映了输入信号的情况。

重放过程是记录的相反过程。重放磁头与记录磁头结构上完全相同。当被磁化的磁带经过重放磁头时，因磁头铁心的磁阻很小，所以磁带中的磁感应线将经过铁心形成回路，与磁头线圈交链耦合。因为磁带相对于磁头等速移动，故磁化区域与磁头相对位置就随时间而变化，这样通过磁头铁心内的磁通也发生变化。

根据电磁感应定律，当闭合回路内与线圈交链的磁通 Φ 发生变化时，线圈内产生感应电势 e，其大小与磁通变化率成正比，即

$$e = -W\frac{\mathrm{d}\Phi}{\mathrm{d}t} \tag{7-9}$$

式中：W 为线圈匝数。

重放磁头磁通量决定于磁带剩余磁化强度，而磁带剩余磁化强度决定于记录磁头输入电流 i，所以可认为

$$\Phi = Ki \tag{7-10}$$

式中：K 为比例系数。

如果输入电流信号为一正弦波 $i = I\sin\omega t$，则

$$\Phi = KI\sin\omega t \tag{7-11}$$

重放磁头产生的感应电势为

$$e = -W\frac{\mathrm{d}\Phi}{\mathrm{d}t} = -WKI\omega\cos\omega t = WKI\omega\sin(\omega t - \frac{\pi}{2}) \tag{7-12}$$

式(7-12)表明，重放磁头的输出感应电势 e 比记录磁头的输入 i 滞后90°相位角，如图7.8所示，并且输出电势大小与输入电流的角频率成正比。

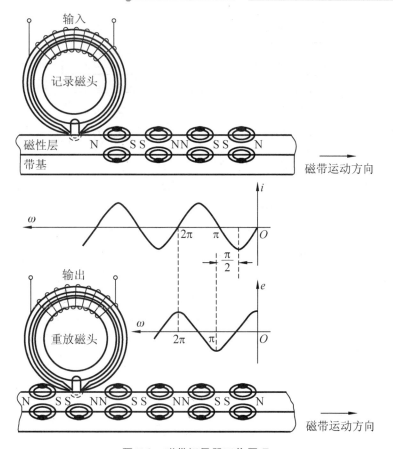

图 7.8   磁带记录器工作原理

为了改善重放放大器输出特性，往往采用等化电路，即重放放大器的幅频特性设计成随频率的增加而成正比减小，从而使总的幅频特性趋于平坦。

磁带存储的信息可以消除，消除的方法是利用磁头通入高频大电流，此电流产生的磁场使磁带向某一方向磁化到饱和状态，然后又向相反方向磁化，多次反复，最后磁带上的所有磁畴磁化方向变成完全无规则状态，即宏观上不再呈磁性。

3. 磁带记录仪的类型

按照信息记录方式的不同磁带记录仪可分为模拟式与数字式两类。

1) 模拟式磁带记录仪

模拟式磁带记录仪主要有直接记录式和频率调制式两种。

直接记录式出现最早，在语言、音像录制中用的很普遍，如图 7.9 所示。在测试信号记录中一些要求不高的场合也还有应用。这种记录方式通常采用交流偏置技术，以消除由 $H\text{-}B_R$ 曲线的非线性所造成的非线性记录误差。

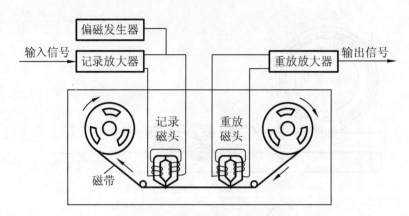

图 7.9　直接记录式磁带记录仪

图 7.10 反映了磁带上的磁化过程。a-b-c-d-a 是磁滞回线，c-O-a 是磁化曲线。磁场强度 H 和信号电流成正比。当磁场强度为 H_2 时，磁极下工作间隙内磁带表层的磁感应强度为 B_2。当磁带离开工作间隙，外磁场除去，磁感应强度沿着磁滞回线到 B_{R2}，这就是在与信号电流相对应的外磁场强度 H_2 下磁化后的剩磁感应强度。对应不同 H 值的剩磁曲线如图 7.10 中的 O-1-2 所示。剩磁曲线通过 O 点，但并非直线，在 O 点附件有明显的非线性现象。

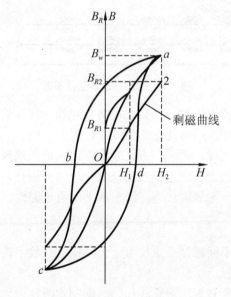

图 7.10　$H\text{-}B_R$ 的非线性

由于 $H\text{-}B_R$ 曲线不是一条直线，当记录磁头中的信号电流为正弦函数时，在磁带上得到的剩磁感应强度不是正弦函数，其波形会发生畸变。

频率调制记录式是测量用磁带记录仪中用得较为广泛的一种方式。图 7.11 表示了频率调制方式框图。输入信号经过 FM 调制器，将幅值变化变换为频率的变化，其频率偏移正比于输入信号的幅值。当输入正的信号时，载波频率增加；当输入负的信号时，载波频率减小。图中表示了输入矩形波或正弦波时频率时增时减的变化情况。

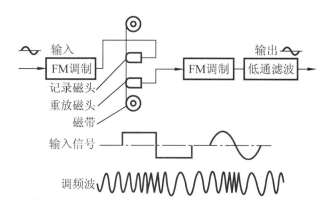

图 7.11　频率调制方式图及相关波形

　　直接式磁带记录仪的可记信号频率高达 2MHz，用于记录高频变化过程。但低频响应性能差，记录 50Hz 以下的信号有困难。调频式磁带记录仪可记录低频甚至直流过程，工作频率一般在 0～200kHz；记录准确度比较高，误差最小为±0.1%。所以调频式是广泛采用的一种记录方式。磁带记录仪的输入阻抗较高，一般在几十千欧以上，可用于记录电压信号，或者记录压力、应力、应变、位移、振幅、速度、加速度、转速、心电波、脑电波、声等信号随时间变化的过程。

　　2) 数字式磁带记录仪

　　数字式磁带记录仪是由于计算机的广泛应用而发展起来的一种新型磁带记录仪，其结构与模拟式记录仪相同，但采用的记录方式是数字记录方式，其外观如图 7.12 所示。数字记录方式又称为脉冲码调制(PCM)方式，它是把待记录信号放大后，经 A/D 转换器变成二进制代码脉冲，并经记录磁头记录在磁带中。重放时再将该信号经 D/A 转换器还原为模拟信号，从而恢复被记录的波形，或将该代码脉冲直接输入数字处理装置，进行后续处理和分析。

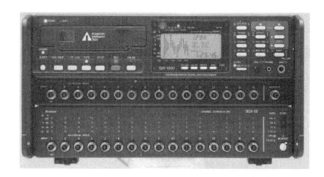

图 7.12　数字式磁带记录仪外观

　　数字式记录方式的特点是被记录的信息只是二进制的"0"和"1"，这不仅便于记录，而且便于运算。用磁带记录"0"和"1"，是分别利用磁带磁层的正或负方向的饱和磁化。所以在磁带上作记录时，记录磁头是将一连串脉冲相应地转换成饱和磁化存储在磁带上。

　　数字记录方式的优点是准确可靠，记录带速不稳定对记录精度基本没有影响，记录、重放的电子线路简单，存储的信息重放后可直接送入数字计算机或专用数字信号处理器进行处理分析，因此数字式磁带记录仪可作为计算机的外部设备。它的缺点是在进行模拟信号记录时需作 A/D 转换，而需模拟信号输出时，重放后还需作 D/A 转换，使记录系统复杂化。另外，数字记录的记录密度低，只有 FM 方式的。

7.3.3 新型记录仪

示波器是使用极为广泛的显示(记录)仪器。用感光纸来记录信号的光线示波器目前已很少使用。以阴极射线管(CRT)来显示信号的电子示波器，可分为模拟式和数字式两种，后者多为数字存储示波器，原理框图如图 7.13 所示。

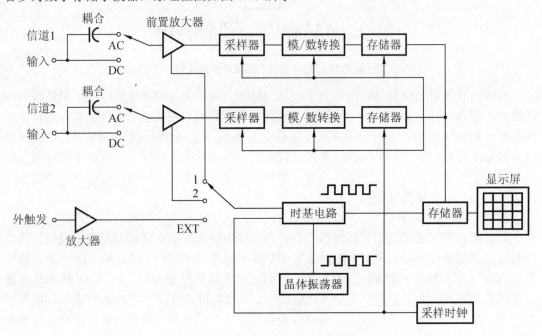

图 7.13　数字存储器示波器原理框图

1. 数字存储示波器

数字存储示波器(外观见图 7.14)以数字形式存储信号波形，再作显示，因此波形可稳定保留在显示屏上，供使用者分析。数字存储示波器中的微处理器可对记录波形作自动计算，在显示屏上同时显示波形的峰-峰值、上升时间、频率以及均方根值等。通过计算机接口可将波形送至打印机打印或计算机作进一步处理。

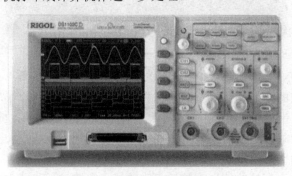

图 7.14　数字存储示波器外观

2. 无纸记录仪

无纸记录仪(外观见图 7.15)是一种无纸、无笔、无墨水、无一切机械传动机构的全新记录仪器，它以微处理器为核心，将模拟信号转换成数字信号，存储在大容量芯片上，并利用液晶显示。其优点如下：

(1) 可实现高性能、多回路的检测、报警和记录。

(2) 对输入信号的处理可实现智能化，可直接输入热电偶、热电阻等信号。

(3) 可高精度实时显示输入信号的数值大小、变化曲线及棒图，并可追忆显示历史数据。

(4) 具有与微型计算机通信的标准接口，可与计算机进行数据传输，也可实现记录仪的集中管理。

图 7.15　无纸记录仪外观

无纸记录仪多用于生产过程中多路缓变信号长时间巡检与记录，因此采样频率较低，一般是 1s 内对多路信号均采集几点数据。可供选择的数据处理和显示方式比数字存储示波器多。

3. 光盘刻录机

光盘刻录机有 CD-R、CD-RW、DVD-R、DVD-RW 和 DVD-RAM 等类型，其中，目前较常用的是 DVD-R 和 DVD-RW 两种。DVD 被誉为"新世纪的记录媒体"，最主要特色在其超大的记录容量，两层式双面记录的最大容量约可达 17GB。DVD 可分为：DVD-ROM(即通常所说的 DVD 盘片)，DVD-R(可一次写入)，DVD-RAM(可多次写入)，DVD-RW(可重写)四种，其中 DVD-RAM 是将来的发展趋势。DVD-R 刻录机是一种只可一次写入的 DVD-R 的刻录机。它的结构如图 7.16 所示，与传统的 CD-R 一样，DVD-R 只使用沟槽轨道进行刻录，而这个沟槽也通过定制频率的信号调制而成"抖动"形，被称作抖动沟槽(Wobble Groove)，它的作用是帮助刻录器跟踪轨道的基础上生成驱动器的主轴电动机控制信号。其将控制信号以抖动的方式调制在沟槽的形态中，通过驱动器的检测，就可以精确控制电动机的转速了。但它的抖动频率相对于 DVD+RW 来说并不高（与 DVD-RAM 一样，同为 141kHz），所以又称低频抖(Low Frequency Wobble，LF Wobble)。但与 DVD-RAM 不同的是，DVD-R/RW 使用微分相位识别（Differential Phase Detection，DPD）的方法检测抖动信号并得到相关信息。另外，它还在岸台处设置用于精确判别物理地址信息的凹坑(Pit)，以帮助驱动器准确掌握刻录的时机，这种定址方式就是岸台预制凹坑(Land Pre-Pit，LPP)，它的位置将在检测沟槽抖动信号时被获得。

DVD-RW 的全称为 DVD-ReWritable(可重写式 DVD),不过业界为了将其与 DVD+RW 区分,定义为 Re-recordable DVD(可重记录型 DVD)。如果把 DVD-R 的记录层换成相变材料,并加入两个保护层,那么就基本变成了 DVD-RW,如图 7.17 所示。两者在存储方式上是一样的,同样使用抖动沟槽与 LPP 寻址方式。相关内容请参考上文 DVD-R 的介绍。其 1.1 版相对于 1.0 版的主要不同前者增加了对 CPRM 版权保护技术的支持。

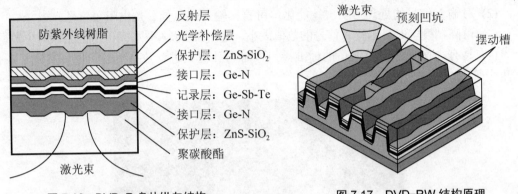

图 7.16　DVD-R 盘片纵向结构　　　　图 7.17　DVD-RW 结构原理

DVD-RW 产品最初定位于消费类电子产品,主要提供类似 VHS 录像带的功能,可为消费者记录高品质多媒体视频信息。具备高画质高音质的 DVD,为新一代的娱乐开启了另一片天空。然而随着技术发展,DVD-RW 的功能也慢慢扩充到了计算机领域,苹果和康柏等公司采用 DVD-RW 作为大容量光储存设备。不论是与电视连接录像,与 PC 连接在 DVD 上记录属于自己的影像作品等,都不再是梦想,这些都是 DVD-RW 所提供的新娱乐功能。

7.4　数字显示系统

一个数字显示系统通常由计数器、寄存器、译码器和显示器等四个部分组成,如图 7.18 所示。

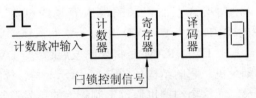

图 7.18　数字显示系统组成

1. 计数器

计数器能对输入脉冲进行计数,完成计数、分频、数控、数据处理等功能。计数器种类繁多,在数字系统和计算机中它常用做脉冲计数和分频之用。计数器通常由具有记忆功能的触发器和门电路组成。按照计数进制的不同,计数器可分为二进制计数器、二-十进制计数器和 N 进制(即任意进制)计数器等。在数字显示系统中应用最多的是 BCD8421 码的二-十进制计数器。

2. 译码器

译码器则是进行码制变换，将一种数码转换成另一种数码。把代码的特定含义翻译出来的过程称作译码，实现译码功能的电子电路称为译码器。在数字显示系统中常用 BCD8421 码二-十进制的七段译码器来驱动数码管。

3. 数码显示器

数码显示器按发光材料的不同，可分为发光二极管(LED) 显示器、液晶显示器和荧光数码管显示器。

1) 发光二极管

图 7.21 所示为发光二极管及其特性曲线。当半导体二极管加正向偏压 U_F 时，便有电流 i_F 流过，如图 7.19(a)所示。正向偏压 U_F 与电流 i_F 的对数 $\ln i_F$ 具有近似的线性关系，如图 7.19(b)所示。发光二极管在正向偏压作用下，将会发射具有一定波长的电磁辐射波。常用的发光二极管材料有两种：镓砷磷化合物(发红光)和镓磷化合物(发绿光或黄光)。这两种材料的二极管发出光的强度 I_V 随 i_F 的增加而增加。图 7.21(c)所示为镓砷磷化合物二极管的 I_V-i_F 曲线具有线性关系。用作显示时，由逻辑信号"1"和"0"控制二极管的打开和关闭。

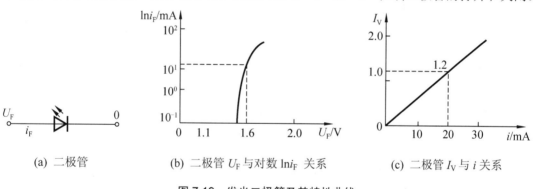

(a) 二极管　　(b) 二极管 U_F 与对数 $\ln i_F$ 关系　　(c) 二极管 I_V 与 i 关系

图 7.19　发光二极管及其特性曲线

图 7.20 所示为七段共阴极接法的发光二极管数码管，表 7-1 为相应发光段的编码。它由七个条形发光二极管组成，a～g 的七个发光二极管排列成 8 字的形状，靠接通相应发光二极管来显示数字 0～9。

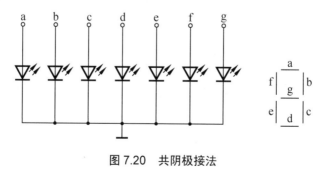

图 7.20　共阴极接法

表 7-1 发光段编码表

发 光 段	0	1	2	3	4	5	6	7	8	9
BCD8421 代码	0000	0001	0010	0011	0100	0101	0110	0111	1000	1001
发光段码	abcdef	bc	abdeg	abcdg	bcfg	acdfg	acdefg	abc	abcdefg	abcdfg

采用这种显示器，显示清晰度会受到一定限制，例如观察者可能将 3 或 0 错读成 8。如要显示十六进制数(0～9 和 A，B，C，D，E，F 等 16 种状态)，则需要 22 个点状发光二极管。这时清晰度会得到改善，但逻辑转换线路将很复杂。

2) 液晶显示器

与发光二极管显示相比，液晶显示是一种低功率显示。液晶每平方工作面积的功耗大约为 100μW，而发光二极管为 10W。其原因是液晶本身不发光，所见到的光是由自然光产生的。液晶是一种液体，在有限温度范围内具有像晶体一样的结构。这表明液晶与液体不同，它在某确定方向上具有光效应。当有电磁加到液晶上时，分子会从杂乱状态转到外加电场的方向上(动态散射)，与此同时液晶从透明变成浑浊的不透明体。当借助于自然光观察时，在透明和不透明区域间有鲜明的对比。

将液晶薄膜夹在两块平面玻璃之间，再将具有七段编码图案的细氧化物电极沉积在平面玻璃上，便构成一典型的液晶显示器。

4. 图像显示器

在非记忆显示中，由于只需观察信号，这就需要用到另一种显示设备——图像显示器。一般来说，图像显示器有阴极射线管显示器、液晶显示器、等离子显示器等。

1) 阴极射线管(CRT)显示器

CRT 显示器是目前广泛应用的显示器件，它最早用于电视接收机，然后用于计算机系统，作为字符显示器和图像、图形显示器，如图 7.21 所示。它是一个漏斗形的电真空器件，由电子枪，偏转装置和荧光屏构成。电子枪是 CRT 显示器的主要组成部分，包括灯丝，阴极，栅极，加速阳极和聚焦极。CRT 显示器在加电以后，灯丝会发热，热量辐射到阴极，阴极受热便发射电子，电子束打到荧光屏上形成光点，由光点组成图像。

阴极射线管是利用电场产生高速的聚焦电子束，在通过偏转系统的控制，轰击荧光屏的不同位置，产生可见的图形。阴极射线管主要有五部分组成：电子枪、聚焦系统、加速电极、偏转系统、荧光屏。彩色阴极射线管则是通过将能发不同颜色的光的荧光物质进行组合而产生彩色的。实现彩色显示的基本方法有射线穿透法和影孔板法。射线穿透法是靠不同速度的电子束可激励的荧光物质的层数(两层，有内到外分别是绿、红)不同，从而实现彩色显示。而影孔板法则是通过三个电子枪，将红、绿、蓝(三基色)打到屏幕上。由于三个荧光点充分的小且足够靠近，所以人眼会把它们混同为一个点从而看到了彩色的荧光点。经典的 CRT 显示器使用电子枪发射高速电子，经过垂直和水平的偏转线圈控制高速电子的偏转角度，最后高速电子击打屏幕上的荧光物质使其发光，通过电压来调节电子束的功率，就会在屏幕上形成明暗不同的光点形成各种图案和文字。

2) 液晶显示器(LCD)

液晶显示器英文全称为 Liquid Crystal Display，它是一种采用了液晶控制透光度技术来实现色彩的显示器，如图 7.22 所示。和 CRT 显示器相比，LCD 显示器的优点是很明显的。由于通过控制是否透光来控制亮和暗，当色彩不变时，液晶也保持不变，这样就无须考虑刷新率的问题。对于画面稳定、无闪烁感的液晶显示器，刷新率不高但图像也很稳定。LCD显示器还通过液晶控制透光度的技术原理让底板整体发光，所以它做到了真正的完全平面。一些高档的数字 LCD 显示器采用了数字方式传输数据、显示图像，这样就不会产生由于显卡造成的色彩偏差或损失。LCD 没有辐射，即使长时间使用也不会对健康造成很大伤害。其体积小、能耗低也是 CRT 显示器无法比拟的。

图 7.21　阴极射线管显示器外观

图 7.22　液晶显示器外观

3) 等离子显示器

等离子显示器(Plasma Display Panel，PDP)是在两张超薄的玻璃板之间注入混合气体，并施加电压利用荧光粉发光成像的设备。与 CRT 显像管显示器相比，具有分辨率高，屏幕大，超薄，色彩丰富、鲜艳的特点。与 LCD 相比，具有亮度高，对比度高，可视角度大，颜色鲜艳和接口丰富等特点。

(1) 等离子显示器的工作原理。与荧光灯很相似，其原理是一种利用气体放电的显示技术。等离子显示器的发光原理如图 7.23 所示。等离子显示器采用了等离子管作为发光元件，屏幕上每一个等离子管对应一个像素，屏幕以玻璃作为基板，基板间隔一定距离，四周经气密性封接形成一个个放电空间。放电空间内充入氖、氙等混合惰性气体作为工作媒质。在两块玻璃基板的内侧面上涂有金属氧化物导电薄膜作激励电极。当向电极上加入电压，放电空间内的混合气体便发生等离子体放电现象。气体等离子体放电产生紫外线，紫外线激发荧光屏，荧光屏发射出可见光，显现出图像。当使用涂有三原色(又称三基色)荧光粉的荧光屏时，紫外线激发荧光屏，荧光屏发出的光则呈红、绿、蓝三原色。当每一原色单元实现 256 级灰度后再进行混色，便实现彩色显示。

(2) 等离子的特点。等离子是一种自发光显示技术，不需要背景光源，因此没有 LCD 显示器的视角和亮度均匀性问题，而且实现了较高的亮度和对比度。而三基色共用同一个等离子管的设计也使其避免了聚焦和汇聚问题，可以实现非常清晰的图像。与 CRT 和 LCD

显示技术相比，等离子的屏幕越大，图像的色深和保真度越高。除了亮度、对比度和可视角度优势外，等离子技术也避免了 LCD 技术中的响应时间问题，而这些特点正是动态视频显示中至关重要的因素。因此从目前的技术水平看，等离子显示技术在动态视频显示领域的优势更加明显，更加适合作为家庭影院和大屏幕显示终端使用。等离子显示器无扫描线扫描，因此图像清晰稳定无闪烁，不会导致眼睛疲劳。等离子也无 X 射线辐射。由于这些突出特点，等离子堪称真正意义上的绿色环保显示产品，是替代传统 CRT 彩电的理想产品。

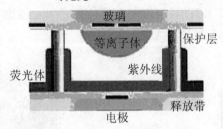

图 7.23　等离子显示器的发光原理

小　结

记录和显示装置是测试系统不可缺少的重要环节。人们总是通过记录仪器记录测量的数据或通过显示仪变成各种可视波形来了解、分析和研究测量结果。有时在现场实测时，需要将当时被测信号记录或存储起来，而后随时重放，以供后续仪器对所测信号进行分析、处理。本章主要讲解常用的记录仪器，包括以下三点：

(1) 光线示波器的基本构成，基本工作原理，振动子的频率特性。实际测量时，振动子的选用原则和方法。

(2) 笔式记录仪的基本工作原理。检流计式笔录仪和函数记录仪的基本工作原理。

(3) 数字显示系统基本构成。

习　题

1. 填空题

7-1　显示记录仪器分为两大类，一类是_____，是用来记录_____的，常用的有_____；另一类是_____，是用来记录_____的。

7-2　为使光线示波器振子达到最佳阻尼，在固有频率 f_n >400Hz 时，应采用_____，f_n <400Hz 时，应采用_____。

7-3　光线示波器振子的动态特性与其结构参数_____和_____有关，当其_____之值为 0.7，所记录的正弦信号频率不大于 ω_n 的_____倍时，信号的记录曲线与输入信号的振幅误差将不大于_____，而因相移所产生的时差将近似为常数_____。

7-4　光线示波器振子的阻尼率总是等于_____左右，这是因为在这个阻尼下，当被测信号频率在振子固有频率一半以下时，相移近似地与频率成_____关系，而输出幅值与输入幅值成_____关系。

7-5 振动子电路电阻匹配的目的，从测量电路来看是希望_____，从振动子本身角度来看是为了_____。

7-6 振动子的阻尼率 ξ =0.7 时，并且记录正弦信号的频率不大于固有频率 ω_n 的_____倍时，记录信号的幅值误差将不大于_____。因相移所产生的时差近似为_____。

7-7 光线示波器记录 f=500Hz 的方波信号时，考虑到五次谐波成分，记录误差不大于5％时，则应选用振动子的固有频率为_____的振动子。

2. 分析题

7-8 现有一固有频率为 1200Hz 的振子，记录基频为 600Hz 的方波信号，信号的傅里叶级数为 $x(t)=\dfrac{4}{\pi}\left(\sin\pi t+\dfrac{1}{3}\sin3\pi t+\dfrac{1}{5}\sin5\pi t+\cdots\right)$。试分析记录结果(振子阻尼率 ξ =0.707)。

7-9 利用光线示波器记录 f=500Hz 的方波信号(考虑前 5 次谐波成分,记录误差＜5%)，则要选用固有频率为多少赫[兹]的振子？

第8章

机械振动测试与分析

 教学提示

　　机械振动测试是机械工程中常见的工程测试问题。应用前面章节的知识，构建一套适用的振动测试系统是本章的重点。

　　本章内容包括振动系统的特点，测振传感器的选用，记录分析仪器的选用，振动系统参数的分析。

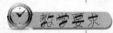 教学要求

　　针对机械振动的测试，掌握振动测试分析系统的构成、振动参数的测量原理和方法、振动测试仪器的工作原理和使用要求。

8.1　概　　述

机械振动是自然界、工程技术和日常生活中普遍存在的物理现象。各种机器、仪器和设备运行时，不可避免地存在着诸如回转件的不平衡、负载的不均匀、结构刚度的各向异性、润滑状况的不良及间隙等原因而引起受力的变动、碰撞和冲击，以及由于使用、运输和外界环境下能量传递、存储和释放都会诱发或激励机械振动。所以说，任何一台运行着的机器、仪器和设备都存在着振动现象。

在大多数情况下，机械振动是有害的。振动往往会破坏机器的正常工作和原有性能，振动的动载荷使机器加速失效、缩短使用寿命甚至导致损坏造成事故。机械振动还直接或间接地产生噪声，恶化环境和劳动条件，危害人类的健康。因此，要采取适当的措施使机器振动在限定范围之内，以避免危害人类和其他结构。

随着现代工业技术的发展，除了对各种机械设备提出了低振级和低噪声的要求外，还应随时对生产过程或设备进行监测、诊断，对工作环境进行控制，这些都离不开振动测量。为了提高机械结构的抗振性能，有必要进行机械结构的振动分析和振动设计，找出其薄弱环节，改善其抗振性能。另外，对于许多承受复杂载荷或本身性质复杂的机械结构的动力学模型及其动力学参数，如阻尼系数、固有频率和边界条件等，目前尚无法用理论公式正确计算，振动试验和测量便是唯一的求解方法。因此，振动测试在工程技术中起着十分重要的作用。

振动测试的目的，归纳起来主要有以下几个方面：

(1) 检查机器运转时的振动特性，以检验产品质量；

(2) 测定机械系统的动态响应特性，以便确定机器设备承受振动和冲击的能力，并为产品的改进设计提供依据；

(3) 分析振动产生的原因，寻找振源，以便有效地采取减振和隔振措施；

(4) 对运动中的机器进行故障监控，以避免重大事故。

一般来讲，振动研究就是对"机械系统"、"激励"和"响应"三者已知其中两个，再求另一个的问题。振动研究可分为以下三类：

(1) 振动分析，即已知激励条件和系统的振动特性，欲求系统的响应；

(2) 系统识别，即已知系统的激励条件和系统的响应，要确定系统的特性，这是系统动态响应特性测试问题；

(3) 环境预测，即已知系统的振动特性和系统的响应，欲确定系统的激励状态，这是寻求振源的问题。

振动测试内容一般可分为两类。一类是测量设备在运行时的振动参量，其目的是了解被测对象的振动状态、评定振动等级和寻找振源，以及进行监测、识别、诊断和预估；另一类是对设备或部件进行某种激励，对其产生受迫振动，以便求得被测对象的振动力学参量或动态性能，如固有频率、阻尼、阻抗、响应和模态等。这类测试又可分为振动环境模拟试验、机械阻抗试验和频率响应试验等。

例如，如图 8.1 所示的小轿车乘坐舒适性试验就是通过液压激振台给汽车一个模拟的道路状态(又称道路谱)激励信号，使汽车处于道路行驶状态。汽车驾驶人坐椅处的振动加速度可以通过一个加速度传感器来拾取。该信号经信号处理电路和振动分析仪的分析，就可以得到汽车的振动量值与道路谱的关系，为研究汽车的乘坐舒适性提供参考数据。

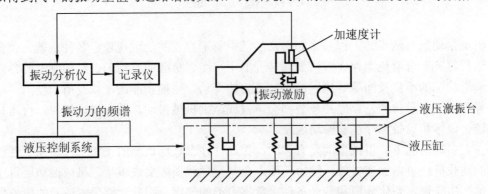

图 8.1　小轿车的乘坐舒适性试验框图

机械振动测试系统的一般组成框图如图 8.2 所示，主要由激振器、被测系统、传感器、振动分析仪和显示记录几个部分组成。首先，要求组成测试系统的各测量装置的幅频特性和相频特性在整个系统的测试频率范围内应满足不失真条件；同时，还应充分注意各仪器之间的匹配。对于电压量传输的测量装置，要求后续测量装置的输入阻抗大大超过前面测量装置的输出阻抗，以便使负载效应缩减到最小；此外，应视环境条件合理地通过屏蔽、接地等措施排除各种电磁干扰，或在系统的适当部位安装滤波器，以排除或削弱信号中的干扰，保证整个系统的测试能稳定可靠地进行。

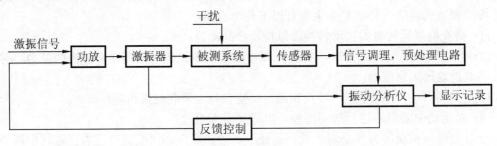

图 8.2　机械振动测试系统的一般组成框图

为了解测振和激振仪器的原理，达到正确选用这些仪器的目的，下面对振动测量方法的分类和振动理论的一些基本知识作介绍。

8.2　振动的基本知识

有关振动理论知识在物理学和理论力学中都作了较系统的论述。本节仅就与振动测试有关的振动基本知识作简要介绍。

8.2.1　振动的分类

机械振动是一种比较复杂的物理现象。为了研究的方便，需要根据不同的特征将振动进行分类，见表 8-1。

表 8-1　机械振动的分类与特征说明

分　类	名　称	主　要　特　征　说　明
按振动产生的原因分	自由振动	系统受初始干扰或外部激振力取消后,系统本身由弹性恢复力和惯性力来维持的振动。当系统无阻尼时,振动频率为系统的固有频率;当系统存在阻尼时,其振动幅度将逐渐减弱
	受迫振动	由于外界持续干扰引起和维持的振动,此时系统的振动频率为激振频率
	自激振动	系统在输入和输出之间具有反馈特性时,在一定条件下,没有外部激振力而由系统本身产生的交变力激发和维持的一种稳定的周期性振动,其振动频率接近于系统的固有频率
按振动的规律分	简谐振动	振动量为时间的正弦或余弦函数,为最简单、最基本的机械振动形式。其他复杂的振动都可以看成许多或无穷个简谐振动的合成
	周期振动	振动量为时间的周期性函数,可展开为一系列的简谐振动的叠加
	瞬态振动	振动量为时间的非周期函数,一般在较短的时间内存在
	随机振动	振动量不是时间的确定函数,只能用概率统计的方法来研究
按系统的自由度分	单自由度系统振动	用一个独立变量就能表示系统振动
	多自由度系统振动	须用多个独立变量表示系统振动
	连续弹性体振动	须用无限多个独立变量表示系统振动
按系统结构参数的特性分	线性振动	可以用常系数线性微分方程来描述,系统的惯性力、阻尼力和弹性力分别与振动加速度、速度和位移成正比
	非线性振动	要用非线性微分方程来描述,即微分方程中出现非线性项

8.2.2　单自由度系统的受迫振动

根据周期信号的分解和线性系统的叠加性,有理由认为正弦激励对振动系统是一个最基本的激励。另外,为便于正确理解和掌握机械振动测试和分析技术的概念,本节主要研究最简单的单自由度振动系统在两种不同激励下的响应。下面来分析它们的力学模型。

由直接作用在质量上的力所引起的受迫振动如图 8.3 所示单自由度系统,质量 m 在外力的作用下的运动方程为

$$m\frac{\mathrm{d}^2z(t)}{\mathrm{d}t^2}+c\frac{\mathrm{d}z(t)}{\mathrm{d}t}+kz(t)=f(t) \tag{8-1}$$

式中: c 为黏性阻尼系数; k 为弹簧刚度系数; $f(t)$ 为系统的激振力,即系统的输入; $z(t)$ 为系统的输出。

对式(8-1)进行拉普拉斯变换,可得系统传递函数为

$$H(s)=\frac{Z(s)}{F(s)}=\frac{1}{ms^2+cs+k} \tag{8-2}$$

令 $s=\mathrm{j}\omega$,代入式(8-2),可得

$$H(j\omega) = \frac{Z(j\omega)}{F(j\omega)} = \frac{1}{m(j\omega)^2 + cj\omega + k} = \frac{1}{-m\omega^2 + jc\omega + k}$$

$$= \frac{1/k}{-\omega^2\frac{m}{k} + j\cdot 2\omega\cdot\frac{c}{2\sqrt{km}}\cdot\frac{\sqrt{m}}{\sqrt{k}} + 1} = \frac{1}{k}\cdot\frac{1}{-\frac{\omega^2}{\omega_n^2} + j\cdot 2\cdot\xi\cdot\frac{\omega}{\omega_n} + 1} \tag{8-3}$$

$$= \frac{1}{k}\cdot\frac{1}{1 - (\omega/\omega_n)^2 + j\cdot 2\xi(\omega/\omega_n)}$$

即

$$H(j\omega) = \frac{1}{m(j\omega)^2 + cj\omega + k} = \frac{1/k}{1 - (\omega/\omega_n)^2 + j2\xi(\omega/\omega_n)} \tag{8-4}$$

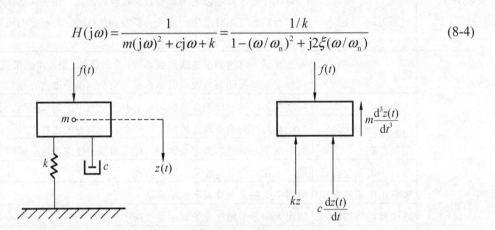

图 8.3　力作用在质量块上的单自由度系统

当激振力 $f(t) = F_0\sin\omega t$ 时，系统稳态时的频率响应函数的幅频特性 $A(j\omega)$ 和相频特性 $\varphi(j\omega)$ 分别为

$$\begin{cases} A(j\omega) = \frac{1}{k}\cdot\frac{1}{\sqrt{\left[1 - (\omega/\omega_n)^2\right]^2 + 4\xi^2(\omega/\omega_n)^2}} \\ \varphi(j\omega) = -\arctan\frac{2\xi(\omega/\omega_n)}{1 - (\omega/\omega_n)^2} \end{cases} \tag{8-5}$$

式中：ω 为激振力频率；ω_n 为系统的固有频率，$\omega_n = \sqrt{k/m}$；ξ 为系统的阻尼率，$\xi = c/2\sqrt{km}$。

系统的幅频和相频特性曲线如图 8.4 所示。在幅频曲线上幅值最大处的频率称为位移共振频率，它和系统的固有频率的关系为

$$\omega_r = \omega_n\sqrt{1 - 2\xi^2} \tag{8-6}$$

显然，随着阻尼的增加，共振峰向原点移动；当无阻尼时，位移共振频率 ω_r 即为固有频率 ω_n；当系统的阻尼率 ξ 很小时，位移共振频率 ω_r 接近系统的固有频率 ω_n，可用作 ω_n 的估计值。

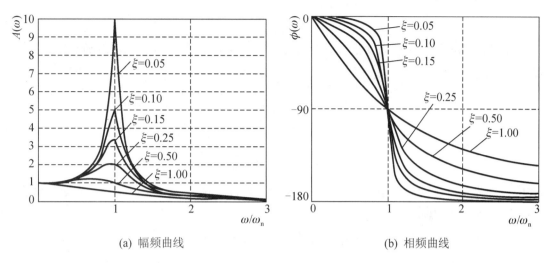

(a) 幅频曲线　　　　　　　　　　　(b) 相频曲线

图 8.4　二阶系统的幅频和相频曲线

由相频图可以看出，不论系统的阻尼率为多少，在 ω/ω_r-1 时位移始终落后于激振力 $90°$，此现象称为相位共振。

相位共振现象可用于系统固有频率的测量。当系统阻尼不为零时，位移共振频率 ω_r 不易测准。但由于系统的相频特性总是滞后 $90°$，同时，相频曲线变化陡峭，频率稍有变化，相位就偏离 $90°$，故用相频特性来确定固有频率比较准确。同时，要测量较准确的稳态振幅，需要在共振点停留一定的时间，这往往容易损坏设备。而通过扫频，在共振点处即使振幅没有明显的增长，而相位也陡峭地越过 $90°$，因此，利用相频测量更有意义。

由基础运动所引起的受迫振动在大多数情况下，振动系统的受迫振动是由基础运动所引起的，如道路的不平度引起的车辆垂直振动，如图 8.5(a)所示。

设基础的绝对位移为 Z_1，质量 m 的绝对位移为 Z_0，质量块相对于基础的位移为 $Z_{01}=Z_0-Z_1$，如图 8.5(c)所示的力学模型可用牛顿第二定律得到，即

$$m\frac{d^2Z_0}{dt^2}+c\frac{d(Z_0-Z_1)}{dt}+k(Z_0-Z_1)=0 \tag{8-7}$$

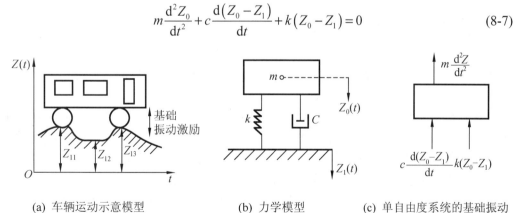

(a) 车辆运动示意模型　　　(b) 力学模型　　　(c) 单自由度系统的基础振动

图 8.5　车辆运动时受地面不平度激励而产生的垂直振动模型

假设 $Z_1(t)$ 是正弦变化的，即 $Z_1(t)=Z_1\sin\omega t$，式(8-7)又可写为

$$m\frac{\mathrm{d}^2 Z_0}{\mathrm{d}t^2} + c\frac{\mathrm{d}Z_0}{\mathrm{d}t} + kZ_0 = m\omega^2 Z_1 \sin\omega t \tag{8-8}$$

对式(8-8)进行拉普拉斯变换，并令 $s=\mathrm{j}\omega$，可得系统的幅频特性和相频特性表达式，即

$$\begin{cases} A(\mathrm{j}\omega) = \dfrac{1}{k}\cdot\dfrac{(\omega/\omega_\mathrm{n})^2}{\sqrt{\left[1-(\omega/\omega_\mathrm{n})^2\right]^2 + 4\xi^2(\omega/\omega_\mathrm{n})^2}} \\[4mm] \varphi(\mathrm{j}\omega) = -\arctan\dfrac{2\xi(\omega/\omega_\mathrm{n})}{1-(\omega/\omega_\mathrm{n})^2} \end{cases} \tag{8-9}$$

式中：ω 为基础运动的角频率；ω_n 为振动系统的固有频率，$\omega_\mathrm{n} = \sqrt{k/m}$；$\xi$ 为振动系统的阻尼率，$\xi = c/2\sqrt{km}$。

由式(8-9)绘制的系统幅频和相频特性曲线如图 8.6 所示。

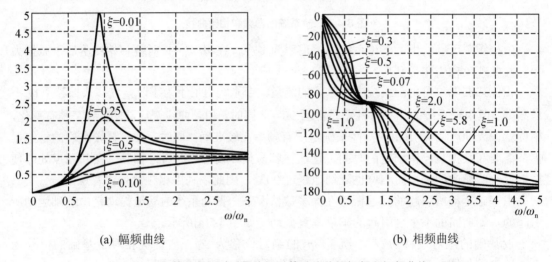

(a) 幅频曲线　　　　　　　　　　　　　　(b) 相频曲线

图 8.6　基础激振时质量块相对基础位移的幅频和相频曲线

8.2.3　多自由度系统振动

严格来讲，工程实际中的机械系统都应视为无穷多个自由度的振动系统，因为它们是连续体，其质量和刚度都是连续分布的。但是，根据所研究问题的具体情况，常可以将它们简化为一个多自由度振动系统。

多自由度系统的振动方程式一般是相互耦合的常微分方程组，通过坐标变换，可以将系统的振动方程变成一组相互独立的二阶常微分方程组，其中每一个方程式可以独立求解。

由于利用模态分析理论将多自由度系统的运动简化为对若干单自由度系统的运动分析。因此多自由度振动系统就存在若干个固有频率、阻尼率、当量刚度、当量质量等参数，此外还有一个特定参数——主振型。所谓主振型就是在系统固有频率下，系统各点的位移响应彼此之间保持着固有的确定关系。一个二自由度系统的主振型图如图 8.7 所示。

应当注意，对于多自由度系统，有 n 个自由度，就有 n 阶固有频率、n 个主振型和 $n-1$ 个节点(节点为系统中振幅为零的点，实际结构往往是节线或节面)。

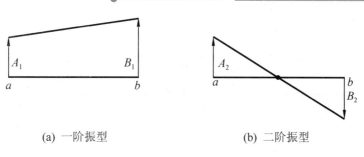

(a) 一阶振型　　　　　　　　　(b) 二阶振型

图 8.7　二自由度系统振型举例

8.2.4　机械阻抗的概念

机械阻抗是在机械结构的动力分析中被广泛应用的一种理论分析与试验测试相结合的动态分析方法。常定义为线性动力学系统在各种激励的情况下，在频域内激励与响应之比，即

$$K(j\omega) = \frac{F(j\omega)}{Y(j\omega)} \tag{8-10}$$

而系统的传递函数，频率响应函数为

$$H(j\omega) = \frac{Y(j\omega)}{F(j\omega)} \tag{8-11}$$

因此，机械阻抗即为系统传递函数的倒数。当激励为正弦时，为系统频率响应函数的倒数。机械阻抗的倒数即为频率响应，又称为机械导纳。

对于线性振动系统，设激振力为 $f(t) = F_0 e^{j\omega t}$，根据线性系统的频率响应特性，系统响应的振幅为 F_0 的 $A(j\omega)$ 倍，相位差为 $\varphi(j\omega)$，它们都是 ω 的函数。

根据不同的响应量，机械阻抗的表达式形式分别为以下六种。

(1) 位移阻抗 $K_D(\omega)$，又称动刚度：

$$K_D(\omega) = \frac{F(j\omega)}{Y(j\omega)} = \frac{F_0}{Y_0} \cdot e^{j\varphi(\omega)} \tag{8-12}$$

(2) 速度阻抗 $Z_v(\omega)$，又称机械阻抗：

$$Z_v(\omega) = \frac{F(j\omega)}{\dot{Y}(j\omega)} = \frac{F(j\omega)}{V(j\omega)} = \frac{F_0}{Y_0\omega} \cdot e^{j\left[\varphi(\omega)-\frac{\pi}{2}\right]} \tag{8-13}$$

(3) 加速度阻抗 $Z_a(\omega)$，又称表观质量：

$$Z_a(\omega) = \frac{F(j\omega)}{\ddot{Y}(j\omega)} = \frac{F(j\omega)}{A(j\omega)} = \frac{F_0}{Y_0\omega^2} \cdot e^{j[\varphi(\omega)-\pi]} \tag{8-14}$$

(4) 位移导纳 $W(\omega)$，又称动柔度：

$$W(\omega) = \frac{Y(j\omega)}{F(j\omega)} = \frac{Y_0}{F_0\omega} \cdot e^{-j\varphi(\omega)} \tag{8-15}$$

(5) 速度导纳 $B(\omega)$，又称机械导纳：

$$B(\omega) = \frac{\dot{Y}(j\omega)}{F(j\omega)} = \frac{V(j\omega)}{F(j\omega)} = \frac{Y_0\omega}{F_0} \cdot e^{-j\varphi\left(\omega-\frac{\pi}{2}\right)} \tag{8-16}$$

(6) 加速度导纳 $J(\omega)$，又称惯性率：

$$J(\omega) = \frac{\dot{Y}(\mathrm{j}\omega)}{F(\mathrm{j}\omega)} = \frac{A(\mathrm{j}\omega)}{F(\mathrm{j}\omega)} = \frac{Y_0\omega^2}{F_0} \cdot \mathrm{e}^{-\mathrm{j}\varphi(\omega-\pi)} \tag{8-17}$$

以上六种表达式统称机械阻抗数据，六种表达式是等效的。实际工程中采用哪一种表达形式，原则上可以任意选择，但往往取决于测试仪器条件或结构的特殊性等应用条件。另外，由于激振点和响应测量点的位置及方向不同，上述机械阻抗数据的数值也将不同，因此，在使用时应指明它们的位置和方向。

8.3 振动的激励

在振动测量中，在很多场合需运用激振设备使被测试的机械结构产生振动，然后进行振动测量。例如：

(1) 研究结构的动态特性，确定结构模态参数，如固有频率、振型、动刚度、阻尼等；

(2) 产品环境试验，即一些机电产品在一定振动环境下进行的耐振试验，以便检验产品性能及寿命情况等；

(3) 拾振器及测振系统的校准试验。在这些场合，激振设备都是不可缺少的设备。

8.3.1 激振的方式

振动的激励方式通常有稳态正弦激振、随机激振和瞬态激振三种。

1. 稳态正弦激振

稳态正弦激振又称简谐激振，它是借助于激振设备对被测对象施加一个频率可控的简谐激振力。它的优点是激振功率大、信噪比高、能保证响应测试的精度。因而是一种应用最为普遍的激振方法。

其工作原理就是对被测对象施加一个稳定的单一频率为 ω 的正弦激振力，即 $f(t)=F_0\sin\omega t$，该频率是可调的。在一定频段内对被测系统进行逐点的给定频率的正弦激励的过程称做扫描。稳定正弦激振方法优点是设备通用，可靠性较高；缺点是需要较长的时间，因为系统达到稳态需要一定的时间，特别当系统阻尼较小时，要有足够的响应时间。因此，扫频的范围有限，所以此方法也称为窄带激振技术。

在进行稳态正弦激振时，一般进行扫频激振，通过扫频激振获得系统的大概特性，而在靠近固有频率的重要频段再进行稳态正弦激振获取严格的动态特性。

随着电子技术的迅猛发展，以小型计算机和快速傅里叶变换为核心的谱分析仪和数据处理器在"实时"能力、分析精度、频率分辨力、分析功能等方面提高很快，而且价格也越来越便宜，因此各种宽带激振的技术也越来越受到重视。

2. 随机激振

随机激振一般用白噪声或伪随机信号发生器作为信号源，这是一种带宽激振方法。白噪声发生器能产生连续的随机信号，其自相关函数在 $\tau=0$ 处会形成陡峭的峰，当偏离时，自相关函数很快衰减，其自功率谱密度函数也接近为常值。当白噪声通过功放并控制激振器时，由于功放和激振器的通频带是有限的，所以实际的激振力频率不再在整个频率域中保持常数，但仍可以激起被激对象在一定频率范围内的随机振动。根据式(3-62)，可获得系统的频率响应函数关系式：

$$S_{xy}(\mathrm{j}f) = H(\mathrm{j}f)S_x(\mathrm{j}f) \tag{8-18}$$

式中：$S_{xy}(\mathrm{j}f)$为被测系统的输出/输入信号的互谱函数；$S_x(\mathrm{j}f)$为输入信号的自谱密度函数；$H(\mathrm{j}f)$为计算得到系统得频率响应。

工程上有时希望能重复试验，就用伪随机信号或计算机产生伪随机码作为随机激振信号。随机激振测试系统具有快速甚至实时测试的优点，但它所用的设备较复杂，价格也较昂贵。

3. 瞬态激振

瞬态激振给被测系统提供的激励信号是一种瞬态信号，它属于一种宽频带激励，即一次激励，可同时给系统提供频带内各个频率成分的能量使系统产生相应频带内的频率响应。因此，它是一种快速测试方法。同时由于测试设备简单，灵活性大，故常在生产现场使用。目前常用的瞬态激振方法有快速正弦扫描、脉冲锤击和阶跃松弛激励等方法。

1) 快速正弦扫描激振

使正弦激励信号在所需的频率范围内作快速扫描(在数秒内完成)，激振信号频率在扫描周期 T 内成线性增加，而幅值保持恒定。扫描信号的频谱曲线几乎是一根平滑的曲线，如图 8.8 所示，从而能达到宽频带激励的目的。

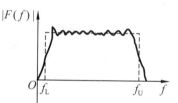

图 8.8　快速正弦扫描信号及其频谱

正弦快速扫描信号的函数形式为

$$F(t) = F_0 \sin 2\pi(at + b)t \tag{8-19}$$

由式(8-19)可得其频率为

$$f = at + b \tag{8-20}$$

由式(8-20)可知，频率与时间呈线性关系。而对于激振信号的可控参数有幅值 F_0、扫描周期 T 和频率上、下限 f_U，f_L，这些参数和扫描频率参数 a，b 的关系为

$$a = \frac{f_U - f_L}{T}, b = f_L \tag{8-21}$$

快速正弦扫描的频率除了按线性规律变化外也可按对数规律变化。快速正弦扫描信号的频率具有宽频带的特点，能量集中在 $f_U \sim f_L$ 范围。

2) 脉冲激振

理想脉冲信号的频谱等于常数，即在无限频带内具有均匀的能量，这在物理上是无法实现的。实际的脉冲都有一定的宽度，其频谱范围一般与宽度成反比，改变脉冲的宽度，即可控制激振频率范围。

脉冲激振既可以由脉冲信号控制激振器实现，也可以用敲击锤对试件直接施加脉冲力。

敲击锤本身带有力传感器称力锤。脉冲宽度或激振频率范围，可以通过不同的锤头材料(橡胶、塑料、铝或钢等)来控制。力脉冲的幅值可以通过力锤本身的质量和配置来调节。

3) 阶跃激振

阶跃激振信号形如阶跃函数，也是一种瞬态激振方式。在试件激振点由一根刚度大、质量小的张力弦索经力传感器给试件以初始变形，然后突然切断弦索，即可产生阶跃激振力。阶跃激振的特点是激振频率范围较低(通常在0~30Hz)，一般适用于大型柔性结构。

8.3.2　激振设备

将所需的激振信号变为激振力施加到被测对象上的装置称为激振器。激振器应能在所要求的频率范围内，提供波形良好、幅值足够和稳定的交变力，在某些情况下还需提供定值的稳定力。交变力可使被测对象产生需要的振动，稳定力则使被测对象受到一定的预加载荷，以便消除间隙或模拟某种稳定力。常用的激振器有电动式、电磁式和电液式三种。

1. 电动式激振器

电动式激振器按其磁场的形成方法可分为永磁式和激磁式两种。前者用于小型激振器，后者多用于振动台上。

电动式激振器的结构如图8.9所示。其工作原理是：驱动线圈7固定安装在顶杆4上，并由支撑弹簧片组1支撑在壳体2中，驱动线圈7正好位于磁极5与铁心6的气隙中。驱动线圈7中通入经功率放大后的交变电流i，根据磁场中载流体受力的原理，驱动线圈将受到与电流i成正比的电动力的作用，此力通过顶杆传到试件上，便是激振力。应该指出，由顶杆施加到试件上的激振力并不等于驱动线圈所受到的电动力，而是等于电动力和激振器运动部件的弹簧力、阻尼力和惯性力的矢量差。力传递比(电动力与激振力之比)与激振器运动部件的质量、刚度、阻尼和试件本身的质量等有关，它是频率的函数。只有当激振器运动部件的质量与试件的质量相比可忽略不计，且激振器与试件连接刚性好、顶杆系统的刚性也很好时，才可认为电动力等于激振力。最好使顶杆通过一个力传感器来激励试件，以便通过它能精确地测出激振力的大小和相位。

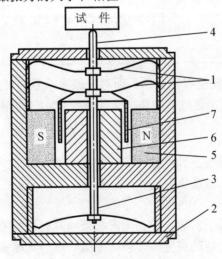

图8.9　电动式激振器

1—弹簧片组；2—壳体；3—心杆；4—顶杆；5—永久磁铁；6—铁心；7—驱动线圈

电动激振器主要用来对试件进行绝对激振，因而在激振时，应让激振器壳体在空间基本保持静止，使激振器的能量尽量用在对试件的激振上。如图 8.10 所示的激振器安装方法能满足上述要求。在进行较高频率的激振时，其安装方法如图 8.10(a)所示。在进行低频激振时，应将激振器刚性地安装在地面或刚性很好的支架上，如图 8.10(b)所示，并让安装支架的固有频率比激振频率高 3 倍以上。当做水平绝对激振时，为了产生一定的预加载荷，激振器应水平悬挂，悬挂弹簧应与激振器的水平方向垂直的垂线间倾斜 θ 角，安装方法如图 8.10(c)所示。

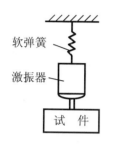  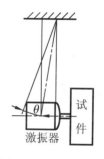

(a) 高频激振时的安装方法　　(b) 水平绝对激振时的安装方法　　(c) 较低频激振时的安装方法

图 8.10　绝对激振时激振器的安装

2. 电磁式激振器

电磁式激振器是直接利用电磁力作为激振力，具有体积小、质量小、激振力大的特点，属于非接触式激振，其结构如图 8.11 所示。励磁线圈 3 包括一组直流线圈和一组交流线圈，用力检测线圈 4 检测激振力，用位移传感器 6 测量激振器与衔铁之间的相对位移。当电流通过励磁线圈时，便产生相应的磁通，从而在铁心和衔铁之间产生电磁力。若铁心和衔铁分别固定在被测对象的两个部位上，便可实现两者之间无接触的相对激振。

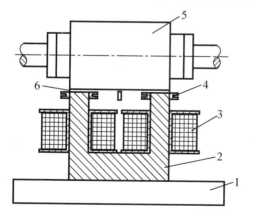 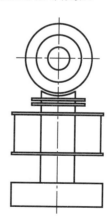

图 8.11　电磁激振器

1—底座；2—铁心；3—励磁线圈；4—力检测线圈；5—被测对象；6—电容位移传感器

电磁激振器由通入线圈中的交变电流产生交变磁场，而被测对象作为衔铁，在交变磁场作用下产生振动。由于电磁铁与衔铁之间的作用力 $F(t)$ 只会是吸力，而无斥力，为了形成往复的正弦激励，应该在其间施加一恒定的预载荷吸力 F_0，然后才能叠加上一个交变的

谐波力 $f(t)$，其关系为

$$F(t) = F_0 + f(t) \tag{8-22}$$

为此，通入线圈中的电流 $I(t)$ 也应该由直流 I_0 与交流 $i(t)$ 两部分组成，即

$$I(t) = I_0 + i(t) \tag{8-23}$$

式中：$i(t) = A_i \sin(\omega t)$。再由电磁理论可知，电磁铁所产生的磁力正比于所通过电流值的平方，即

$$F(t) = K_b I(t)^2 = K_b \left[I_0^2 + 2I_0 A_i \sin(\omega t) + A_i^2 \sin(\omega t)^2 \right] \tag{8-24}$$

式中：K_b 为比例系数，与电磁铁的尺寸、结构、材料与气隙的大小有关。而当 A_i 远小于 I_0 的情况下。式(8-24)右边第三项可略，即

$$F(t) = K_b \left[I_0^2 + 2I_0 A_i \sin(\omega t) \right] \tag{8-25}$$

如果条件 $A_i \ll I_0$ 不成立，则将在激振力中引入二次谐波：

$$A_i^2 \sin(\omega t)^2 = \frac{1}{2} A_i^2 \left[1 - \cos(2\omega t) \right] \tag{8-26}$$

电磁激振器的特点是可以对旋转着的被测对象进行激振，它没有附加质量和刚度的影响，其激振频率上限为 500～800Hz。

根据以上分析可知，要产生激振力，只要给电磁铁一个幅值较小，频率变化的电流信号。

【例 8.1】 电磁激振器在磁力轴承的动态特性试验中的应用。

磁力轴承的悬浮激振试验应用了电磁激振器的原理。即磁力轴承定子为铁心，磁力轴承的转子为被吸对象。首先通过快速正弦扫描仪给出激励信号，此激励信号经功率放大器后使定子产生与转子之间的电磁吸力，即提供给磁力轴承的激励端一个直流预载荷 F_0(由直流电流 I_0 提供)，使磁力轴承稳定悬浮。再利用加法电路把正弦信号注入功率放大器输入端。根据电流和电磁力的近似线性关系可知，此正弦电流在转子上施加了一个正弦激振力，因此这种方法可以称为电流注入法。

图 8.12 所示为磁力轴承快速正弦扫描激振试验的系统框图，其中定子和转子分别为磁力轴承的定子和转子。

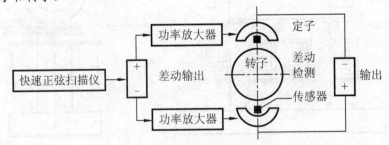

图 8.12 磁力轴承激振试验的系统框图

适当调整激励信号的幅值使系统各环节工作在线性范围内，用示波器观测传感器的输出电压，在不同的频率正弦激励下，记录传感器输出的振动幅值，如图 8.13 所示。再根据此位移-时间信号求得其频谱，找到发生最大振动时的频率值，该值就是系统的固有频率。

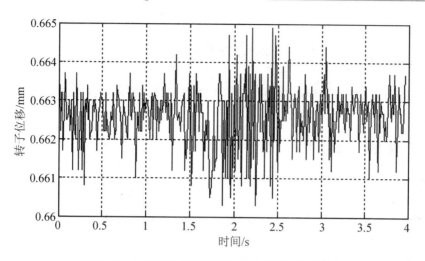

图 8.13　快速正弦扫描激振时，传感器的位移输出

3. 电液式激振器

电液式激振器的结构如图 8.14 所示。信号发生器所发出的信号经放大后，通过电液伺服阀 2(它由电动激振器、操纵阀和功率阀组成)控制油路，使活塞 3 产生往复运动，并用顶杆 1 激振被测对象。活塞端部输入具有一定油压的油，从而形成预压力 p_2，它可对被测对象施加预载。用力传感器 4 可测量交变压力 p_1(推动顶杆的力)和预压力 p_2。

电液式激振器的最大优点是激振力大，行程大和结构紧凑。但高频特性差，一般只适用于较低的频率范围约 100Hz。另外，它结构复杂，制造精度要求高，需要一套液压系统。因此，成本较高。

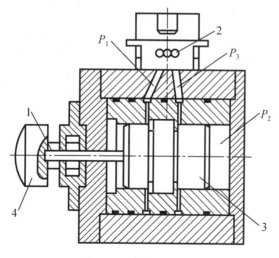

图 8.14　电液式激振器

1—顶杆；2—电液伺服阀；3—活塞；4—力传感器

8.4 测振传感器(拾振器)

目前,振动测试广泛采用电测法,因而在这里也只讨论电测法中常用的一些测振传感器。测振传感器通常也被称为拾振器。

8.4.1 常用测振传感器的类型

测量振动的方法按振动信号的转换方式可分为电测法、机械法和光学法。目前,应用最广的是电测法。

测振传感器是将被测对象的机械振动量(位移、速度或加速度)转换为与之有确定关系的电量(如电流、电压或电荷)的装置。

一般根据振动测量方法的力学原理分为:

(1) 惯性式(绝对式)拾振器;

(2) 相对式拾振器。

按照测量时拾振器是否和被测件接触分为:

(1) 接触式拾振器,又可分为相对式和绝对式两种,接触式相对拾振器又称为跟随式拾振器;

(2) 非接触式拾振器。

8.4.2 惯性式拾振器的工作原理

如图 8.15 所示为惯性式拾振器的力学模型,它是一个由弹性元件支持在壳体上的质量块所形成的具有黏性阻尼的单自由度系统。在测量时,拾振器的壳体固定在被测体上,拾振器内的质量-弹簧系统(即所谓的惯性系统)受基础运动的激励而产生受迫运动。拾振器的输出为质量块与壳体之间的相对运动对应的电信号。

由于惯性式拾振器内的惯性系统是由基础运动引起质量块的受迫振动。因此,可以用式(8-8)来表示其运动方程,其幅频特性和相频特性可用式(8-9)来表示,幅频和相频曲线如图 8.6 所示。

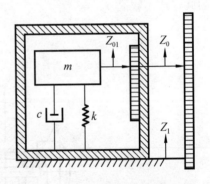

图 8.15 惯性式拾振器的力学模型

从式(8-9)可以看出:

(1) 对于幅频图,只有当 $\omega/\omega_n \ll 1$,即 $\omega \ll \omega_n$ 的情况下,$A(\omega) \approx 1$,满足测试幅值不失真的条件;当系统的阻尼率 ξ 接近 0.7 时,$A(\omega)$ 更接近直线。

(2) 对于相频图,当 $\omega \ll \omega_n$ 时,没有一条相频曲线其近似斜率为负的直线,故不能满足动态测试相位不失真的条件;而当 $\omega = (7 \sim 8)\omega_n$ 时,相位差接近 $-180°$,此时满足测试相位不失真的条件。

根据上述特性,在设计和使用惯性式拾振器时需要注意:

(1) 惯性式拾振器的固有频率较低,同时使系统的阻尼率在 0.6~0.8 之间,这样可以保证工作频率的下限 $\omega = 1.7\,\omega_{\mathrm{n}}$，幅值误差不超过 5%。

(2) 当使用 $\omega > (7 \sim 8)\,\omega_{\mathrm{n}}$ 进行相位测试时，需要用移相器获得相位信息。

上述惯性式拾振器的输入和输出均为位移量，若输入和输出均为速度，基础运动为绝对速度，输出为相对于壳体的相对速度，此时的拾振器为惯性式速度拾振器，则幅频特性为

$$A_{v}(\mathrm{j}\omega) = \frac{Z_{01} \cdot \omega}{Z_{1} \cdot \omega} = \frac{1}{k} \cdot \frac{(\omega/\omega_{\mathrm{n}})^{2}}{\sqrt{\left[1 - (\omega/\omega_{\mathrm{n}})^{2}\right]^{2} + 4\xi^{2}(\omega/\omega_{\mathrm{n}})^{2}}} \tag{8-27}$$

可以看出式(8-27)和式(8-9)中幅频特性一致，这说明惯性式位移拾振器和惯性式速度拾振器具有相同的幅频特性。若质量块相对于壳体为位移量，壳体的运动为绝对加速度，则惯性式拾振器为惯性式加速度拾振器，此时的幅频特性为

$$A_{a}(\mathrm{j}\omega) = \frac{Z_{01}}{Z_{1} \cdot \omega^{2}} = \frac{1}{k\omega_{\mathrm{n}}^{2}} \cdot \frac{1}{\sqrt{\left[1 - (\omega/\omega_{\mathrm{n}})^{2}\right]^{2} + 4\xi^{2}(\omega/\omega_{\mathrm{n}})^{2}}} \tag{8-28}$$

根据式(8-28)，可绘制其幅频曲线，如图 8.16 所示。

从图 8.16 中可以看出：

(1) 当 $\omega \ll \omega_{\mathrm{n}}$ 时，$A_{a}(\omega) \approx 1/\omega_{\mathrm{n}}^{2} =$ 常数。当 $\xi = 0.7$ 时，在幅值误差小于 5% 的情况下，拾振器的工作频率为 $\omega \leqslant 0.58\,\omega_{\mathrm{n}}$。

(2) 当 $\xi = 0.7$，$\omega = (0 \sim 0.58)\,\omega_{\mathrm{n}}$ 时，相频特性曲线近似为一过原点的斜直线，满足动态测试相位不失真的条件。而当 $\xi = 0.1$，$\omega < 0.22\,\omega_{\mathrm{n}}$ 时，相位滞后近似为 0，接近理想相位测试条件。

由于上述特性，惯性式加速度拾振器可用于宽带测振，如用于冲击、瞬态振动和随机振动的测量。

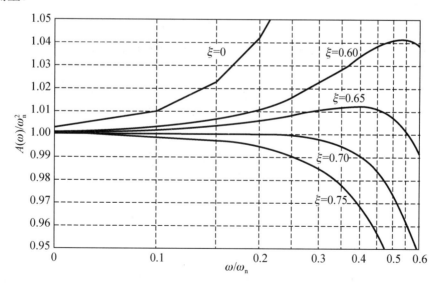

图 8.16　加速度拾振器的幅频特性

8.4.3　压电式加速度拾振器

压电式加速度拾振器是一种以压电材料为转换元件的装置，其电荷或电压的输出与加速度成正比。由于它具有结构简单、工作可靠、量程大、频带宽、体积小、质量小、精确度和灵敏度高等一系列优点。目前，它已成为振动测试技术中使用最广泛的一种拾振器。

常用的压电式加速度计的结构形式如图8.17所示。S是弹簧，M是质块，B是基座，P是压电元件，R是夹持环。图8.17(a)是中央安装压缩型，压电元件-质量块-弹簧系统装在圆形中心支柱上，支柱与基座连接。这种结构有高的共振频率。然而基座B与测试对象连接时，如果基座B有变形则将直接影响拾振器输出。此外，测试对象和环境温度变化将影响压电元件，并使预紧力发生变化，易引起温度漂移。图8.17(b)所示为环形剪切型，结构简单，能做成极小型、高共振频率的加速度计，环形质量块粘到装在中心支柱上的环形压电元件上。由于粘结剂会随温度增高而变软，因此最高工作温度受到限制。图8.17(c)为三角剪切形，压电元件由夹持环将其夹牢在三角形中心柱上。加速度计感受轴向振动时，压电元件承受切应力。这种结构对底座变形和温度变化有极好的隔离作用，有较高的共振频率和良好的线性。

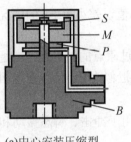 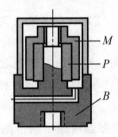 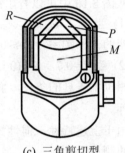

(a)中心安装压缩型　　　　(b) 环形剪切型　　　　(c) 三角剪切型

图 8.17　压电式加速度计

由于压电式加速度拾振器所输出的电信号是很微弱的电荷，而且拾振器本身又有很大的内阻，故输出的能量甚微。为此，常将输出信号先输入到高输入阻抗的前置放大器内，使该拾振器的高阻抗输出变换为低阻抗输出，然后，再将其输出的微弱信号进行放大、检波，最后驱动指示仪表或记录仪器，以便显示或记录测试的结果。一般前置放大器电路有两种形式，分述如下：

(1) 带电阻反馈的电压放大器，其输出电压与输入电压(即压电式加速度拾振器的输出)成正比。由于这种电路的灵敏度受连接电缆长度变化的影响，目前已较少使用。

(2) 带电容反馈的电荷放大器，其输出电压与输入电荷成正比。使用电荷放大器时，电缆长度变化的影响几乎可以忽略不计，因此电荷放大器的应用日益增多。

8.4.4　选择测振传感器的原则

在选择测振传感器类型时，要根据测试的要求，如要求测量位移、速度、加速度或力等；被测对象的振动特性，如待测的振动频率范围和估计的振幅范围等；以及使用环境情况，如环境温度、湿度和电磁干扰等；并结合各类测振传感器的各项性能指标综合进行考虑。

1. 采用位移传感器的情况

(1) 振动位移的幅值特别重要时，如不允许某振动部件在振动时碰撞其他的部件，即要求限幅；

(2) 测量振动位移幅值的部位正好是需要分析应力的部位；

(3) 测量低频振动时，由于其振动速度或振动加速度值均很小，因此不便采用速度传感器或加速度传感器进行测量。

2. 用速度传感器的情况

(1) 振动位移的幅值太小；

(2) 与声响有关的振动测量；

(3) 中频振动测量。

3. 采用加速度传感器的情况

(1) 高频振动测量；

(2) 对机器部件的受力、载荷或应力需作分析的场合。

8.5　振动信号分析仪器

从拾振器检测到的振动信号是时域信号，它只能给出振动强度的概念，只有经过频谱分析后，才可以估计其振动的根源和干扰，并用于故障诊断和分析。当用激振方法研究被测对象的动态特性时，需将检测到的振动信号和力信号联系起来，然后求出被测对象的幅值和相频特性，为此需选用合适的滤波技术和信号分析方法。振动信号处理仪器主要有振动计、频率分析仪、传递函数分析仪和综合分析仪。

1. 振动计

振动计是用来直接指示位移、速度、加速度等振动量的峰值、峰–峰值、平均值或方均根值的仪器，如图 8.18 和图 8.19 所示。它主要由积分、微分电路、放大器、电压检波器和表头组成。

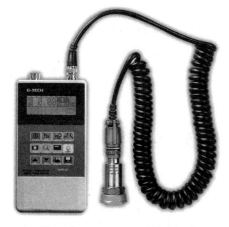

图 8.18　GT-3300 手持式振动计

图 8.19　BRUEL & KJAER 公司的振动计

振动计只能使人们获得振动的总强度而无法获得振动的其他方面信息，因而其使用范围有限。为了获得更多的信息，则应将振动信号进行频谱分析、相关分析和概率密度分析等。

2. 频率分析仪

频率分析仪也称"频谱仪"，是把振动信号的时间历程转换为频域描述的一种仪器，如图8.20所示。要分析产生振动的原因，研究振动对人类和其他结构的影响及研究结构的动态特性等，都要进行频率分析。频率分析仪的种类很多，按其工作原理可分为模拟式和数字式两大类。

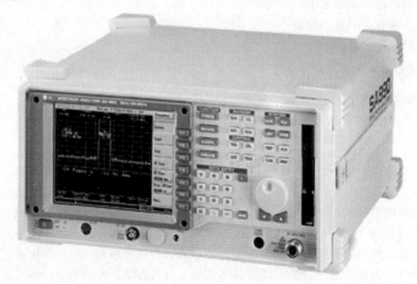

图 8.20 NS-30A 频谱分析仪

3. 频率特性与传递函数分析仪

由频率特性分析仪或传递函数分析仪为核心组成的测试系统，通常都采用稳态正弦激振法来测定机械结构的频率响应或机械阻抗等数据。

4. 数字信号处理系统

近年来，由于微电子技术和信号处理技术的迅速发展、快速傅里叶变换(FFT)算法的推广，在工程测试中，数字信号处理方法得到越来越广泛的应用，出现了各种各样的信号分析和数据处理仪器。这种具有高速控制环节和运算环节的实时数字信号处理系统和信号处理器，具有多种功能，因此又称为综合分析仪。

8.6 振动测试系统及数据处理实例

本节以汽车平顺性测试为例，介绍振动测试仪器的选择、测试系统组成、数据处理及平顺性评价。汽车平顺性是汽车在行驶过程中，乘客舒适性的一个重要指标。汽车平顺性就是避免汽车在行驶过程中所产生的振动和冲击使人感到不舒适、疲劳甚至损害健康，或使货物损坏的性能。汽车行驶平顺性的优劣直接关系到乘客的舒适性，并涉及汽车动力性和经济性的发挥，影响到零部件的使用寿命。

　　汽车振动主要是汽车行驶在不平路面上引起的。此外汽车运行时，发动机、传动系和轮胎等物体都在转动，这些转动也会引起汽车的振动。汽车的这种振动将由轮胎、悬架、坐垫等弹性、阻尼元件构成的振动系统传递到悬架支撑质量或人体，如图 8.21 所示。

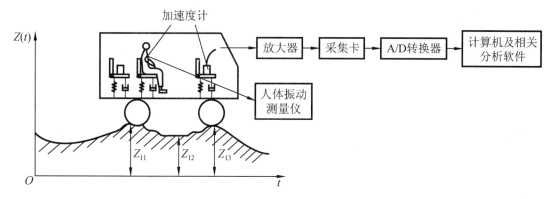

图 8.21　汽车平顺性测试系统框图

　　通过测定轮胎、悬架、坐垫的弹性特性(载荷与变形关系曲线)，可以求出在规定的载荷下，轮胎、悬架、坐垫的刚度。由加载、卸载曲线包围的面积，可以确定这些元件的阻尼。以上参数的测定可以用来分析新设计或改进汽车的平顺性，探索产生问题的原因，并找出结构参数对平顺性的影响。

　　在汽车运动过程中，各点的加速度自功率谱密度函数和加权加速度均方根值包括了系统振动特性的丰富信息，通过对它们的分析可以对汽车的平顺性做出一定的评价，如图 8.22 所示为汽车平顺性测试的过程。

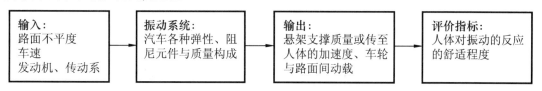

图 8.22　汽车的平顺性测试过程框图

1. 随机路谱输入试验及数据获取

　　按照国家标准 GB/T 4970—1996《汽车平顺性随机输入行驶试验方法》规定，在路面等级符合 GB/T 7031—1986《车辆振动输入路面平度表示方法》规定的 B 级沥青路面上进行试验。试验时，汽车在稳速段内稳住车速，然后以规定的车速匀速驶过试验路段，车速偏差小于试验车速的 4%。在进入试验路段时启动测试仪器以测试各测试部位的加速度时间历程，同时测量通过试验路段的时间以计算平均速度。驶出试验路段后关闭测试仪器。

　　主要测试驾驶人、副驾驶人坐椅上三方向(垂向、纵向和横向)加速度，辅助测试驾驶员坐椅下两滑轨中心点处三方向加速度。驾驶人坐椅测试部位的载荷为身高 1.70m、体重 65kg 的自然人。

　　试验情况为汽车分别以速度 40km/h、50km/h、60km/h、70km/h、80km/h 稳速行驶。直线行驶，乘客 5 人，额定胎压。汽车载荷接近额定最大装载质量。

　　该测试需要的测试仪器主要有加速度传感器、放大器、采集卡、人体振动测量仪、振动分析软件。选择这些仪器组成测试系统时，应注意以下几点：

　　(1) 测试仪器的性能应稳定可靠，测人-椅系统的频响为 0.1～100Hz。

　　(2) 压电式加速度传感器，采样频率 256Hz。传感器测得振动信号，通过电荷放大器放大。

　　(3) 采集卡的频响应高于 1000Hz。

　　(4) 人体振动测试仪的频率范围为 0.1～1000Hz，动态范围为 100～166dB，误差＜0.5dB。

　　图 8.23 所示为一组 40km/h 稳速直线行驶驾驶人坐椅三方向的加速度曲线。

　　取评价点各方向加速度信号各 4 组数据，将加速度传感器测得信号导入信号处理工具箱，再通过滤波器。由于驾驶人坐椅处的振动主要属于低频振动，可以用滤波器过滤掉高频干扰成分。为了提高频谱分析精度，计算自功率谱密度函数时可以加窗处理。最终可得驾驶人坐椅加速度自功率谱密度函数如图 8.24、图 8.25 和图 8.26 所示。

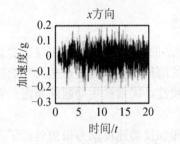 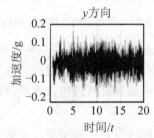 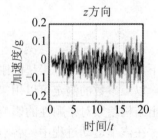

图 8.23　40km/h 稳速直线行驶驾驶人坐椅各方向的加速度曲线

2. 数据处理及平顺性评价

　　加权加速度方均根值是按振动方向，根据人体对振动频率的敏感程度而进行计算的，是人体振动评价指标。加权加速度均方根值的计算，首先要求计算测试部位各方向加速度自功率谱密度函数。计算自功率谱密度函数时，可以加窗处理。使用 Matlab 信号处理工具箱可以快速进行加速度自功率谱密度函数计算。

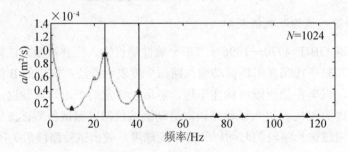

图 8.24　驾驶人坐椅横向加速度自功率谱密度函数

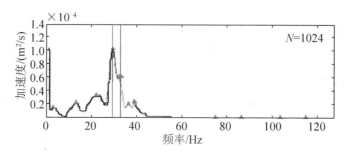

图 8.25　驾驶人坐椅纵向加速度自功率谱密度函数

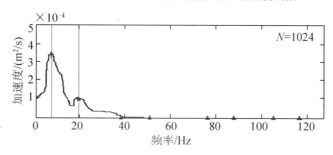

图 8.26　驾驶人坐椅垂向加速度自功率谱密度函数

以下是对 40km/h 稳速直线行驶驾驶人坐椅各方向的加速度自功率谱密度函数进行计算。首先将加速度信号导入信号处理工具箱,再选取滤波器。由于驾驶人坐椅处的振动主要属于低频振动,可以用滤波器过滤掉高频干扰成分。

为了提高频谱分析精度,计算自功率谱密度函数时可以加窗处理。不同的窗函数具有不同的主瓣宽度、最大旁瓣值和旁瓣滚降率。图 8.27 所示为使用归一化幅值和频率的矩形窗、汉宁窗的频谱特性图。从图中可以看出,汉宁窗和海明窗主瓣宽度比矩形窗增加了 1 倍。汉宁窗函数的旁瓣衰减速度较快,为 60 dB/10 oct,而矩形窗为 20 dB/10 oct。在此处选用汉宁窗可以在不太大的主瓣宽度内有效的抑制功率泄漏,使曲线皱波小而且平滑。但汉宁窗主瓣加宽,相当于分析带宽加宽,使频率分辨力下降。

加速度功率谱密度包含了振动的丰富信息。从图 8.26 可以看出两个峰值分别出现在 3.5Hz 和 10Hz,分别对应人体坐椅系统的垂向固有频率和动力总成在汽车的悬架上的固有振动频率。

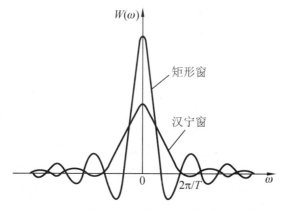

图 8.27　矩形窗、汉宁窗和海明窗归一化频谱特性图

对各方向加速度自功率谱密度函数，通过积分计算加权加速度方均根值为

$$a_w = \left[\int_{0.9}^{90} W^2(f) \cdot G_a(\text{j}) \mathrm{d}f \right]^{1/2}$$

式中，频率加权函数为

z 轴向：$W(f) = \begin{cases} 0.5\sqrt{f} & (0.9 < f \leqslant 4) \\ 1.0 & (4 < f \leqslant 8) \\ 8/f & (f > 8) \end{cases}$

x、y 轴向：$W(f) = \begin{cases} 1.0 & (0.9 < f \leqslant 2) \\ 2/f & f > 2 \end{cases}$

总加权加速度方均根值为

$$a_{wa} = \left[\left(1.4a_{xw}\right)^2 + \left(1.4a_{yw}\right)^2 + \left(a_{zw}\right)^2 \right]^{1/2}$$

加权振级为

$$L_{nw} = 20 \lg \left(a_w / a_0\right)$$

式中，参考加速度方均根 $a_0 = 10^{-6}\ \mathrm{m \cdot s^{-2}}$。

编程计算时速在 40km/h、50km/h、60km/h、70km/h、80km/h 下的加权加速度方均根及加权振级，如表 8-2 所示。

表 8-2　不同车速下驾驶人坐椅处加权加速度方均根及振级

速度/(km/h)	40	50	60	70	80
a_{nw}	0.0951	0.2251	0.3551	0.4551	0.5651
L_{nw}	99.563	107.047	111.007	113.162	115.042
主观感觉	没有不舒服	没有不舒服	有一些不舒服	有一些不舒服	相当不舒服

通过对不同车速下测试并计算得到的驾驶人坐椅处加权加速度均方根及加权振级，可以对车辆的平顺性和振动对人体的舒服和健康影响作出一定评价。对该被评价的车辆在速度超过 60km/h 时开始出现不舒服感觉。在 80km/h 驾驶人主观感觉为相当不舒服。

8.7　机械结构的固有频率和阻尼率估计

机械振动系统的主要参数是其固有频率、阻尼率和振型等。实际上，一个机械振动系统的模型都是多自由度的，它有多个固有频率，在幅频特性曲线上会出现许多"共振峰"。一般来讲，系统的这些特性与激振方式、测点布置无关。在多自由度线性振动系统中，任何一点的振动响应可认为是反映该系统特性的多个单自由度系统响应的叠加。对于小阻尼系统，在某个固有频率附近与其相对应的该阶振动响应特别大，以至于可以忽略其他各阶振动响应，并以该阶振动响应来代替系统的总响应。因此，本节只讨论单自由度振动参数——固有频率和阻尼率的估计。该方法可用来近似地估计多自由度振动系统的固有频率、阻尼率。

至于多自由度系统的振型则依靠布置多个测点并在系统的各个固有频率条件下来测定各点的振动而后确定。下面来详细介绍单自由系统的固有频率和阻尼率的测定。

下面着重介绍利用共振法对机械结构的固有频率和阻尼率的估计。

8.7.1 总幅值法

这种方法又称最大幅值法，它仅利用共振峰附近的一段幅频特性曲线来进行估计。根据所用的测试手段和所得记录，可以用下述方法分别进行参数估计。

1) 固有频率 ω_n 的估计

由式(8-6)可知，ω_r 对应的峰值为位移共振频率。若 $\xi < 0.1$，$\omega_r = \omega_n$；若 ξ 不小于 0.1 或要精确估计 ω_n 值，需要先估计 ξ 的值。

如果采用速度导纳的幅频特性曲线，则峰值对应的频率恰好等于固有频率。

2) 阻尼率 ξ 的估计

令 $\omega = \omega_r = \omega_n \sqrt{1 - 2\xi^2}$，代入式(8-5)中，则

$$
\begin{aligned}
A(\mathrm{j}\omega) &= \frac{1}{k} \cdot \frac{1}{\sqrt{\left[1 - (\omega/\omega_n)^2\right]^2 + 4\xi^2 (\omega/\omega_n)^2}} \\
&= \frac{1}{k} \cdot \frac{1}{\sqrt{\left[1 - \left(\dfrac{\omega_n \sqrt{1 - 2\xi^2}}{\omega_n}\right)^2\right]^2 + 4\xi^2 \left(\dfrac{\omega_n \sqrt{1 - 2\xi^2}}{\omega_n}\right)^2}} \\
&= \frac{1}{k} \cdot \frac{1}{\sqrt{\left[1 - (1 - 2\xi^2)\right]^2 + 4\xi^2 (1 - 2\xi^2)}} = \frac{1}{k} \cdot \frac{1}{\sqrt{4\xi^4 + 4\xi^2 - 4\xi^4}} = \frac{1}{2\xi k}
\end{aligned}
\tag{8-29}
$$

即位移共振对应的幅频特性 $A(\mathrm{j}\omega_r)$ 为

$$
A(\mathrm{j}\omega_r) = \frac{1}{2\xi k}
\tag{8-30}
$$

若在 ω_n 附近取 $\omega_2 - \omega_1 = \Delta\omega$，$\omega_2 + \omega_1 = 2\omega_n$，且 $\Delta\omega$ 足够小，此时若 $\omega = \omega_1$，或 $\omega = \omega_2$，则

$$
\begin{aligned}
1 - \left(\frac{\omega}{\omega_n}\right)^2 &= \frac{(\omega_n + \omega)(\omega_n - \omega)}{\omega_n^2} = \frac{(\omega_n + \omega_2)(\omega_n - \omega_1)}{\omega_n^2} \\
&= \frac{\left(2\omega_n - \dfrac{\Delta\omega}{2}\right)\dfrac{\Delta\omega}{2}}{\omega_n^2} = \frac{\Delta\omega}{\omega_n} - \frac{\Delta\omega^2}{4\omega_n^2} \approx \frac{\Delta\omega}{\omega_n}
\end{aligned}
\tag{8-31}
$$

由于 ω 在 ω_n 附近，即 $\omega/\omega_n \to 1$，由式(8-5)可得

$$
A(\mathrm{j}\omega_{1,2}) = \frac{1}{k} \cdot \frac{1}{\sqrt{\left[1 - (\omega/\omega_n)^2\right]^2 + 4\xi^2 (\omega/\omega_n)^2}} = \frac{1}{k} \cdot \frac{1}{\sqrt{\left(\dfrac{\Delta\omega}{\omega_n}\right)^2 + 4\xi^2}}
\tag{8-32}
$$

同时

$$\frac{A(\mathrm{j}\omega_{1,2})}{A(\mathrm{j}\omega_r)} = \frac{\dfrac{1}{k}\cdot\dfrac{1}{\sqrt{\left(\dfrac{\Delta\omega}{\omega_\mathrm{n}}\right)^2 + 4\xi^2}}}{\dfrac{1}{2\xi k}} = \frac{2\xi}{\sqrt{\left(\dfrac{\Delta\omega}{\omega_\mathrm{n}}\right)^2 + 4\xi^2}} \tag{8-33}$$

若 $\dfrac{A(\mathrm{j}\omega_{1,2})}{A(\mathrm{j}\omega_r)} = \dfrac{1}{\sqrt{2}}$，则

$$\frac{A(\mathrm{j}\omega_{1,2})}{A(\mathrm{j}\omega_r)} = \frac{2\xi}{\sqrt{\left(\dfrac{\Delta\omega}{\omega_\mathrm{n}}\right)^2 + 4\xi^2}} = \frac{1}{\sqrt{2}} \tag{8-34}$$

解式(8-34)可得

$$\xi = \frac{\Delta\omega}{2\omega_\mathrm{n}} \tag{8-35}$$

将 $\omega/\omega_\mathrm{n} \to 1$，式(8-31)和式(8-35)代入式(8-5)得

$$\varphi(\mathrm{j}\omega) = -\arctan\frac{2\xi(\omega/\omega_\mathrm{n})}{1-(\omega/\omega_\mathrm{n})^2} \approx -\arctan\frac{2\cdot\dfrac{\Delta\omega}{2\omega_\mathrm{n}}\cdot 1}{\dfrac{\Delta\omega}{\omega_\mathrm{n}}} = -\arctan 1 = -45° \tag{8-36}$$

这样，在共振频率附件画一条距离 ω 轴为 $A(\omega_r)\big/\sqrt{2}$ 的水平线，并与幅频特性曲线相交于 a、b 两点。两点之间的频带宽度为 $\Delta\omega$，则 $\Delta\omega$ 除以 $2\omega_\mathrm{n}$ 就是所求的黏性阻尼率 ξ，如图 8.28 所示。

这种方法测量结果的可靠程度，在很大程度上取决于能否精确测到导纳的最大值。由于在共振频率附近，导纳随 ω 的变化是很急剧的，故很难精确测得导纳的最大值和最大值对应的频率 ω_r，因此用这种方法很难测得称精确的固有频率和阻尼率。

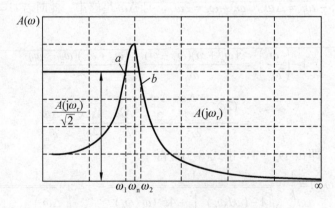

图 8.28 单自由度系统的幅频特性曲线

8.7.2　分量法

根据式(8-3)得位移导纳为

$$H(j\omega) = \frac{1}{(k-m\omega^2)+jc\omega} = \frac{(k-m\omega^2)-jc\omega}{(k-m\omega^2)^2+c^2\omega^2} \tag{8-37}$$

式(8-37)可分为实部和虚部两部分，实部分量 $\mathrm{Re}(j\omega)$ 与激振力同相，虚部分量 $\mathrm{Im}(j\omega)$ 与激振力正交。

$$\begin{cases} \mathrm{Re}(j\omega) = \dfrac{(k-m\omega^2)}{(k-m\omega^2)^2+c^2\omega^2} \\[4mm] \mathrm{Im}(j\omega) = \dfrac{-c\omega}{(k-m\omega^2)^2+c^2\omega^2} \end{cases} \tag{8-38}$$

对式(8-38)可化简为

$$\begin{aligned} \mathrm{Re}(j\omega) &= \frac{k-m\omega^2}{(k-m\omega^2)^2+c^2\omega^2} = \frac{k/m^2-\omega^2/m}{(k/m-\omega^2)^2+c^2\omega^2/m^2} \\[3mm] &= \frac{1}{k}\cdot\frac{k^2/m^2-k/m\,\omega^2}{(k/m-\omega^2)^2+4\cdot\dfrac{c}{2\sqrt{km}}\cdot\dfrac{c}{2\sqrt{km}}\cdot\omega^2\,k/m} \\[3mm] &= \frac{1}{k}\cdot\frac{\omega_n^4-\omega_n^2\omega^2}{(\omega_n^2-\omega^2)^2+4\xi^2\omega_n^2\omega^2} \\[3mm] &= \frac{1}{k}\cdot\frac{1-(\omega/\omega_n)^2}{\left[1-(\omega/\omega_n)^2\right]^2+4\xi^2(\omega/\omega_n)^2} \end{aligned} \tag{8-39}$$

$$\begin{aligned} \mathrm{Im}(j\omega) &= \frac{-c\omega}{(k-m\omega^2)^2+c^2\omega^2} = \frac{-c\omega/m^2}{(k/m-\omega^2)^2+c^2\omega^2/m^2} \\[3mm] &= \frac{1}{k}\cdot\frac{-kc\omega/m^2}{(k/m-\omega^2)^2+c^2\omega^2/m^2} \\[3mm] &= -\frac{2}{k}\cdot\frac{\sqrt{k/m}\cdot\dfrac{c}{2\sqrt{km}}\cdot k/m\cdot\omega}{(k/m-\omega^2)^2+4\cdot\dfrac{c}{2\sqrt{km}}\cdot\dfrac{c}{2\sqrt{km}}\cdot k/m\cdot\omega} \\[3mm] &= -\frac{2}{k}\cdot\frac{\omega_n\cdot\xi\cdot\omega_n^2\cdot\omega}{(\omega_n^2-\omega^2)^2+4\xi^2\omega_n^2\omega^2} \\[3mm] &= -\frac{2}{k}\cdot\frac{\xi(\omega/\omega_n)}{\left[1-(\omega/\omega_n)^2\right]^2+4\xi^2(\omega/\omega_n)^2} \end{aligned} \tag{8-40}$$

根据式(8-39)和式(8-40)绘制曲线，分别如图 8.29 和图 8.30 所示。

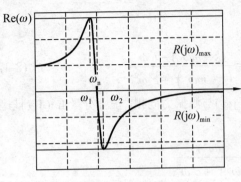

图 8.29　实部频率曲线

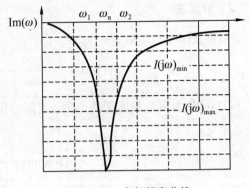

图 8.30　虚部频率曲线

分析实部频率曲线和虚部频率曲线图可知:

(1) 当 $\omega = \omega_n$ 时,　$\text{Re}(j\omega_n) = 0$;

(2) 当 $\omega = \omega_1 = \omega_n \sqrt{1 - 2\xi}$ 时实部具有最大值,当 $\omega = \omega_2 = \omega_n \sqrt{1 + 2\xi}$ 时,实部具有最小值,即

$$\left[\text{Re}(j\omega)\right]_{\max} = \frac{1}{4\xi(1 - \xi)k} \tag{8-41}$$

$$\left[\text{Re}(j\omega)\right]_{\min} = \frac{1}{4\xi(1 + \xi)k} \tag{8-42}$$

且

$$\xi = \frac{\omega_2 - \omega_1}{2\omega_n} \tag{8-43}$$

(3) 当 $\omega = \omega_n \dfrac{1}{\sqrt{3}} \sqrt{1 - 2\xi^2 + 2\sqrt{1 - \xi^2 + \xi^4}} \approx \omega_n \sqrt{1 - \xi^2}$ 时,$\text{Im}(j\omega)$ 具有极小值,即

$$\left[\text{Im}(j\omega)\right]_{\min} = -\frac{1}{2\xi k} \tag{8-44}$$

此时的频率比位移共振频率 ω_r 更接近 ω_n。

(4) 当 $\text{Im}(\omega_1) = \text{Im}(\omega_2) = \dfrac{1}{2}\left[\text{Im}(j\omega)\right]_{\min} = -\dfrac{1}{4\xi k}$ 时,ω_1、ω_2 满足式(8-43)。

因此,可按如下方法求模态的固有频率和阻尼率:

(1) 在同相分量曲线中,满足实部为零的频率为固有频率;在正交分量曲线中,峰值对应的频率为固有频率。

(2) 采用式(8-43)求系统的阻尼率。其中 ω_2 和 ω_1 分别是同相分量曲线中极大值和极小值对应的频率;正交分量曲线中 ω_2 和 ω_1 则是与极小值的正交分量对应的频率。

应当看到,在一般情况下,一个单自由度系统在共振频率附近,位移导纳的主要部分是正交分量,而同相分量接近于零。远离共振频率时则相反,正交分量甚小,同相分量则是主要部分。因而与总幅值法相比,根据正交分量来确定模态参数可以较小非共振模态的影响。

8.7.3　矢量法

这种方法是利用位移导纳的奈奎斯特图来分析的。在复平面中,根据式(8-39)和式(8-40)有

$$\left[\operatorname{Re}(\omega)\right]^2 + \left[\operatorname{Im}(\omega) + \frac{1}{2c\omega}\right]^2 = \frac{1}{4c^2\omega^2} \tag{8-45}$$

当 $\omega \to \omega_n$ 时,上式趋近于一个圆心在$(0,\ -\dfrac{1}{2c\omega_n})$、半径为 $\dfrac{1}{2c\omega_n}$ 的圆。就是说,在 ω_n 附近,位移导纳矢量的轨迹是一个圆,如图 8.31 所示。圆的直径 $\dfrac{1}{c\omega_n} = \dfrac{1}{2\xi k} = A(\omega_r)$。分析表明,在固有频率处曲线弧长对频率的变化率 $ds/d\omega$ 最大。在单自由度系统中,曲线与虚轴的交点 M 对应着 $\omega = \omega_n$。显然,与 M 垂直的直径 ab 两端对应的 ω_1 和 ω_2 满足 $\xi = \dfrac{\omega_2 - \omega_1}{2\omega_n}$,因为 $A(\omega_1) = A(\omega_2) = \dfrac{OM}{\sqrt{2}} = \dfrac{A(\omega_r)}{\sqrt{2}}$。

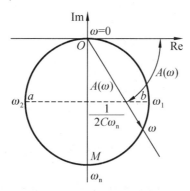

图 8.31　单自由度系统的位移导纳的奈奎斯特图

对于多自由度系统,位移导纳的奈奎斯特图是一条多环曲线。常常一个环代表一个模态。根据上面关于单自由度系统的基本结论,可以在多环曲线中确定有关模态的参数,如图 8.32 所示,其过程大致如下:首先,按照弧长对频率的变化率最大的条件确定固有频率 ω_n。如果测试时,ω 按等差级数取值,那么在 ω_n 附近,曲线上的点将是最疏的。如果按此确定 ω_n 的位置有困难,可考虑取最大正交分量或最大矢量所对应的频率来作为固有频率 ω_n。其次,在 ω_n 附近作曲线的密切圆。此圆就是该模态所对应的模态圆。其直径 $O'M$ 即为该模态的 $A(\omega_r)$,而 $O'O$ 相当于其他非共振模态的响应。最后,过圆心作 $O'M$ 的垂线交曲线于 a,b 两点,a,b 两点对应的频率即为 ω_1 和 ω_2。按式(8-43)可计算出 ξ 值。

如果在该环上不能得到 a,b 两点,可以在 M 点左右取 ω_1' 和 ω_2' 两点,如图 8.33 所示,并用式(8-46)来计算 ξ 值。

$$\xi = \frac{(\omega_2')^2 - (\omega_1')^2}{2\omega_n^2} \cdot \frac{1}{\tan\dfrac{\varphi_1}{2} + \tan\dfrac{\varphi_2}{2}} \tag{8-46}$$

矢量法的优点在于它可以排除非共振模态响应。其次，它利用共振频率附近一般频率范围的测量数据的总体(取密切圆)来确定有关参数，因而消除了无法确切测得最大值而带来的误差。这种误差是前两种方法所固有的。

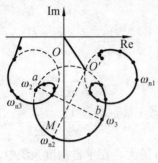

图 8.32　多自由度系统的位移导纳的奈奎斯特图　　　　图 8.33　在 M 点左右任取两点求 ξ 值

小　结

振动测试内容一般可分为两类。一类是测量设备在运行时的振动参量，其目的是了解被测对象的振动状态、评定振动等级和寻找振源，以及进行监测、识别、诊断和预估；另一类是对设备或部件进行某种激励，对其产生受迫振动，以便求得被测对象的振动力学参量或动态性能，如固有频率、阻尼、阻抗、响应和模态等。这类测试又可分为振动环境模拟试验、机械阻抗试验和频率响应试验等。本章主要包括：

(1) 振动的基本知识，振动的分类，单自由度系统的受迫振动，多自由度系统振动，机械阻抗的概念。

(2) 振动的激励激振的方式：稳态正弦激振、随机激振和瞬态激振。激振设备：电动式激振器、电磁式激振器和电液式激振器。

(3) 测振传感器：惯性式拾振器和压电式加速度拾振器；二者的工作原理。选择测振传感器的原则。

(4) 振动信号分析仪器：振动计，频率分析仪，频率特性分析仪或传递函数分析仪，数字信号分析仪。

(5) 机械结构的特征参数固有频率和阻尼率计算方法：估计总幅值法，分量法和矢量法。

习　题

8-1　在机械结构动态特性测试中，首先要激励被测对象，让其按测试的要求作_____振动或_____振动。

8-2　按振动的性质不同，测振的不同类型有对_____测量、对_____测量和对_____测量，按测振所用基准不同又分为_____和_____。

8-3　用共振法进行固有频率和阻尼率测定有(1)_____进行估计；(2)_____进行估

计；(3)_____进行估计。

8-4　电磁式激振器除了输入交流激振电流外，还要加上一个较大的直流电流，其目的是_____和_____。

8-5　测振动的磁电式速度计所测试的参数是振动物体的_____，此种传感器的输出电量形式是_____。

8-6　电压式加速度计采用_____为前置放大器时，其输出的灵敏度与联结加速度计的导线长度基本无关。

8-7　图 8.34 为一测振传感器输出的稳态电压 e 和被测振动的位移(z)、速度($\dot{z}$)、加速度($\ddot{z}$)的幅值比与频率的函数关系曲线。试问，该传感器可能作为何种传感器使用？并在图上标出可测量信号的频率范围。

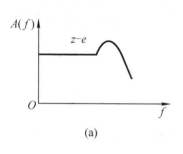
(a)

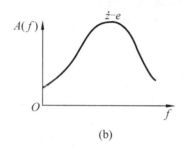
(b)

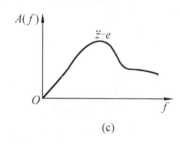
(c)

图 8.34　习题 8-8

8-8　若要测量 40～50Hz 范围内的正弦振动信号，应选用速度计还是加速度计？为什么？如用速度计测，则输出/输入信号幅值比是增大还是减小？为什么？用加速度计呢？

8-9　加速度传感器的固有频率为 2.2kHz，阻尼为临界值的 55%，当输入 1.3kHz 的正弦信号时，输出的振幅误差和相位差各是多少？

第 9 章

现代测试技术

 教学提示

本章主要介绍现代测试技术的基本概念，现代测试系统的构成，现代测试技术的发展。

 教学要求

扩展学生的视野，重点了解现代测试系统的基本特点、发展趋势、应用要求。

9.1　概　　述

所谓测试就是用仪器测出某个物理量值的过程。随着相关技术的发展，测试系统由对纯物理量的测量发展成对被测量特征与属性的全面测定和分析。这就要求测试仪器与系统中的信号获取、信号调理、数据采集、分析处理、计算控制、结果评定和输出表述融为一体；要求测试实现现场化、远地化、网络化；要求测试诊断、维护修理、分析处理、控制管理一体化。

随着计算机技术、大规模集成电路技术和通信技术的飞速发展，传感器技术、通信技术和计算机技术这三大技术的结合，使测试技术领域发生了巨大的变化。现代测试系统日趋小型化、自动化、高精度、高稳定性、高可靠性。另外，测试系统的研制投入也越来越大，研制周期越来越短。

人类的测试能力是测试硬件的效率与测试软件效率的乘积。这表明测试硬件和测试软件对于测试能力的同等重要性，纠正了提高测试能力由测试硬件决定的片面观念。

由于测试是为了获得有用信息，而现今被人们认识的信息有三种：

(1) 确定性信息，指人们可以据此总结出确定型因果关系的信息。这种确定型因果关系，也就是一一对应关系；

(2) 随机信息，指人们据此可以总结出统计规律的信息；

(3) 模糊信息，指给人们提供一种模糊依据，使人们根据这些信息对被测物理量进行相应的必然性或统计性规律进行模糊识别。

模糊信息又可说成是与模糊事物有关的信息。模糊事物是人们阶段认识能力不足，还不能确切认知的客观事物。实际上在自然界中，模糊信息是人们能够得到的一种最多的信息。所谓确定性信息和随机信息都是相应的模糊信息在一定水平上可以忽略模糊性或进行精确化处理提炼出来的。模糊信息不能用某一量值绝对地和它等同起来，所以从信息的分类来看，人们要对大量的模糊信息进行提取、划分、判断、推理、决策和控制使之成为有用信息，这需要将测试观念进行拓展。

9.2　现代测试系统的基本概念

人们习惯把具有自动化、智能化、可编程化等功能的测试系统称为现代测试系统。现代测试系统主要有三大类：智能仪器、自动测试系统和虚拟仪器。智能仪器和自动测试系统的区别在于它们所用的微机是否与仪器测量部分融合在一起，也即是采用专门设计的微处理器、存储器、接口芯片组成的系统(智能仪器)，还是用现成的 PC 配以一定的硬件及仪器测量部分组合而成的系统(自动测试系统)。而虚拟仪器与前二者的最大区别在于它将测试仪器软件化转为模块化，这些软件化和模块化的仪器具有特定的功能(如滤波器、频谱仪)，与计算机结合构成了虚拟仪器。

1. 智能仪器

所谓智能仪器是指新一代的测量仪器。这类仪器仪表中含有微处理器、单片计算机(单片机)或体积很小的微型机，有时也称为内含微处理器的仪器或基于微型计算机的仪器。因为功能丰富又很灵巧，国外书刊中常简称为智能仪器。图 9.1 是某公司运用单片机技术设计生产的超声波测厚仪，它是一种低功耗、低下限、袖珍式智能仪器。

图 9.1　超声波智能测厚仪

智能仪器的特点：

(1) 具有自动校准的功能；

(2) 具有强大的数据处理能力；

(3) 具有量程自动切换的功能；

(4) 具有操作面板和显示器；

(5) 具有修正误差的能力；

(6) 有简单的报警功能。

智能仪器的一般结构：

(1) 在物理结构上，测量仪器、微处理器及其支持部件是整个测试电路的一个组成部分，但是，从计算机的观点来看，测试电路与键盘、GPIB 接口、显示器等部件一样，仅是计算机的一种外围设备。

(2) 软件是智能仪器的灵魂。智能仪器的管理程序又称监控程序，其功能用于分析、接受、执行来自键盘或接口的命令，完成测试和数据处理等任务。软件存于 ROM 或 EPROM。

2. 自动测试系统

自动测试技术源于 20 世纪 70 年代，发展至今大致可分为三代，其系统组成结构也有较大的不同。

1) 第一代自动测试系统

第一代自动测试系统多为专用系统，通常是针对某项具体任务而设计的。其结构特点是采用比较简单的定时器或扫描器作为控制器，其接口也是专用的。因此，第一代测试系统通用性比较差。

2) 第二代自动测试系统

第二代自动测试系统与第一代自动测试系统的主要不同在于：采用了标准化的通用可程控测量仪器接口总线(IEEE 488)、可程序控制的仪器和测控计算机(控制器)，从而使得自动测试系统的设计、使用和组装都比较容易。

3) 第三代自动测试系统

第三代自动测试系统比人工测试显示出前所未有的优越性。但是在这些系统中，电子计算机并没有充分发挥作用，系统中仍是使用传统的测试设备(只不过是配备了新的标准接口)，整个系统的工作过程基本上还是对传统人工测试的模拟。

自动测试系统一般由四部分组成：第一部分是微机或微处理器，它是整个系统的核心；第二部分是被控制的测量仪器或设备，称为可程控仪器；第三部分是接口；第四部分是软件。图 9.2 所示的某企业生产的电机出厂自动测试系统（GC-2）是采用 Windows 界面，可以自动进行电机出厂试验。可以单台测试，或批式、流水线式试验，试验项目可以由用户自由组合，试验完毕后，自动打印测试结果，并可由一台计算机组成网络，采用外挂显示器直接显示检测结果。

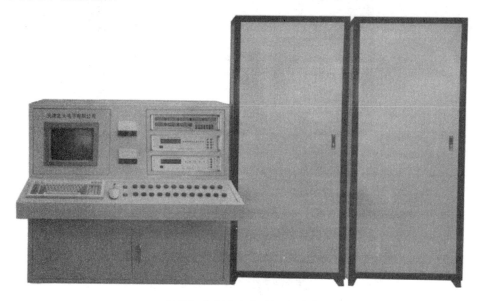

图 9.2 电机出厂自动测试系统

3. 虚拟仪器

虚拟仪器(Virtual Instrument，VI)是计算机技术同仪器技术深层次结合产生的全新概念的仪器，是对传统仪器概念的重大突破，是仪器领域内的一次革命。虚拟仪器是继第一代仪器——模拟式仪表、第二代仪器——分立元件式仪表、第三代仪器——数字式仪表、第四代仪器——智能化仪器之后的新一代仪器。VI 系统是由计算机、应用软件和仪器硬件三大要素构成的。计算机与仪器硬件又称为 VI 的通用仪器硬件平台。

图 9.3 所示实物为某公司推出的一款功能强大的基于个人电脑的虚拟仪器。它由声卡实时双踪示波器、频谱分析仪、万用表、信号发生器、数据记录仪、频谱 3D 图、LCR 表、设备检测计划组成，所有仪器可同时使用。它适用于声卡信号采集的算法，能连续监视输入信号，只有当输入信号满足触发条件时，才采集一帧数据，即先触发后采集，因而不会错过任何触发事件。这与同类仪器中常用的先采集一长段数据，然后再在其中寻找触发点的方式，即先采集后触发，截然不同。因此本仪器能达到每秒 50 帧的快速屏幕刷新率，从而实现了真正的实时信号采集、分析和显示。此仪器还支持各种复杂的触发方式包括超前触发和延迟触发，电平触发和差分触发。

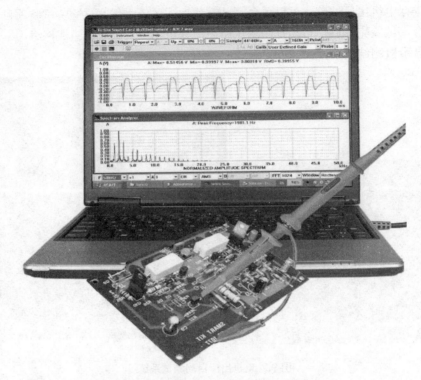

图 9.3 基于个人计算机的虚拟仪器

9.3 现代测试系统的基本组成

现代测试系统的基本结构从硬件平台结构来看可分为以下两种基本类型：

(1) 以单片机(或专用芯片)为核心组成的单机系统。其特点是易做成便携式，结构框图如图 9.4 所示。

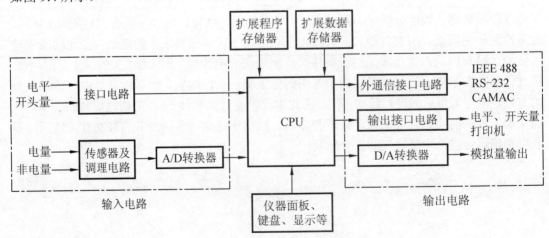

图 9.4 现代测试系统单机结构框图

图 9.4 中输入通道中待测的电量、非电量信号经过传感器及调理电路，输入到 A/D 转

换器。由 A/D 转换器将其转换为数字信号，再送入 CPU 系统进行分析处理。此外输入通道中通常还会包含电平信号和开关量，它们经相应的接口电路(通常包括电平转换、隔离等功能单元)送入 CPU 系统。

输出通道包括如 IEEE 488，RS-232 等通信接口，以及 D/A 转换器等。其中 D/A 转换器将 CPU 系统发出的数字信号转换为模拟信号，用于外部设备的控制。

CPU 系统包含输入键盘和输出显示、打印机接口等，一般较复杂的系统还需要扩展程序存储器和数据存储器。当系统较小时，最好选用带有程序、数据存储器的 CPU，甚至带有 A/D 转换器和 D/A 转换器的芯片以便简化硬件系统设计。

(2) 以个人计算机为核心的应用扩展测量仪器(简称 PCI)构建的测试系统，其结构框图如图 9.5 所示。

这种结构属于虚拟仪器的结构形式，它充分利用了计算机的软、硬件技术，用不同的测量仪器和不同的应用软件就可以实现不同的测量功能。

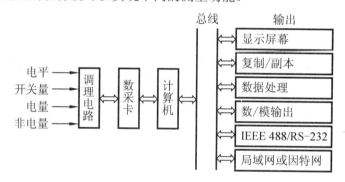

图 9.5 应用扩展型测量仪器结构框图

9.4 现代测试系统的特点

现代测试系统与传统测试系统相比，具有以下特点：

(1) 经济性。网络中的虚拟设备具有无磨损、无破坏，可反复使用，尤其是一些价格昂贵，损耗大的仪器设备。更重要的是还可以利用 Internet 实现远程虚拟测控，对那些没有相应实验条件的学生进行开放式的远程专业实验创造了条件，实现有限资源的大量应用。

(2) 网络化。网上实验具有全新的实验模式，实验者不受时间、空间上的制约，可随时、随地进入虚拟实验室网站，选择相应的实验，进行虚拟实验操作。

(3) 针对性。在网上进行实验，可以将实验现象、实验结果重点突出。利用计算机的模拟功能、动画效果能够实现缓慢过程的快速化或快速过程的缓慢化。

(4) 智能化。由于微电子技术、计算机技术和传感器技术的飞速发展，给自动检测技术的发展提供了十分有利的条件。现代测试系统是由多种测试仪器、设备或系统综合而成的有机整体，并能够在最少依赖于操作人员干预的情况下，通过计算机的控制自动完成对被测对象的功能行为或特征参数的分析、评估其性能状态，并对引起其工作异常的故障进行隔离等综合性的诊断测试过程。由于自动检测设备在技术上的不断发展，目前正在形成模块化、系列化、通用化、自动化和智能化、标准化的发展方向。

9.5　虚拟测试仪器技术

9.5.1　虚拟仪器的含义及其特点

虚拟仪器的起源可以追溯到20世纪70年代,那时计算机测控系统在国防、航天等领域已经有了相当的发展。PC出现以后,仪器级的计算机化成为可能,甚至在Microsoft公司的Windows诞生之前,National Intrument公司已经在Macintosh计算机上推出了LabVIEW 2.0以前的版本。对虚拟仪器和LabVIEW长期、系统、有效的研究开发使得该公司成为业界公认的权威。

虚拟仪器在计算机的显示屏上虚拟传统仪器面板,并尽可能多地将原来由硬件电路完成的信号调理和信号处理功能,用计算机程序来完成。这种硬件功能的软件化,是虚拟仪器的一大特征。操作人员在计算机显示屏上用鼠标和键盘控制虚拟仪器程序的运行,就像操作真实的仪器一样,从而完成测量和分析任务。

与传统仪器相比,虚拟仪器最大的特点是其功能由软件定义,可以由用户根据应用需要进行调整,用户选择不同的应用软件就可以形成不同的虚拟仪器。而传统仪器的功能是由厂商事先定义好的,其功能用户无法变更。当虚拟仪器用户需要改变仪器功能或需要构造新的仪器时,可以由用户自己改变应用软件来实现,而不必重新购买新的仪器。虚拟仪器和传统仪器的关系如图9.6所示。

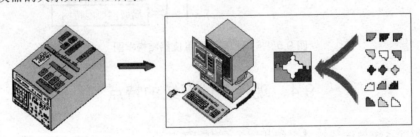

传统仪器:厂商定义　　　　　　　　　　　虚拟仪器,用户定义

图9.6　传统仪器与虚拟仪器比较

虚拟仪器是计算机化仪器,由计算机、信号测量硬件模块和应用软件三大部分组成。National Instrument公司提出的计算机虚拟仪器如图9.7所示。

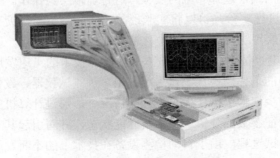

图9.7　National Instrument公司提出的计算机虚拟仪器

虚拟仪器可以分为下面几种形式：

(1) PC-DAQ 测试系统：以数据采集卡(DAQ 卡)、计算机和虚拟仪器软件构成的测试系统。

(2) GPIB 系统：以 GPIB 标准总线仪器、计算机和虚拟仪器软件构成的测试系统。

(3) VXI 系统：以 VXI 标准总线仪器、计算机和虚拟仪器软件构成的测试系统。

(4) 串口系统：以 RS-232 标准串行总线仪器、计算机和虚拟仪器软件构成的测试系统。

(5) 现场总线系统：以现场总线仪器、计算机和虚拟仪器软件构成的测试系统。

其中 PC-DAQ 测试系统是最常用的构成计算机虚拟仪器系统的形式。目前针对不同的应用目的和环境，已设计了多种性能和用途的数据采集卡，包括低速采集板卡、高速采集卡、高速同步采集板卡、图像采集卡、运动控制卡等。

普通的 PC 有一些不可避免的弱点。用它构建的虚拟仪器或计算机测试系统性能不可能太高。目前作为计算机化仪器的一个重要发展方向是制定了 VXI 标准，这是一种插卡式的仪器。每一种仪器是一个插卡，为了保证仪器的性能，又采用了较多的硬件，但这些卡式仪器本身都没有面板，其面板仍然用虚拟的方式在计算机屏幕上出现。这些卡插入标准的 VXI 机箱，再与计算机相连，就组成了一个测试系统。VXI 仪器价格昂贵，目前又推出了一种较为便宜的 PXI 标准仪器。

虚拟仪器研究的另一个问题是各种标准仪器的互联及与计算机的连接，目前使用较多的是 IEEE 488 或 GPIB 协议，未来的仪器也应当是网络化的。

9.5.2　虚拟仪器的组成

虚拟仪器主要由传感器、信号采集与控制板卡、信号分析软件和显示软件几部分组成，如图 9.7 所示。

图 9.8　虚拟仪器组成

1. 硬件功能模块

根据虚拟仪器所采用的信号测量硬件模块的不同，虚拟仪器可以分为下面几类：

1) C-DAQ 数据采集卡

通常，利用计算机扩展槽和外部接口，将信号测量硬件设计为计算机插卡或外部设备，直接插接在计算机上，再配上相应的应用软件，组成计算机虚拟仪器测试系统。这是目前应用得最为广泛的一种计算机虚拟仪器组成形式。按计算机总线的类型和接口形式，这类卡可分为 ISA 卡，EISA 卡，VESA 卡，PCI 卡，PCMCIA 卡，并口卡、串口卡和 USB 口卡等。按板卡的功能则可以分为 A/D 卡，D/A 卡，数字 I/O 卡，信号调理卡，图像采集卡，运动控制卡等。

2) GPIB 总线仪器

GPIB (General Purpose Interface Bus)是测量仪器与计算机通信的一个标准。通过 GPIB 接口总线，可以把具备 GPIB 总线接口的测量仪器与计算机连接起来，组成计算机虚拟仪器测试系统。GPIB 总线接口有 24 线(IEEE 488 标准)和 25 线(IEC 625 标准)两种形式，其中以 IEEE 488 的 24 线 GPIB 总线接口应用最多。在我国的国家标准中确定采用 24 线的电缆及相应的插头插座，其接口的总线定义和机电特性如图 9.9 所示。

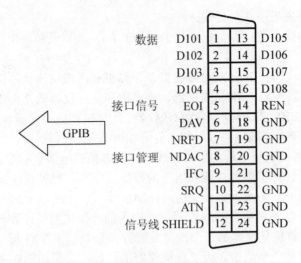

图 9.9 24 线电缆接口的定义和机电特性

GPIB 总线测试仪器通过 GPIB 接口和 GPIB 电缆与计算机相连,形成计算机测试仪器,如图 9.10 所示。与 DAQ 卡不同,GPIB 仪器是独立的设备,能单独使用。GPIB 设备可以串接在一起使用,但系统中 GPIB 电缆的总长度不应超过 20m,过长的传输距离会使信噪比下降,对数据的传输质量有影响。

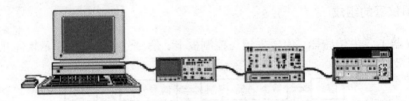

图 9.10 GPIB 总线测试仪器

3) VXI 总线模块

VXI 总线模块(见图 9.11)是另一种新型的基于板卡式相对独立的模块化仪器。从物理结构看,一个 VXI 总线系统由一个能为嵌入模块提供安装环境与背板连接的主机箱和插接的 VXI 板卡组成。与 GPIB 仪器一样,该总线模块需要通过 VXI 总线的硬件接口才能与计算机相连。

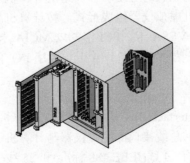

图 9.11 VXI 总线模块外观图

4) RS-232 串行接口仪器

很多仪器带有 RS-232 串行接口，通过连接电缆将仪器与计算机相连就可以构成计算机虚拟仪器测试系统，实现用计算机对仪器进行控制。

5) 现场总线模块

现场总线仪器是一种用于恶劣环境条件下的、抗干扰能力很强的总线仪器模块。与上述的其他硬件功能模块相类似，在计算机中安装了现场总线接口卡后，通过现场总线专用连接电缆，就可以构成计算机虚拟仪器测试系统，实现用计算机对现场总线仪器进行控制。

2. 驱动程序

任何一种硬件功能模块，要与计算机进行通信，都需要在计算机中安装该硬件功能模块的驱动程序(就如同在计算机中安装声卡、显示卡和网卡一样)，仪器硬件驱动程序使用户不必了解详细的硬件控制原理和了解 GPIB、VXI、DAQ、RS-232 等通信协议就可以实现对特定仪器硬件的使用、控制与通信。驱动程序通常由硬件功能模块的生产商随硬件功能模块一起提供。

3. 应用软件

"软件即仪器"，应用软件是虚拟仪器的核心。一般虚拟仪器硬件功能模块生产商会提供虚拟示波器(见图 9.12)、数字万用表、逻辑分析仪等常用虚拟仪器应用程序。对用户的特殊应用需求，则可以利用 LabVIEW、Agilent VEE 等虚拟仪器开发软件平台来开发。

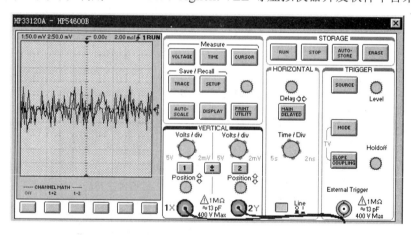

图 9.12　虚拟示波器

9.5.3　虚拟仪器的典型单元模块

虚拟仪器的核心是软件，其软件模块主要由硬件板卡驱动、信号分析和仪器表头显示三类软件模块组成。

硬件板卡驱动模块通常由硬件板卡制造商提供，直接在其提供的 DLL 或 ActiveX 基础上开发就可以了。目前 PC-DAQ 数据采集卡、GPIB 总线仪器卡、RS-232 串行接口仪器卡、现场总线 FieldBus 模块卡等许多仪器板卡的驱动程序接口都已标准化，为减小因硬件设备驱动程序不兼容而带来的问题，国际上成立了可互换虚拟仪器(Interchangeable Virtual Instrument)驱动程序设计协会，并制定了相应软件接口标准。

信号分析模块的功能主要是完成各种数学运算，在工程测试中常用的信号分析模块包括：

(1) 信号的时域波形分析和参数计算；

(2) 信号的相关分析；

(3) 信号的概率密度分析；

(4) 信号的频谱分析；

(5) 传递函数分析；

(6) 信号滤波分析；

(7) 三维谱阵分析。

目前，LabVIEW、Matlab 等软件包中都提供了这些信号处理模块，另外在网上也能找到 Basic 和 C 语言的源代码，编程实现也不困难。

LabVIEW、HP VEE 等虚拟仪器开发平台提供了大量的这类软件模块供选择，设计虚拟仪器程序时直接选用就可以了。但这些开发平台很昂贵，一般只在专业场合使用。

9.5.4 虚拟仪器的开发系统

目前，市面上常用的虚拟仪器的应用软件开发平台有很多种，但常用的是 LabVIEW、LabWindows/CVI、Agilent VEE 等，本节将对用得最多的 LabVIEW 进行简单介绍。

LabVIEW 是为那些对诸如 C 语言、C++、Visual Basic、DelPhi 等编程语言不熟悉的测试领域的工作者开发的，它采用可视化的编程方式，设计者只需将虚拟仪器所需的显示窗口、按钮、数学运算方法等控件从 LabVIEW 工具箱内用鼠标拖到面板上，布置好布局，然后在 Diagram 窗口将这些控件、工具按设计的虚拟仪器所需要的逻辑关系，用连线工具连接起来即可。图 9.13 所示是用 LabVIEW 开发的温度测量仪的前面板图。

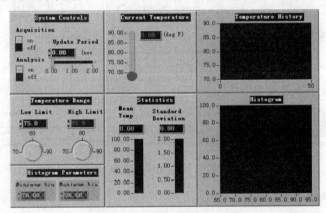

图 9.13　温度测量前面板

若要得到更详细的设计信息，请访问 www.ni.com 网站，此外还有 Dasylab Windows、DIRECTVIEW for Windows 和 Process Control Software for Windows 等针对测控领域的虚拟仪器软件。华中科技大学机械学院可重构测量装备研究室与深圳蓝津信息技术股份有限公司合作采用软件总线和软件芯片技术开发了一个积木拼装式的虚拟仪器开发平台，若要得到更详细的设计信息，请访问网站/www.gewutech.com，图 9.14 所示为该公司开发的快速可重组虚拟仪器实验平台。

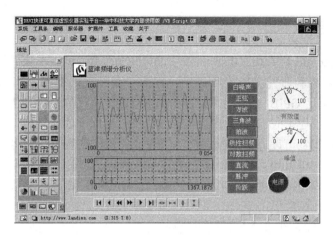

图 9.14 DRVI 快速可重组虚拟仪器实验平台

9.5.5 虚拟仪器的应用

虚拟仪器技术的优势在于可由用户定义自己的专用仪器系统，且功能灵活，很容易构建，所以应用面极为广泛。尤其在科研、开发、测量、检测、计量、测控等领域更是不可多得的好工具。虚拟仪器技术先进，十分符合国际上流行的"硬件软件化"的发展趋势，因而常被称作"软件仪器"。它功能强大，可实现示波器、逻辑分析仪、频谱仪、信号发生器等多种普通仪器的全部功能，配以专用探头和软件还可检测特定系统的参数；它操作灵活，完全图形化界面，风格简约，符合传统设备的使用习惯，用户不经培训即可迅速掌握操作规程；它集成方便，不但可以和高速数据采集设备构成自动测量系统，而且可以和控制设备构成自动控制系统。

在仪器计量系统方面，示波器、频谱仪、信号发生器、逻辑分析仪、电压电流表是科研机关、企业研发实验室、大专院所的必备测量设备。随着计算机技术在测绘系统中的广泛应用，传统的测量仪器设备由于缺乏相应的计算机接口，因而配合数据采集及数据处理十分困难。而且，传统仪器体积相对庞大，进行多种数据测量时很不方便。经常会见到硬件工程师的工作台上堆砌着纷乱的仪器，交错的线缆和繁多待测器件。然而在集成的虚拟测量系统中，所见到的却是整洁的桌面，条理的操作，不但使测量人员从繁复的仪器堆中解放出来，而且还可实现自动测量、自动记录、自动数据处理。使用方便，同时设备成本也大幅降低。一套完整的实验测量设备少则几万元，多则几十万元。在同等的性能条件下，相应的虚拟仪器价格要低 1/2 甚至更多。虚拟仪器强大的功能和价格优势，使得它在仪器计量领域中具有强大的生命力和十分广阔的前景。

在专用测量系统方面，虚拟仪器的发展空间更为广阔。环顾当今社会，信息技术的迅猛发展，各行各业无不转向智能化、自动化、集成化。无所不在的计算机应用为虚拟仪器的推广打下了良好的基础。虚拟仪器的概念就是用专用的软硬件配合计算机实现专有设备的功能，并使其自动化、智能化。因此，虚拟仪器适合于一切需要计算机辅助进行数据存储、数据处理及数据传输的计量场合。测量与处理、结果与分析相互脱节的状况将大为改观。使得数据的拾取、存储、处理和分析一条龙操作，既有条不紊又迅捷快速。因此，目前常见的计量系统，只要技术上可行，都可用虚拟仪器代替，可见虚拟仪器的应用空间是非常的宽广。

263

9.5.6 LabVIEW 简介

LabVIEW(Laboratory Virtual Instrument Engineering)是一种图形化的编程语言，它广泛地被工业界、学术界和研究实验室所接受，视为一个标准的数据采集和仪器控制软件。LabVIEW 集成了满足 GPIB、VXI、RS-232 和 RS-485 协议的硬件及数据采集卡通信的全部功能。它还内置了便于应用 TCP/IP、ActiveX 等软件标准的库函数。这是一个功能强大且灵活的软件。利用它可以方便地建立自己的虚拟仪器，其图形化的界面使得编程及使用过程都生动有趣。它可以增强构建科学和工程系统的能力，提供了实现仪器编程和数据采集系统的便捷途径。使用它进行原理研究、设计、测试并实现仪器系统时，可以大大提高工作效率。

利用 LabVIEW 可产生独立运行的可执行文件，它是一个真正的 32 位编译器。像许多重要的软件一样，LabVIEW 提供了 Windows、UNIX、Linux、Macintosh 的多种版本。

所有的 LabVIEW 应用程序，即虚拟仪器(VI)，包括前面板(front panel)、流程图(block diagram)以及图标/连接器(icon/connector)三部分。

1) 前面板

前面板是图形用户界面，也就是 VI 的虚拟仪器面板，这一界面上有用户输入和显示输出两类对象，具体表现有开关、旋钮、图形以及其他控制(control)和显示对象(indicator)。图 9.15 所示是一个随机信号发生的前面板，上面有一个显示对象，可以以曲线的方式显示所产生的系列随机数。还有一个控制对象——开关，可以启动和停止工作。显然，并非简单地画两个控件就可以运行，在前面板后还有一个与之配套的流程图。

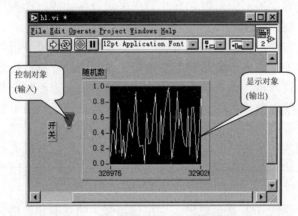

图 9.15　随机信号发生器的前面板

2) 流程图

流程图提供 VI 的图形化源程序。在流程图中对 VI 编程，以控制和操纵定义在前面板上的输入和输出功能。流程图中包括前面板上的控件的连线端子，还有一些前面板上没有，但编程必须有的东西，例如函数、结构和连线等。我们可以看到流程图中包括了前面板上的开关和随机数显示器的连线端子，还有一个随机数发生器的函数及程序的循环结构。随机数发生器通过连线将产生的随机信号送到显示控件，为了使它持续工作下去，设置了一个 While Loop 循环，由开关控制这一循环的结束。

如果将 VI 与标准仪器相比较，那么前面板上的东西就是仪器面板上的东西，而流程图上的东西相当于仪器箱内的东西。在许多情况下，使用 VI 可以仿真标准仪器，不仅在屏幕上出现一个惟妙惟肖的标准仪器面板，而且其功能也与标准仪器相差无几。

3) 图标/连接器

LabVIEW 图形化语言的每个 VI 都有自己的图标/连接器。图标用来区别不同 VI 的图形符号，连接器定义 VI 的输入和输出。

图标/连接器指定了程序中数据流进、流出的路径。它们也只提供给程序设计者，最终用户是无法看到的。

9.6　智　能　仪　器

智能仪器的出现，极大地扩充了传统仪器的应用范围。智能仪器凭借其体积小、功能强、功耗低等优势，迅速地在家用电器、科研单位和工业企业中得到了广泛的应用。

9.6.1　智能仪器的工作原理

智能仪器的硬件基本结构如图 9.16 所示。传感器拾取被测参量的信息并转换成电信号，经滤波去除干扰后送入多路模拟开关；由单片机逐路选通模拟开关将各输入通道的信号逐一送入程控增益放大器，放大后的信号经模/数转换器转换成相应的脉冲信号后送入单片机中；单片机根据仪器所设定的初值进行相应的数据运算和处理(如非线性校正等)；运算的结果被转换为相应的数据进行显示和打印；同时单片机把运算结果与存储于芯片内 FlashROM(闪速存储器)或 EEPROM(电可擦除存储器)内的设定参数进行运算比较后，根据运算结果和控制要求，输出相应的控制信号(如报警装置触发、继电器触点等)。此外，智能仪器还可以与个人计算机组成分布式测控系统，由单片机作为下位机采集各种测量信号与数据，通过串行通信将信息传输给上位机——个人计算机，由个人计算机进行全局管理。

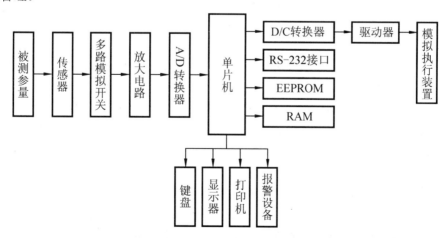

图 9.16　智能仪器的硬件基本结构示意

9.6.2　智能仪器的功能特点

随着微电子技术的不断发展，集成了 CPU、存储器、定时器/计数器、并行和串行接口、把关[定时]器(俗称看门狗)、前置放大器甚至 A/D、D/A 转换器等电路在一块芯片上的超大规模集成电路芯片(即单片机)出现了。以单片机为主体，将计算机技术与测量控制技术结合在一起，又组成了所谓的"智能化测量控制系统"，也就是智能仪器。与传统仪器仪表相比，智能仪器具有以下功能特点：

(1) 操作自动化。仪器的整个测量过程如键盘扫描、量程选择、开关启动闭合、数据的采集、传输与处理以及显示打印等都用单片机或微控制器来控制操作，实现测量过程的全部自动化。

(2) 具有自测功能，包括自动调零、自动故障与状态检验、自动校准、自诊断及量程自动转换等。智能仪表能自动检测出故障的部位甚至故障的原因。这种自测试可以在仪器启动时运行，同时也可在仪器工作中运行，极大地方便了仪器的维护。

(3) 具有数据处理功能。这是智能仪器的主要优点之一。智能仪器由于采用了单片机或微控制器，使得许多原来用硬件逻辑难以解决或根本无法解决的问题，现在可以用软件非常灵活地加以解决。例如，传统的数字万用表只能测量电阻、交直流电压、电流等，而智能型的数字万用表不仅能进行上述测量，而且还具有对测量结果进行诸如零点平移、取平均值、求极值、统计分析等复杂的数据处理功能，不仅使用户从繁重的数据处理中解放出来，也有效地提高了仪器的测量精度。

(4) 具有友好的人-机对话能力。智能仪器使用键盘代替传统仪器中的切换开关，操作人员只需通过键盘输入命令，就能实现某种测量功能。与此同时，智能仪器还通过显示屏将仪器的运行情况、工作状态以及对测量数据的处理结果及时告诉操作人员，使仪器的操作更加方便直观。

(5) 具有可程控操作能力。一般智能仪器都配有 GPIB、RS-232C、RS-485 等标准的通信接口，可以很方便地与 PC 和其他仪器一起组成用户所需要的多种功能的自动测量系统，来完成更复杂的测试任务。

9.6.3　智能仪器的发展概况

20 世纪 80 年代，微处理器被用到仪器中，仪器前面板开始朝键盘化方向发展，测量系统常通过 IEEE 488 总线连接。不同于传统独立仪器模式的个人仪器得到了发展等。

20 世纪 90 年代，仪器仪表的智能化突出表现在以下几个方面：微电子技术的进步更深刻地影响仪器仪表的设计；DSP 芯片的问世，使仪器仪表数字信号处理功能大大加强；微型机的发展，使仪器仪表具有更强的数据处理能力；图像处理功能的增加十分普遍；VXI 总线得到广泛的应用。

近年来，智能化测量控制仪表的发展尤为迅速。国内市场上已经出现了多种多样智能化测量控制仪表，例如，能够自动进行差压补偿的智能节流式流量计，能够进行程序控温的智能多段温度控制仪，能够实现数字 PID 和各种复杂控制规律的智能式调节器，以及能够对各种谱图进行分析和数据处理的智能色谱仪等。

国际上智能测量仪表更是品种繁多，例如，美国 HONEYWELL 公司生产的 DSTJ-3000 系列智能变送器，能进行差压值状态的复合测量，可对变送器本体的温度、静压等实现自动补偿，其精度可达到±0.1%FS(满量程)；美国 RACA-DANA 公司的 9303 型超高电平表，利用微处理器消除电流流经电阻所产生的热噪声，测量电平可低达-77dB；美国 FLUKE 公司生产的超级多功能校准器 5520A，内部采用了三个微处理器，其短期稳定性达到 1×10^{-6}，线性度可达到 0.5×10^{-6}；美国 FOXBORO 公司生产的数字化自整定调节器，采用了专家系统技术，能够像有经验的控制工程师那样，根据现场参数迅速地整定调节器。这种调节器特别适合于对象变化频繁或非线性的控制系统。由于这种调节器能够自动整定调节参数，可使整个系统在生产过程中始终保持最佳品质。

9.7 现代测试系统实例

数据采集系统的主要任务是将被测对象的各种参数作 A/D 转换后送入计算机，并对采到的信号做相应的处理。一般分为软件和硬件两部分。

数据采集软件通常根据用户的要求进行编写，选择好的开发平台可以起到事半功倍的效果。LabVIEW 是一个较好的图形化开发环境，它内置信号采集、测量分析与数据显示功能，提供超过 450 个内置函数用于分析测量数据及处理信号，将数据采集、分析与显示功能集中在了同一个开放式的开发环境中。LabVIEW 的交互式测量助手(assistant)、自动代码生成以及与多种设备的简易连接功能，使它能够较好地完成数据采集。

数据采集硬件包括传感器、信号调理仪器、信号记录仪器。前两者已有专门的厂商研发。计算机采集卡是信号记录仪器中的重要组成部分，主要起 A/D 转换功能。目前主流数据采集卡都包含了完整的数据采集功能，如 National Instrument 公司的 E 系列数据采集卡、研华的数据采集卡等，这些卡价格均比较昂贵。相对而言，同样具备 A/D 转换功能的声卡技术已经成熟，成为计算机的标准配置，在大多数计算机上甚至直接集成了声卡功能，无须额外添加配件。这些声卡都可以实现两通道、16 位、高精度的数据采集，每个通道采样频率不小于 44kHz。对于工程测试，教学实验等用途而言，其各项指标均可以满足要求。

语音信号一般被看作一种短时平稳的随机信号，主要是对其进行时域、频域和倒谱域上的信号分析。语音信号的时域分析是对信号从统计的意义上进行分析，得到短时平均能量、过零率、自相关函数以及幅差函数等信号参数。根据语音理论，气流激励声道产生语音，语音信号是气流与声道的卷积，因此可以对信号进行同态分析，将信号转换到倒谱域，从而把声道和激励气流信息分离，获得信号的倒谱参数。

线性预测编码分析是现代语音信号处理技术中最核心的技术之一，它基于全极点模型，其中心思想是利用若干过去的语音采样来逼近当前的语音采样，采用最小均方误差逼近的方法来估计模型的参数。矢量量化是一种最基本也是极其重要的信号压缩算法，充分利用矢量中各分量间隐含的各种内在关系，比标量量化性能优越，在语音编码、语音识别等方向的研究中扮演着重要角色。

语音识别通常是指利用计算机识别语音信号所表示的内容，其目的是准确地理解语音所蕴涵的含义。语音识别的研究紧密跟踪识别领域的最新研究成果并基本与之保持同步。

语音信号分析，首先需要将语音信号采集到计算机并做预先处理，然后通过选择实时或延迟的方式，实现上述各种类型的参数分析，并将分析结果以图形的方式输出或保存，从而实现整个平台的功能。

基于 LabVIEW 的语音采集分析系统功能结构框图如图 9.17 所示。虚拟示波器主要由软件控制完成参数的设置、信号的采集、处理和显示。系统软件总体上包括音频参数的设置、音频信号的采集、波形显示、频谱分析及波形存储和回放五大模块。

数据采集部分实现数据的采集与存盘功能，根据设定的采样频率从声卡获取用户需要的数据。采集到的数据在存盘的同时送计算机屏幕作为时域监控，并提供初步的频谱分析。

数据分析部分实现的功能根据后处理需要而定，但其基本功能为从数据文件读取数据，显示数据的时域图和频谱图，按所需对数据做局部分析。

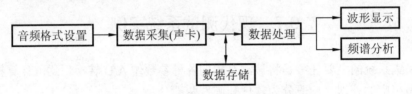

图 9.17　语言采集分析系统功能结构框图

LabVIEW 环境下的功能模板中提供了声卡的相关 VIs(虚拟仪器)，如 SI Config、SI Start、SI Read、SI Stop 等。当设定好声卡的音频格式并启动了声卡后，声卡就可以实现数据采集，采集到的数据通过 DMA 传送到内存中指定的缓冲区，当缓冲区满后，再通过查询或中断机制通知 CPU 执行显示程序显示缓冲区数据的波形。数据采集的部分 G 代码如图 9.18 所示。

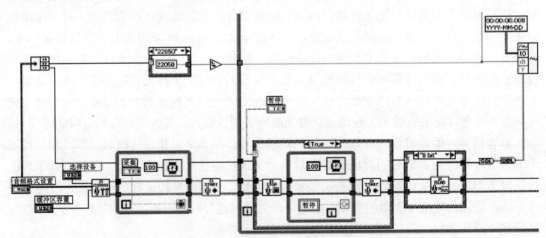

图 9.18　数据采集的部分 G 代码

声卡 A/D 转换性能优越，技术成熟，配合 LabVIEW 强大的数据采集与处理功能，可以构建性价比相当高的数据采集系统。但在采集数据，特别是低频数据时，应优先选择有 Line In 输入的声卡。如果采用 Audio In(或称 MIC)输入则对于直流分量的损失很大，在被测信号的频率很低，特别是低于 20Hz 以后，效果不够理想。本文给出了利用声卡和 LabVIEW 构建了一个现代测试系统实例。

小　结

把具有自动化、智能化、可编程化等功能的测试系统称为现代测试系统。现代测试系统主要有三大类：智能仪器、自动测试系统和虚拟仪器。它是测试技术发展的趋势。本章主要讲解如下内容。

(1) 现代测试系统的基本概念；

(2) 现代测试系统的基本组成分为：单机系统和模块组合系统；

(3) 现代测试系统的特点：经济性、网络化、针对性和智能化；

(4) 虚拟测试仪器技术原理、组成及应用实例；

(5) 智能仪器工作原理。

习　题

9-1 简要说明现代测试系统各组成环节的主要功能及其技术要求。

9-2 简单阐述现代测试系统、虚拟仪器和智能仪器各自的特点以及三者之间的关系。

9-3 简单阐述 LabVIEW 的三大组成部分内容，并说明它们之间的关系。

参 考 文 献

[1] 严普强，黄长艺. 机械工程测试技术基础[M]. 北京：机械工业出版社，1985.

[2] 卢文祥，杜润生. 工程测试与信号处理[M]. 2 版. 武汉：华中科技大学出版社，2000.

[3] 余席桂，赵燕. 测试技术基础. 武汉：湖北科学技术出版社，1996.

[4] [美]THOMAS GBECKWITH, ROY DMARANGONI, John HLienhard V. 机械量测量[M]. 王伯雄译. 北京：电子工业出版社，2004.

[5] 范云霄，刘桦. 测试技术与信号处理[M]. 北京：中国计量出版社，2002.

[6] 秦树人. 机械工程测试原理与技术[M]. 重庆：重庆大学出版社，2002.

[7] 陈花玲. 机械工程测试技术[M]. 北京：机械工业出版社，2002.

[8] 平鹏. 机械工程测试与数据处理技术[M]. 北京：冶金工业出版社，2001.

[9] 王建民，曲云霞. 机电工程测试与信号分析[M]. 北京：中国计量出版社，2004.

[10] 刘经燕. 测试技术及应用[M]. 广州：华南理工大学出版社，2001.

[11] 贾民平，张洪亭，周剑英. 测试技术[M]. 北京：高等教育出版社，2001.

[12] 王伯雄. 测试技术基础[M]. 北京：清华大学出版社，2003.

[13] 李孟源. 测试技术基础[M]. 西安：西安电子科技大学出版社，2006.

[14] REDA DC, NASA Sullivan. Advanced measurement techniques[M]. Belgium: Von Karman Institute, 2001.

[15] 胡广书. 数字信号处理导论[M]. 北京：清华大学出版社，2005.

[16] 周利清，苏菲. 数字信号处理基础[M]. 北京：北京邮电大学出版社，2005.

[17] SIMON HAYKIN, BARRY VAN VEEN. Signals and systems[M]. New York: John Wiley & Sons, 2002.

[18] DAVID SWANSON C. Signal Processing for Intelligent Sensor Systems[M]. New York: Marcel Dekker, 2000.

[19] ASHFAQ A KHAN. Digital Signal Processing Fundamentals. *Electrical and Computer Engineering Series Massachussetts*：Charles River Media，2004.

[20] 张发启. 现代测试技术及应用[M]. 西安：西安电子科技大学出版社，2005.

[21] 雷霖，王厚军，周文建. 现代测试技术实验平台研究[J]. 实验科学与技术，2005(10).

[22] 赵庆海. 测试技术与工程应用[M]. 北京：化学工业出版社，2005.

[23] [日]三甫宏文. 机电一体化[M]. 北京：科学出版社，2005.

[24] 申忠如，郭福田，丁辉. 现代测试技术与系统设计[M]. 西安：西安交通大学出版社，2006.

[25] 甄蜀春. 现代测试思想与方法的讨论[J]. 空军工程大学学报：自然科学版，2002(6).

[26] 林月芳，吉海彦. 智能仪器及其发展趋势[J]. 仪表技术，2003(1).

[27] 温红艳，高静涛. 虚拟示波器基于声卡的设计与实现[J]. 微计算机信息，2005(3).

[28] 魏晨阳，朱健强. 基于 LabVIEW 和声卡的数据采集系统[J]. 微计算机信息，2005(1).

[29] 赵玫，周海亭. 机械振动与噪声学[M]. 北京：科学出版社，2004.

[30] 胡宗武. 工程振动分析基础[M]. 上海：上海交通大学出版社，1999.

[31] 鲍晓峰. 汽车试验与检测[M]. 北京：机械工业出版社，1995.

[32] 周建文，詹樟松. 汽车平顺性评价试验中的试验数据处理[J]. http://www.aenmag.com/tech/end_zyzx.asp?id=77352.

[33] 王建民，曲云霞. 机电工程测试与信号分析[M]. 北京：中国计量出版社，2004.